中国水利教育协会

高等学校水利类专业教学指导委员会

 全国水利行业"十三五"规划教材（普通高等教育）

水力学（工程流体力学）实验教程 （第2版）

主 编 奚 斌

副主编 许 强 张 弋

中国水利水电出版社

www.waterpub.com.cn

·北京·

内 容 提 要

本教材由四部分组成：第一部分绪论主要介绍水力学（工程流体力学）实验课的任务及实验研究的方法，量测的基本知识、实验的基本知识、设计创新型实验的基本知识；第二部分为水力学（工程流体力学）流体要素的量测，主要内容包括明渠流水力要素的量测、管流水力要素的量测、气流要素的量测、流体要素现代量测技术、流动可视化技术；第三部分为水力学（工程流体力学）实验，分为演示类实验，操作验证类实验，综合、设计类实验三类，共有 32 个实验项目，每个项目包括目的、原理、设备、步骤等；最后一部分为附录，包括误差及不确定度和水力学（工程流体力学）常用数据表。

本教材适用于高等院校的水工、农水、水文、港航、给水排水、建环、热能、土木、交通、船舶、环境工程、化工等专业的师生，也可供相关专业研究生和有关科技人员参考。

图书在版编目（CIP）数据

水力学（工程流体力学）实验教程 / 奚斌主编. --
2版. -- 北京：中国水利水电出版社，2021.12
全国水利行业"十三五"规划教材. 普通高等教育
ISBN 978-7-5226-0297-4

Ⅰ. ①水… Ⅱ. ①奚… Ⅲ. ①水力实验－高等学校－
教材 Ⅳ. ①TV131

中国版本图书馆CIP数据核字(2021)第252373号

书　　名	全国水利行业"十三五"规划教材（普通高等教育） **水力学（工程流体力学）实验教程（第 2 版）** SHUILIXUE (GONGCHENG LIUTI LIXUE) SHIYAN JIAOCHENG
作　　者	主　编　奚斌 副主编　许强　张弋
出版发行	中国水利水电出版社 （北京市海淀区玉渊潭南路 1 号 D 座　100038） 网址：www.waterpub.com.cn E-mail：sales@mwr.gov.cn 电话：(010) 68545888（营销中心）
经　　售	北京科水图书销售有限公司 电话：(010) 68545874、63202643 全国各地新华书店和相关出版物销售网点
排　　版	中国水利水电出版社微机排版中心
印　　刷	天津嘉恒印务有限公司
规　　格	184mm×260mm　16 开本　14.75 印张　359 千字
版　　次	2013 年 8 月第 1 版第 1 次印刷 2021 年 12 月第 2 版　2021 年 12 月第 1 次印刷
印　　数	0001—2000 册
定　　价	**45.00 元**

编写人员名单

主　　　编　奚　斌

副　主　编　许　强　张　弋

数字化主编　奚　斌

数字化副主编　程　娜

参　　　编　朱仁庆　闻建龙　杨　红　金　燕
　　　　　　段元锋　奚　望　王小兵　王　贺

主　　　审　刘　超

第 2 版前言

　　本教材是在第 1 版的基础上，根据目前教材数字化、疫情防控常态化等要求进行的修订，以使本书更好地适应新形势下水力学（工程流体力学）实验教学的需求，满足专业认证与创新型人才培养的要求。

　　本次修订主要增加了数字化内容，其中实验操作采用了直观的影像展示形式，部分原理利用了形象生动的动画表现方式，开发制作部分中的虚拟仿真实验帮助学生将实验与工程实际有机联系，在增加学生学习兴趣的同时帮助学生加深对相应知识点的理解。实验的操作和仪器设备等可以让学生用手机扫二维码或在 PC 端重复观看，实验预习、复习等让学生在数字化模式下进行，更方便、更直观、更有效，开启了实验教学的新模式，节省了学生进入实验室进行实验的时间。

　　本次修订在广泛汲取教材使用单位和有关专家意见的基础上，本着保持特色、自主创新、与时俱进的原则进行了修订。修订内容包括以下几个方面：

　　（1）增加 9 个演示类实验的二维码对应的数字化内容。

　　（2）增加 16 个操作类实验的二维码对应的数字化内容。

　　（3）增加 7 个综合、设计类实验的二维码对应的数字化内容。

　　（4）增加 20 个流体要素量测的二维码对应的数字化内容。

　　（5）对全书进行了全面的校核和修正。

　　本次修订工作是在奚斌主持下完成的。参加数字化内容制作的有程娜、段元锋、金燕、奚望、王贺等。许多兄弟院校的老师根据丰富的长期教学经验，对修订工作提出了宝贵的意见和建议；扬州大学刘超教授认真、详细地审阅了本书，提出了许多宝贵的修改意见，在此一并表示衷心的感谢！

　　本教材获扬州大学教材出版基金资助。

　　对于书中的缺点和不足之处，敬请广大读者批评指正，以便今后不断完善。

编 者

2021 年 5 月

第 1 版前言

　　水力学（工程流体力学）是工科类高等院校一门重要的专业基础课程，水力学（工程流体力学）教学包括理论教学和实验教学两部分。水力学（工程流体力学）实验在水力学（工程流体力学）教学中具有极其重要的作用，是整个水力学（工程流体力学）理论教学不可替代的环节。其重要性在于加强学生对水流现象的感性认识，验证所学理论，掌握基本的水力要素测试技术和方法，培养学生基本的实验技能和科学研究的严谨作风，为学生今后进一步深造和工作打下良好的基础。

　　目前许多高校使用的是据本校仪器设备开设的教学实验的实验报告，对实验中测试技术和方法的介绍总结不多，致使学生做完实验后对实验印象不深，在今后的学习和工作中使用到实验知识时会感到无从下手和无资料可查；同时，随着高校教学改革的深入，社会对创新型人才的需求，特别是全国本科教学评估工作对水力学（工程流体力学）实验提出了一些新要求（如要求开出综合设计性的实验等）。为此，编者结合各校实验教学要求多年教学实践经验以及设备研制，根据各校开设此实验课的专业较多的实际情况，广泛吸收国内外实验教材中的优点，编写了本书。书中去除了原有一些资料中介绍的不常用或很难使用的测试方法，根据科学技术的发展增添了一些新的测试设备的介绍（如微型 ADCP、PIV 等），并考虑了实验设备、测试方法和实验方法的多样性，供学生及各校选择，以满足不同的需要。

　　本书在中国水利水电出版社于 2007 年出版的《水力学（工程流体力学）实验》基础上，结合普通高等教育"十二五"规划教材的要求，由扬州大学、东北农业大学、长沙理工大学、江苏大学、内蒙古农业大学、江苏科技大学、常州大学共同编写，其内容涵盖了水力学（工程流体力学）教学大纲所要求的所有实验。

　　编写过程中始终贯彻理论联系实际，学以致用的原则，注重实践创新，结合水力学（工程流体力学）开放实验的特点，力求符合学生的认识规律，便于学生独立操作。

本书的绪论的第 1~3 节、第 1 篇的第 1 章和第 2 章的第 4 节以及第 2 篇的第 8 章第 1~5 节由扬州大学奚斌老师编写；第 1 篇第 2 章的第 1~3 节由江苏科技大学的朱仁庆老师编写；第 1 篇的第 3 章、第 2 篇第 6 章的第 6~9 节由东北农业大学的许强老师编写；第 1 篇的第 4 章的第 1、3 节和绪论的第 4 节以及第 2 篇的第 7 章第 14~16 节和第 8 章的第 6、7 节由长沙理工大学的张戈老师编写；第 1 篇的第 4 章的第 2 节由常州大学王小兵老师编写；第 1 篇的第 5 章由江苏大学闻建龙老师编写；第 2 篇的第 6 章第 1~5 节和第 7 章第 1~13 节由内蒙古农业大学杨红老师编写，附录由扬州大学金燕老师编写。全书由奚斌老师主编统稿，由扬州大学刘超教授主审。

本书编写过程中，参阅引用了许多文献资料，特向有关作者致谢。同时向关心指导本书编写的扬州大学水利科学与工程学院周济人副院长、水力学教研室全体老师表示感谢。

本书获扬州大学教材出版基金资助。

由于编写时间仓促，水平有限，书中的缺点和错误在所难免，恳切希望读者批评和指正。

编 者

2013 年 2 月于扬州

目 录

绪　　论

0.1　水力学（工程流体力学）实验课的
任务及实验研究的方法

0.1.1　水力学（工程流体力学）实验课的任务

一切理论知识都是来自生产实践。人类通过生产实践，逐步了解自然现象的本质，经过总结提高，上升为理论，然后再指导实践。这一反复实践、总结提高的过程，就推动了科学的发展。水力学（工程流体力学）这门学科就是人类在长期和水害斗争中不断总结提高发展起来的。

自然界的水流现象是十分复杂的，受到多种因素的影响，例如天然河道中的水流，除受各种力的作用外，还受各种边界条件的影响，研究其运动规律时，若考虑各种影响因素，会使问题变得复杂，有时甚至难以解决。而水力学（工程流体力学）实验就是人为地排除某些干扰，抓住主要因素，忽略次要因素，控制或模拟水流的各种现象，验证理论和探索水流运动规律的一种特定的科学实践活动。因此，水力学（工程流体力学）实验课的任务不仅是配合理论课讲解巩固和验证所学理论知识，更重要的是使同学们受到基本实验技能的训练和科学实验能力的培养，包括智能、方法、态度和作风等方面的培养。

实验能力包括两个方面，即基本实验能力和创造性实验能力。基本实验能力表现在一般的实验技能和操作技能方面；创造性实验能力表现在实验的总体设计、实验方案的确定、综合分析和新知识的探索方面。所以说，实验能力不仅仅体现在会做实验，更重要的是体现在实验前方案的确定、实验中的分析研究、实验后的综合提高等。

作为一名从事自然科学的高级技术人员，不仅仅要掌握较深的理论知识，还必须具有一定的动手能力，而动手能力的培养，课堂教学是无能为力的。增强感性知识、培养科学态度、训练操作技能等一系列特殊能力的培养，只能通过实验课这一特殊的教学活动来实现。因此，实验教学在培养既有理论知识又有动手能力的全能型人才方面具有极其重要的作用。

0.1.2　实验研究方法

按照运动的相对性原理，流体力学实验研究的方法，大体可分为两类：一类是流体不动物体运动的研究方法，如船舶和飞机的航行阻力实验等；另一类是物体不动流体运动的研究方法，这种方法在水力学（工程流体力学）实验中得到广泛的应用，如研究水流的作用力、水流的能量转换、各种边界条件下的流态和水流通过各种建筑物的流量系数等。

由于水流运动的复杂性，水力学（工程流体力学）理论的发展，在相当程度上取决于实验研究的水平，目前水力学（工程流体力学）教材中有很多系数（如流量系数、收缩系数、淹没系数等）和经验公式，这些都是实验研究的成果，这些成果解决了水利建设中大量的水力计算问题，但是并没有解决生产中所有的水力计算问题，因为系数和经验公式的适用范围有一定的局限性。至今水利建设中还有不少实际问题无法用理论公式进行精确计算，要解决这些生产问题，主要采用物体不动流体运动的研究方法，根据相似理论进行模型试验，预演未来的水流现象，通过观察进行分析研究，揭示未来水流中的内在规律，指导生产建设。

0.2　量 测 的 基 本 知 识

0.2.1　量测的作用

量测是一种认识过程，就是将被量测的物体与选用作单位的同类物理量进行比较，从而确定它的大小的过程。量测工作在科学技术领域和工业生产中是非常重要的工作，它是人们获得实践知识的重要手段，也是科学实验和工业生产中不可缺少的内容。

水力学（工程流体力学）实验，实质上就是对各水力要素进行实验性的探究，因此实验本身就不仅是定性地观察水流现象，更重要的是对各水力要素进行一系列的定量的量测工作，从一系列的量测数据中分析研究出水流运动各要素之间的内在规律，从而达到水力学（工程流体力学）实验的目的。

0.2.2　量测的分类

1. 按照获得量测结果的方法分类

（1）直接测量。凡是用一种测量器具能够直接量测到待求物理量结果的测量方法都称为直接测量。例如用尺测量长度、用压力表测量压力、用转子流量计测量流量等。

（2）间接测量。凡是不能用一种测量器具直接测得待求物理量的结果，要根据直接测量的数据，按照一定的函数关系，通过计算才能求得待求物理量结果的测量方式都称为间接测量。例如体积法测流量（图0.1），首先用直接测量法测出某时段内流入水箱内水体的体积，然后根据流量定义"流量＝水体积/时间"算出流量值。又如用U形管测量不溶于水的液体密度 ρ'（图0.2），此时水的密度 ρ 为已知值，必须先用直接测量法测出U形管中 h 和 h' 值，然后通过静水压强基本方程式，由 $\rho' = \dfrac{h}{h'}\rho$ 求出 ρ' 值。

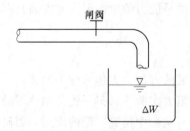

图0.1　体积法测流量示意图

（ΔW 为水体体积）

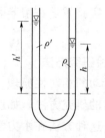

图0.2　U形管测液体
密度示意图

2. 按照待求物理量在测量过程中是否发生变化分类

（1）静态量测。待求物理量在量测过程中不随时间变化，或者变化很慢，可以用普通量测器具进行量测的称为静态量测。一般水力学（工程流体力学）实验中的各种水力要素（水位、流速、流量等）在不考虑脉动影响时，都是静态量测，为了提高量测精度，常常对同一物理量进行多次量测，取平均值，所以静态量测又称重复量测。

（2）动态量测。待求物理量在量测过程中随时间快速变化（或周期性变化），需要用特殊的仪器进行量测和记录相关参数，例如紊动水流中的瞬时流速和瞬时压强、洪水期河道中的水位和流量等，因此动态测量又称过程量测或瞬时量测。

3. 按照量测对象的特点不同分类

（1）明渠水力要素量测。对液体表面作用的是大气压强的流体水力要素的量测。一般情况下，由于明渠流动处于开敞状态，量测设备的安装比较方便，但由于水面波浪等外界干扰因素较多，量测结果误差较大。如天然河道、渠道、水槽水力要素的量测。

（2）管流水力要素的量测。对液体表面作用的不是大气压强的流体水力要素的量测。一般情况下，由于流体处于密封状态，量测设备的安装比较烦琐，但水力要素相对较稳定。如对自来水管道内水流、水泵进出水管内流体等水力要素的量测。

0.3 实验的基本知识

实验是人们认识自然规律的手段，是科学研究的基础，是检验理论的主要途径。水力学（工程流体力学）教学实验的目的，除了培养能力、掌握量测技术外，主要是增加感性、加深对水流运动规律的认识、验证理论公式、测定经验系数等。为此每个教学实验都有它一定的目的，同学们只要严肃认真、独立地完成每个实验，就能达到预期的效果。实验过程大体分为以下五个步骤：

（1）根据实验目的，对照实验仪器，设计实验方案（包括操作程序）。

（2）根据实验原理或基本公式，设计记录表格和计算表格。

（3）按设计的实验方案进行实验，并将收集的数据记入记录表格内。

（4）按规定要求进行数据处理，得出实验结果。

（5）编写实验报告。

以上五个步骤中，（1）、（2）两个步骤因实验内容和实验仪器的不同而有所变化，也是反映实验能力培养的重要内容，为了培养同学们的实验能力，要求大家在每次实验预习阶段认真做好这项工作。下面主要介绍数据收集、数据处理和实验报告编写三个方面内容。

0.3.1 数据收集

数据收集在实验过程中是一项非常重要的工作，它关系到整个实验的成败，因此一定要高度认真、一丝不苟。获得数据的方法一般有两种：一种是直读式，就是从测量器具上直接读取数据，如测针测水位、浮子流量计测流量等。直读时要细心看清测量器具的刻度分划值、单位，每次读数要读到最小分划值的下一位，若附有游标尺时，要注意游标尺的读法。另一种是自动显示或自动记录，此法在非电量的电测法中广泛应用，如带显示器的涡轮流量计、光电流速仪等，它们显示出电脉冲数，然后由电脉冲数查率定曲线得到被测值，也有通过程序控制直接把电脉冲数转换成被测量值显示出来（也称为直读式），在动态测量中用示波器等自动记录变化过程，再从变化过程中找出某瞬时的被测量值。

0.3.2　数据处理

数据处理就是将收集到的数据按照一定规律和形式表示成实验的成果，其表示方法有以下三种。

（1）列表法。将各变量之间的函数关系用表格的形式（实质上就是函数式的计算表格）表示出来，所以又称函数表。列表时应注意按自变量增大或减小的顺序排列，因变量与其一一对应，自变量间的差值要适宜，差值过大，使用时内插不准确，差值过小又会增大表格篇幅，表中应注明各变量的名称、符号和单位，必要时还要加上表注。

列表法的优点是简单易作，数据应用比较方便，在表中可以清楚地看出自变量和因变量的变化关系。例如表 0.1 表示纯水在一个标准大气压下的密度 ρ 随温度 t 的变化。

表 0.1　　　　　　　纯水在一个标准大气压下的密度 ρ 随温度 t 的变化情况

温度 t/℃	0	4	8	10	15	20	30
密度 ρ/(kg/m³)	999.87	1000.00	999.88	999.73	999.13	998.23	995.67
温度 t/℃	40	50	60	70	80	100	
密度 ρ/(kg/m³)	992.24	988.27	983.24	977.81	971.83	958.38	

表 0.1 只是两个变量间的关系，在实际工作中，还有三个变量和四个变量间的列表法。

三个变量的列表法，将表格中第一行表示一个变量，第一列表示另一个变量，表中其他各行、列皆为第三变量，例如表 0.2 中表示静水总压力 P 和水深 H 与受压宽度 b 的关系，由式 $P = \frac{1}{2} \rho g H^2 b$ 列表，式中 ρ 为水的密度，等于常数（$\rho = 1000 \text{kg/m}^3$）。

表 0.2　　　　　　　静水总压力 P 和水深 H 与受压宽度 b 的关系

水深 H/m	壁宽 b/m					
	1	2	3	4	5	6
	P/kN					
1	4.9	9.8	14.7	19.6	24.5	29.4
2	19.6	39.2	58.8	78.4	98.0	117.6
3	44.1	88.2	132.3	176.4	220.5	264.8
4	78.4	156.8	235.2	313.6	392.0	470.4
5	122.5	254.0	381.0	508.0	635.0	762.0
6	176.4	352.8	529.2	705.6	882.0	1058.4

四个变量的列表法，一般由几张表格组成，列表时将变化范围缩小，连续性差的变量，按一定差值记在表格顶部，然后按 3 个变量的列表方法进行列表。例如水力学（工程

流体力学）中的谢才公式 $v=\dfrac{1}{n}R^{2/3}i^{1/2}$。其中含 v、n、R、i 四个变量，列表时将 n 以一定差值放在表顶部，如 n 为 0.02，0.0225，0.025，0.030，…，按三个变量列成表 0.3 形式的表格。

表 0.3　　　　　　　　　　　三　个　变　量

$n = 0.0225$

R/m	i					
	0.0001	0.0002	0.0003	0.0004	0.0005	0.0006
	v/(cm/s)					
1	0.444	0.629	0.770	0.889	0.994	1.089
2	0.706	0.998	1.222	1.411	1.578	1.728
3	0.924	1.307	1.601	1.850	2.067	2.265
4	1.120	1.584	1.940	2.240	2.504	2.743
5	1.300	1.838	2.251	2.599	2.906	3.183

$n = 0.025$

R/m	i					
	0.0001	0.0002	0.0003	0.0004	0.0005	0.0006
	v/(cm/s)					
1	0.126	0.179	0.219	0.253	0.283	0.310
2	0.201	0.284	0.384	0.402	0.449	0.492
3	0.263	0.372	0.456	0.526	0.588	0.645
4	0.319	0.451	0.552	0.637	0.713	0.781
5	0.370	0.523	0.641	0.740	0.827	0.906

　　列表法最多只能用于四个变量的函数式，所以有一定的局限性。

　　（2）图形表示法。根据试验测得的数据点绘成曲线（或直线）图形，表示变量之间的关系，这种表示法的优点是变量间的关系明显直观，数据应用方便，并能显示出最大、最小和转折点等情况。所以对实验工作有启示作用，根据实验数据作图，一般要注意以下几点。

　　1）图纸的选择。常用的图纸有等分直角坐标纸、双对数坐标纸、半对数坐标纸，究竟选用哪一种，应根据实际情况而定。在图形中，直线是最容易绘制的，而且使用方便，因此对于幂函数型曲线，可采用双对数坐标纸；指数型函数曲线，可采用半对数坐标纸，这样曲线图形就变成了直线图形，其实质就是将幂函数和指数函数经过对数变换，成为直线函数。

　　2）纵横坐标比例尺的确定。一般以横坐标表示自变量，纵坐标表示因变量，确定比例尺大小的原则，使所有实验点据都能在坐标轴上点绘出来，并考虑实验点据的精度，使在图纸上绘出的曲线（或直线）有近于 1 的斜率，或使曲线的坡度位于图纸上 30°～60°之间，为了符合上述要求，根据实验数据采用不同的纵横比例尺进行试绘，当符合要求后，确定纵横比例尺。

3）在坐标轴上要标注变量名称、符号、单位，并将实验数据准确地点在图纸上，若数据的种类或来源不同时，要用不同的点符加以区别。

4）根据实验点连曲线，在连曲线之前，要详细观察诸实验点的分布趋势，然后用铅笔轻轻地绘出一条光滑曲线，再根据位于曲线两边的实验点据基本相等和两边实验点至曲线的垂直距离的总和也大致相等的原则，对曲线进行修改，最后用曲线板复描，注意曲线不能向实验点外任意延长，如在一张图纸上有几条曲线，应分别用不同的线（如实线、虚线、点划线等）加以区别，以免混乱。

5）对图中不同线型和不同实验点符所代表的资料或来源应加以注释，必要时还要对图加以简单的说明，以便应用。

例如在一个标准大气压下测得水的运动黏滞系数随温度变化数据见表 0.4。用图形表示如图 0.3 所示。

表 0.4　　　　　　　　水的运动黏滞系数随温度变化数据

温度 $t/℃$	0	10	20	30	40	50	60	70	80	90	100
运动黏滞系数 $\gamma/(10^{-2}\mathrm{cm}^2/\mathrm{s})$	1.794	1.310	1.010	0.804	0.659	0.556	0.478	0.416	0.367	0.328	0.296

上面的图形表示法仅是两个变量之间的变化关系，若在实际工作中遇到三个变量之间的关系时，可以取其中一个变量作为参变数，对其他两个变量间的关系进行作图表示。

例如平底闸孔淹没出流时，淹没系数 σ_s 与相对水位差 $\dfrac{\Delta Z}{H}$ 和相对开启度 $\dfrac{e}{H}$ 有关，这是一个三变量之间的关系，在用图形表示时，可以将相对开度 $\dfrac{e}{H}$ 作为参变数，作 σ_s 和 $\dfrac{\Delta Z}{H}$ 之间的曲线，如图 0.4 所示。

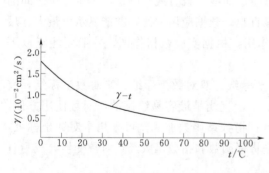

图 0.3　水的运动黏滞系数随温度变化曲线

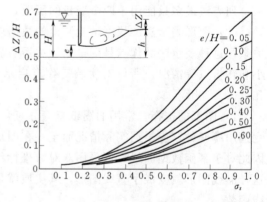

图 0.4　水位差与淹没系数的关系曲线

（3）方程表示法。上面介绍的列表法和图形表示法，不能深刻地反映变量之间的内在联系，为了克服这一缺点，可以采用方程表示法，即将实验数据中因变量和自变量间的变化关系，用数学方程的形式表示出来，这种方程叫作回归方程（或经验公式），回归方程有直线回归方程和曲线回归方程。简单经验公式（回归方程）的求法详见附录 A。

0.3.3 实验报告编写的一般方法

实验报告是实验成果的反映形式，因此要求在编写实验报告时，尊重科学，忠于原始观察资料，严禁任意修改数据，抄袭他人成果，对试验结果要进行分析判断，发现错误要重做。书写要工整，文句要简明，计算、绘图要准确，在报告上要写清实验名称，必要时在报告最后加以说明。

（1）教学实验报告内容大体包括以下 6 个方面：

1）实验目的。

2）实验仪器（包括号码、草图或剖面图，已知常数）。

3）简述实验原理，列出所用公式，并根据公式设计出合理的记录表格。

4）按照要求进行数据处理。

5）分析实验结果，得出实验结论。

6）回答思考题。

（2）研究、设计性实验报告内容大体包括以下 6 个方面：

1）研究内容概述。

2）研究方法介绍。

3）数据处理。

4）实验结果。

5）结果分析及建议。

6）参考文献。

0.4　设计创新型实验的基本知识

设计创新型实验是在同学们掌握基础性实验知识并具备综合实验能力后进行的一种拓展性实验，具有自主、开放、合作、创新的特点。设计创新型实验强调对实验全过程的训练，要求同学们根据研究的内容和要求确定实验应用的原理，设计实验方案，合理选择实验量测的方法、仪器和精度，成功地实施实验数据收集，并能合理分析实验现象、正确处理实验数据。有的设计创新型实验还需要专门设计制作实验模型。设计创新型实验作为教学实验的高级形式和阶段，是同学们实验能力真正生成的重要标志，因而在实验教学中具有重要地位。

0.4.1 设计创新型实验的特点

（1）自主性。"自主"体现在自带实验课题、自定实验时间、自选实验项目、自定实验内容、自拟实验方案等方面。学生享有充分的自主学习权利，在教师的指导下，同学们可以根据专业特点和自身的情况选择不同的专题，采用不同的实验方法，扩展自主探究环节。

（2）开放性。体现在实验时间、实验内容、实验对象全开放。

（3）合作性。设计创新型实验是一种全过程、多环节的实验，往往需要从实验方案设计、仪器制作、数据收集、数据处理等多方面，多人员通过合作分工、有效配合来完成。因此合理的人员组成和良好的团队合作是必不可少的。

（4）创新性。主要面向学有余力的同学，着眼于培养他们的综合能力和创新意识。

0.4.2　设计创新型实验的功能和目的

设计创新型实验既能提高学生的理论知识应用水平，又能全面培养同学们观察问题、分析问题和解决问题的能力，同时还能加强团队精神和互助友爱的意识。更重要的是设计创新型实验能发挥同学们的主体作用，培养同学们的实践能力和创造能力，从实验教学的各个环节、各个层次来锻炼同学们的动手能力，激发同学们的创新意识，使实验教学从传统的"以教师为主"的教学模式转变为"学生为主体、教师为主导"的教学模式。

0.4.3　设计创新型实验的一般原则

在进行设计创新型实验时，首先要求学生牢固地掌握实验基本技能、深刻地领会实验基本原理，为创新实验的顺利进行打下良好的基础。设计创新型实验的开设应与实验条件匹配，数量应"少而精"，难易适度，特别要注意做到密切结合学生的专业学习，这样才能保证实验对学生学习起到促进和提高的效果。在进行实验设计时，从实验原理到实验具体操作，要留给学生充分的自主空间。指导老师应在学生动手操作之前对实验方案认真审查，在实验过程中实现有效跟踪，实验操作完成后及时指导整理分析，客观给予总结评价。

0.4.4　设计创新型实验的选题

学生可根据自己的专业、兴趣进行选题，也可以自己立题。在进行设计创新型实验教学时，应鼓励学生自己寻找题源。设计创新型实验的题源主要有三方面：一是对已有的一类实验进行整合优化，形成综合型实验，改进实验数据的收集方法和手段，变更实验参数，提高实验的难度，达到设计创新实验要求。这一类实验是对基础教学实验的拓展，旨在提高学生应用综合知识技能的能力。二是来自生产实际的应用类实验，具有很强的目的性，为解决生产中的具体问题而进行。所以需要与企业充分沟通，学生需在老师指导下，查阅大量的文献资料，设计不同的试验方案。通过试验比选、参数修正，筛选出最佳试验方案，最终用实验数据和分析结果验证工程设计或为生产过程提供技术参考。此类实验旨在培养学生分析解决实际问题的能力。三是来自研究课题，将科研课题作为创新实验的主要题源，使学生完全置身于科学研究的氛围中，学生通过自查文献、自己设计实验，在导师的指导下完成实验。学生须认真分析实验数据和结果，说明实验的创新点。可以研究论文或报告的方式提交实验成果。此类实验具有研究探索的气息，旨在培养学生独立研究能力和创新能力。

0.4.5　设计创新型实验的一般要求

设计创新型实验通过以学生自我训练为主的教学模式，由学生自己设计实验方案并加以实现，使学生全面了解实验的内容与方法，初步掌握实验基本理论和模型设计方法，能根据实验内容，动手组装量测系统，并结合理论课教学的内容，对实验资料进行分析整理，写出高质量的实验研究报告，初步具备利用实验手段进行科学研究及解决工程问题的能力，培养学生实事求是的科学态度、相互协作的团队精神、勇于开拓的创新意识。

设计研究型实验的一般要求：

（1）学生可自由组合，一般每组人数以 5 人左右为宜。

（2）实验前，通过阅读相关资料和考查实验条件，每组提交一份实验设计方案给指导教师。设计方案应包括以下内容：你想做什么内容？需要哪些设备？实施哪些步骤？观测哪些数据和现象？如何整理结果？

（3）实验方案经指导老师认可后方可进行实验操作。

（4）提交一份实验研究报告，实验报告要求以实验研究报告的形式，重点突出，实验过程和现象描述完整、数据充分、论述有说服力。实验报告应该包括实验目的和意义，实验概述（包括实验的时间、地点，实验设备介绍，绘制出实验布置图），实验内容和步骤（具体的实验步骤，每个步骤测量过程和内容描述），实验现象和特性描述，实验数据记录整理与分析过程，实验结论（实验总结，主要的实验结论）、实验体会与建议等。

第1篇　水力学（工程流体力学）流体要素的量测

　　水力学（工程流体力学）实验，实质上就是对各水力要素进行实验性的探究，因此实验本身就不仅是定性地观察水流现象，更重要的是对各水力要素进行一系列的定量的测量工作，从一系列的测量数据中分析研究出水流运动各要素之间的内在规律，这样才能达到水力学（工程流体力学）实验的目的。

　　本篇从明渠流和管流以及气流三个方面介绍流体运动要素的量测，同时对流体要素现代量测技术和流体可视化技术进行简介。

第1章　明渠流水力要素的量测

　　明渠流有着其特有的流动特点，一般来讲，流体上方作用的是大气压强，且大多为开敞式，但其流动易受风力、边界等多因素的影响，形成恒定流动较困难，因而水力要素量测值多为时均值。下面分别介绍在明渠中水位、流速、流量的常用量测方法。

1.1　水　位　的　量　测

　　水位的量测是水力要素量测中的重要内容之一，在水力学（工程流体力学）教学实验或有关科学研究的实验及原型观测中，量测水位是必不可少的。当水流运动状态不同时，水流表面特性也有区别。量测水位必须针对其不同的特点选取比较合适的量测仪器和量测方法。

1.1.1　测尺法

　　测尺法是直接将具有一定刻画精度的工程塑料或金属制的尺子插入水中或在玻璃水槽、玻璃测压管外面进行测读的方法（图1.1），此法简单易行，但由于水的表面张力和水面波动的影响精度较低，在测量过程中要注意尺子的起始刻度所在位置。

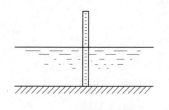

图 1.1　测尺法示意图

1.1.2　连通测压管法

　　测压管用来量测某过水断面水位，根据连通管原理制作而成，它是由测压孔、连通管与测压管等几部分组成，如图1.2所示。测压管一般采用玻璃管，管后附有刻度尺

或管中装有测针 [图 1.4 (a)]，用来量测液面高程。管子的内径最好大于 10mm，否则会因毛细管作用影响测量的精度。管的内径必须均匀，如用多管组成测压管组时，各管内径也要相等，否则，毛细管影响将有不同。管内必须保持清洁，不然也会影响量测精度。

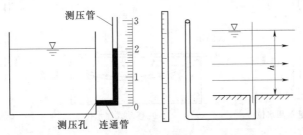

图 1.2　测压管法测水位装置示意图

测压孔是在盛水容器（如水箱、管道、水槽等）的底板或侧壁等处开设的径向小孔，孔径一般要大于 2mm，使之不易堵塞；并连接防锈材质的短管，用套在短管上的橡皮软管引出，外接一个玻璃管即为测压管。此时，玻璃管内水位一般与容器、水槽内部水位同高，利用安装在测压管旁边的标尺即可读出容器内的水位。

测压孔要与壁面垂直，孔内附近要平顺光滑，其周围不得有毛刺存在。所连接的短管要与水流方向垂直，不得凸入水流中，否则会因动能的影响，致使测压管的液面偏高或偏低。一般的做法是所开测压孔的直径要小于其固定短管的内径，容器的壁面上可焊（或粘）接螺丝帽与短管相接。

连通管一般用软橡胶管或塑料管，测量时，一定要注意管内不得存有气泡，若有，试验前要设法排除，量测值才能准确无误。这种方法应用较广，其精度约 1mm。

1.1.3　测针法

量测恒定水位时，测针是应用最普遍的一种仪器，图 1.3 是一种国产测针的结构图。图中套筒 1 牢固地安装在支座 2 上，测杆 3 在套筒中能上下移动，另有一套微动机构 4 借微动轮 5 来使其作微量移动，测针尖 8 下端接触水面处做成针形或钩形，测杆旁套筒上附有最小读数为 0.1mm（或 0.05mm）的游标。

使用时用测针尖直接量测水位；或安装测量筒，将水引出后，在筒内进行测读，如图 1.4 (a) 所示。在实验室应用量水堰测流量时，测定堰上水深一般多用这种方法。但要特别注意，连通管内不得存留气泡，而且测量筒不宜太细，以免由于表面张力影响量测精度，一般筒的直径以 5cm 左右较为合适。若需测水面线时，可将测针安装在活动测针车上 [图 1.4 (b)]，使其沿平直

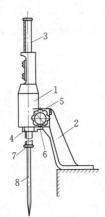

图 1.3　测针的结构图

1—套筒；2—支座；3—测杆；4—微动机构；5—微动轮；6—制动螺丝；7—螺帽；8—测针尖

轨道前后左右滑动，以便测得任意断面和测点的水深和水位。为了避免水表面吸附作用的影响，还可以把针尖做成钩形，如图 1.4 (c) 所示。

使用测针时，应注意下列几点：

（1）测针尖端勿过于尖锐，以半径为 0.25mm 的圆尖为宜。

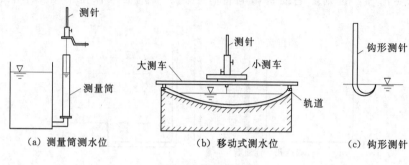

图 1.4　测针安装图

（2）测针安装必须竖直牢固，轨道必须水平稳固。

（3）量测时，应使测针尖自上向下逐渐接近水面（勿从水中提起），直至针尖与其倒影刚好重合；钩形测针则先将针尖浸入水中，然后徐徐向上移动至针尖触及水面时进行测读。

（4）当水位略有波动时，则应量测最高水位与最低水位多次，然后取平均值作为平均水位。

（5）经常检查测针有无松动、针尖有无变形等。

1.1.4　电感闪光测针法

上述量测水位的测针全凭目力观测，可称为视感测针。但在某些场合无法用目测，或需要监测和控制水位时，则可使用电感闪光测针。电感测针的原理是利用水作为导电介质，当针尖接触水面时，电流接通，闪光灯发亮，如图 1.5 所示。

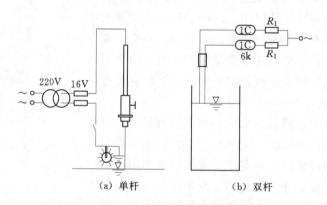

图 1.5　电感闪光测针工作原理图

电感闪光测针有单杆和双杆之分。如图 1.5（a）所示的为单杆，其构造及传动装置与普通测针完全相同，只需加装电源、导线与氖气灯泡等；双杆电感闪光测针是将普通测针的单杆针头改为双针头，如图1.5（b）所示，其中一根为标准针头，另一根为辅助针头，两针尖端的高差依据试验精度的要求进行调整；各针头分别接一只氖气灯泡。使用时，由于标准针头的测针读数已事先定好，当针尖触及水面时，它的氖灯开始闪光，表示水位正好达到预期要求，如两个氖灯同时闪光，表示水位高于预期水位；两个氖灯都不亮，表示水位低于预期水位，均需重新调整水位。这样既可避免实验人员往返操作，又可随时监视水位的变化情况。这种测针主要用来量测不便直接目测的高处、低处和远处的水位，在实验室用于量测和监视平水塔与地下水库的水位尤为合适。

1.1.5　跟踪水位计

随着现代科学技术的发展，量测随时间变化的非恒定水位的方法越来越多，跟踪式水位计就是其中一种，图1.6为跟踪式水位计原理和构造示意图。

该水位计的传感器是两根不锈钢探针，长的一根接地，另一根短的针尖没入水0.5～1.5mm。当探针相对水面不动时，两针之间的水的电阻是不变的。水电阻作为测量电桥的一个臂，这时电桥是平衡的，无信号输出。当水位上升（或下降）时，电流通过水体，电阻值增大（或减小），则电桥失去平衡，因而有信号输出。输出信号经放大器放大后驱动可逆电机。电机的旋转通过齿轮2、齿轮1、丝杆、螺母、连杆等使探针上下移动，驱动探针又回归到平衡位置。这样，探针就可跟着水位变化。

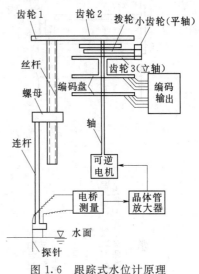

图1.6　跟踪式水位计原理
和构造示意图

利用这种仪器可以测记各种波动情况下的水位变化，但由于仪器传动部分的惯性还不能完全消除，故对水位变动较快的情况探测不能很好地跟踪。

目前国产跟踪式水位计最大跟踪速度为5.5mm/s，最大跟踪距离为200cm。实验室常用的跟踪距离为20～40cm，读数误差为±0.1mm。一般用于明渠水位的量测。还可用数字显示水位读数，用于多点、同步、自动巡回检测，与打印机联动可每隔一定时间把所测水位自动打印出来。

1.1.6　液位传感器（变送器）

液位传感器的芯片被焊接在全不锈钢压力接口内，外部压力从不锈钢膜片传递到敏感元件上，敏感芯片上的惠斯登电桥线输出电信号，实现被测液位和输出电信号的线性转换，从而测得液位。此类产品可直接投入各种液体中进行液位测量，如图1.7所示。

依据被测对象的特性，液位传感器的形式可选用多种型号。它使用方便，可直接显示液位，并可与计算机相连，进行数据处理，但精度不高，尤其在测量低液位时误差较大。

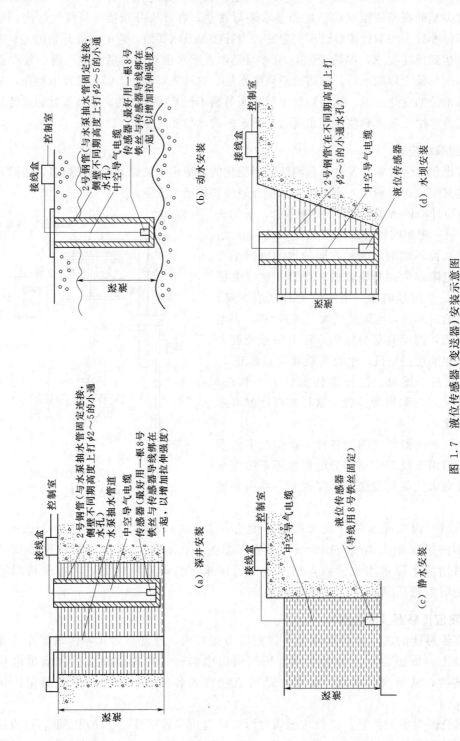

图 1.7　液位传感器（变送器）安装示意图

14

1.2　流速与流向的量测

在实验中如何正确地测定流场中的流速是很重要的,它既是进行理论分析的出发点,也是验证理论的重要参量。

测定流速的内容包括测定流速的大小和方向。在恒定流动情况下,流速的时间平均值虽不随时间变化,但是流速的瞬时值及其瞬时方向则是随时间变化的。在非恒定流动情况下,则流速大小的时间平均值和方向均是随时间变化的。根据这个特点,要测定流速,最基本的是量测其瞬时值及方向。用仪器或计算方法将一定时间内的瞬时值平均后,即可求得流速的时均值及其时均方向。

明渠流速的量测可分为两大类:一类是大中型河道的流速量测,其主要采用水文测验的方法,目前大多采用大型 ADCP 测量;另一类为小型渠槽和实验室内使用的测量方法,本节主要介绍此类量测手段,结合流动的具体条件,常采用下列不同的量测流速的方法。

1.2.1　浮子法

1. 缓流浮子摄影

将重量较轻的小纸片或小软木块、小泡沫塑料块、蜡块等放在水流中,因其密度小于水,故可随水漂浮,如果每经过一定时间间隔,连续测记它们的位置或拍摄它们的轨迹,即可算出浮子所经过测点的水流流速。

所采用的具体方法中,有的是在所拍摄流场的上方固定摄影机(或照相机),拍摄流场边界与模型建筑物;然后在无光源情况下,使摄影机的快门全开,每隔一定时间使强闪光灯照射全部流场一次,这样就会在底片上每隔一定距离出现一个浮子影像,洗出照片后,根据曝光时间长短及影像间的距离即可算出各相应段内的时均流速。另外也可以在摄影机镜头前置一等速旋转的遮板,在遮板上正对镜头处打有弧形孔洞,而在水流表面上施放发光浮子(如在木板上放小蜡烛),当孔洞转到镜头前时,则底片即曝光一次。采用钟表控制机件使遮板每 2s 转动 1 次,则底片曝光时间即为 1s(或 1/2s)。如此继续下去,即可在底片上拍下浮子的间断迹线,其流速的算法同前。图 1.8 即为表面浮子法的布置示意图。用这种方法只能得到水面各点的时均流速,但若重复若干次,也可以得到水面各点的瞬时流速。应用这个方法的关键在于如何测准底片的曝光时间,否则误差较大。

有时为了观察流态或流动图形,可在水面上撒些可漂浮的粉末进行观察。这些粉末可以是铝粉、石松子粉、纸花或锯木屑等。实验时要求水表面干净,不然表面张力的作用将使这些粉末聚拢在一起。还可用石蜡涂在物体表面,可以消除水的表面张力影响,以便更好地

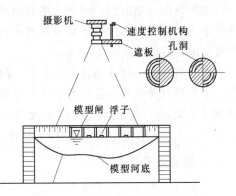

图 1.8　表面浮子法布置示意图

显示物体表面附近的流动。

例如，将一圆柱体垂直放入水槽中，在圆柱体前面徐徐撒上漂浮物，这样便可以看到水流的流动图形。在水流流速很慢时，圆柱体后面便会产生两个对称漩涡；当水流流速增大至某一数值后，在圆柱体后面则会形成两列交错排列、转动方向相反、周期性发生的漩涡，称为卡门（Von Kár mán）涡街。

2. 浮粒子法

若欲测水流内部各点的流速，则可在水中放入密度为 1.0 的带色小液滴（当水流速度较慢时）或固体颗粒（当水流速度较快时），利用上述同样方法，从水流侧面（如二维玻璃水槽情况）或底面（通过透明的玻璃底板）进行摄影，然后对底片进行分析，即可得出流场内的流速分布。

当水流速度较低时（例如在 10cm/s 以下），液体的浮粒子可用密度约为 1.6 的四氯化碳、密度约为 1.1 的氯苯、比重约为 0.87 的甲苯、比重约为 0.87 的二甲苯以及比重约为 0.88 的苯等，适量混合后再加入染色剂（白漆或重铬酸钾）配制而成。在滴入水中时，要使用特制的注入器，以使滴径不大于 1mm。当水流速度较高时（例如在 1m/s 以上），则可采用比重为 1.0 的固体浮粒子，可用沥青加入适量松香、石蜡加热混合制成，粒子直径也要小于 1mm。还可以采用经过处理的密度等于 1.0 的聚乙苯烯微粒（直径为 0.1～1.0mm）或很细的铝粉作为粒子，以显示水流的运动情况。

当水流速度较低时，可采用浮子法中所介绍的摄影方法，采用摄像机或电影摄影机等。但水流速度较高时，则需要采用高速摄影机，以便得到准确的资料。采用高速摄影方法时，对光源的要求随拍摄速度的加快而增高；高速摄影机均附有标准时间信号发生器，所发信号均印于底片一侧，以作为分析流速数据之用。

用摄影方法，可采用一定措施，使底片上同时得到流场内的三维流速分布资料。

3. 氢气泡法

在拟测的水流流场中拉上一根很细的铂金丝，其直径为 0.013～0.05mm，使其与直流电源的阴极相连，直流电源的阳极则置于同一流场内，如图 1.9 所示。接通电源后，作为阴极的铂金丝附近的水即被电解而产生氢气泡，气泡的直径约为铂金丝直径的一半。当流速足够大时，氢气泡即随水流运动，此时若在流场上方安置摄影机，并以适当位置照明时，则可摄得氢气泡所显示的水流迹线。

如果每隔一定时间，间断地接通电源，则可得出如图 1.10 所示的图形。用与前述表面浮子法相同的分析方法就可得出有关各点的时均流速分布，改变铂金丝的位置，即可得到流场内各点的时均流速分布。

由于氢气泡会很快地在水中消失，故每次拍摄的范围不宜过大。铂金丝上产生的氢气泡大小与数量和通过铂金丝的电流大小成正比，实验前应进行估算，使氢气泡的大小和数量能满足摄影的要求。当水流速度在 1.0m/s 左右时，铂金丝的电源电压可取 0.5～2.5kV，使电流值约为 3A，这样可获得满意的结果。

1.2.2　急流浮子摄影法

浮子摄影法有间隔曝光摄影法、氢气泡摄影法、高速摄影法及摄像法等。其中前两种方法已如前述，下面只介绍后两种方法。

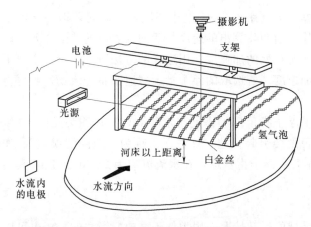

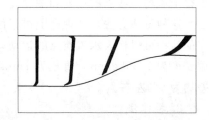

图 1.9　氢气泡法测速布置示意图　　　　图 1.10　流场中垂向流速分布

1. 高速摄影法

高速摄影法是把高速运动变化过程的空间信号和时间信号紧密联系在一起进行图像记录的一种摄影方法。观测快速流动过程就要靠高速摄影来放大时间标尺，使人们能直接观看并研究某一特定时刻的空间—时间图像。

对高速摄影的图像，有时要求记下单幅或多幅有关过程变化的二维图像，通常称为分幅摄影。有时只需把快速过程在某一方向上的运动轨迹的一维图像连续记录下来，通常称为扫描摄影。曝光时间和摄影频率是区别高速摄影和普通摄影的两个主要标记。摄影频率在 100 幅/s 以下的称为普通摄影，100～1000 幅/s 的称为快速摄影，1000～4 万幅/s 的称为次高速摄影，4 万幅/s 以上的称为高速摄影。高速摄影机是结构精密、造价昂贵的光学仪器。根据各种不同原理设计制造的成系列的高速摄影机，其摄影频率可由每秒几千幅到一亿幅以上。

（1）单张高速照片摄影方法。经验证明，要了解一个高速流动过程，在某些情况下，并不需要将全部过程记录下来。当研究恒定高速流动过程时，例如，研究涡轮机叶片的旋转运动，若只研究其典型瞬时情况，则只要有单张照片就足以了解其过程了。

单张高速照片的获得可以分为两种情况：一种是被摄流场本身不发强光，需要利用一次历时极短的瞬间闪光来照明；另一种是被摄流场本身发光很强，照片的曝光时间需要依靠高速摄影机的高速快门来控制。

（2）分幅高速摄影方法。在多数情况下，要研究分析一个高速运动过程，一般还希望能够得到一组说明高速过程不同发展阶段的连续照片，使照片上所记录的物体运动过程成为时间的函数，并且可以从这组照片上将物体运动的速度和加速度推算出来。可以一幅一幅地进行研究，也可以用电影放映机将所拍摄的运动过程以合适的速度重现在屏幕上来进行研究。

在普通电影摄影中，胶片是间歇移动的，它的标准频率是 24 次/s。一般摄影机频率也不超过 200～600 幅/s。在拍摄运动速度并不十分快的高速过程时，目前广泛采用胶片连续移动的高速电影摄影机，其拍摄频率从每秒几百幅到几万幅。

下面再介绍一下如何利用高速摄影方法量测水流的流速。其基本原理与"表面浮子法"的原理相同。将所拍得的底片一幅一幅连续或间歇地投影到屏幕上，量测某浮子指示球在两相邻底片上移动的距离（要换算成为真距离），除以相邻底片的时间差即为该浮子指示球所在处的速度。用相邻三个底片的前两片算出的速度与后两片算出的速度之差除以每片的时间差，即可得出该浮子指示球所在处的加速度。用这样的方法可以得出一个浮子指示球流经路程上每个位置的流速和加速度。若选取的浮子指示球遍布整个流场，则可得出整个流场中各点的速度和加速度。

这种量测方法，从理论上讲，如果浮子指示球的密度与水相同，其体积为无限小时，它的运动可以代表水流质点的运动；否则会引起误差，这种误差称为"跟随性误差"。如用密度为 1.05kg/m^3，直径为 1mm 左右的浮子指示球，在水流流速为 $2\sim3\text{m/s}$ 时，其误差约为 4% 左右。

2. 摄像法

利用摄像机来摄取水流中浮子指示球的运动情况，用类似于高速摄影法的分析也可以得出水流的速度场和加速度场。这个方法特别适用于在波浪或潮汐作用下水流做非恒定、往复运功的情况，下面用一个具体实例来加以说明。

为了量测海洋平台基底附近的底部流速，在波浪池的试验段安装了玻璃底板，并在底板下建造了一个观测室，海洋平台模型置于玻璃底板一侧的中间，其布置示意如图 1.11 所示。在玻璃底板上按需要布置若干观测点，每个观测点均位于一个 $10\text{cm}\times10\text{cm}$ 的小面积形心处，这个面积的大小要视所研究流场的大小而定，应使其尽量小而又有一定的尺寸，以便对其中的浮子指示球的运动进行统计分析。

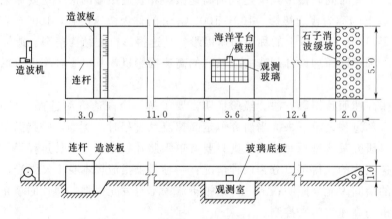

图 1.11　波浪池示意图（单位：m）

在一定波况的波浪作用下，于玻璃底板的上游适当地方撒入若干密度略大于水的浮子指示球，这些指示球将沉至水底并跟随水流运动；在波况稳定后，利用摄像机在观测室中对每一个观测点进行摄像，每次连续摄像的时间应大于 5 倍的波浪周期，这样在整理资料时，数据能具有一定的重复性。

将由摄像机得到的资料，在暗室内用录像机逐幅放像，若在时间差为 1/25s 的两幅画面中取同一个浮子指示球，它在这两幅画面上的位置之差将是它在 1/25s 内所移动的距离，故可算出其运动速度；两点间的连线即为当时的运动方向。用同样方法可以得出流场内任何点的流速及其方向。为了准确量出两点间的距离，实验前，应于玻璃底板上画出标准长度的带颜色的线段，以便于摄像时一并摄入，并以该距离为标准长度来量测指示球的运动距离。

1.2.3　毕托管法（动压强法）

毕托管是实验室内量测时均点流速常用的仪器。这种仪器是 1730 年由亨利·毕托（Henri Pitot）首创的，后经 200 多年来各方面的改进，目前已有几十种型式。毕托管测速的基本原理如下：分析圆头形绕流物体的流场时，可得出其周围的势流流网形状以及速度和压强的相对值分布，如图 1.12 所示。

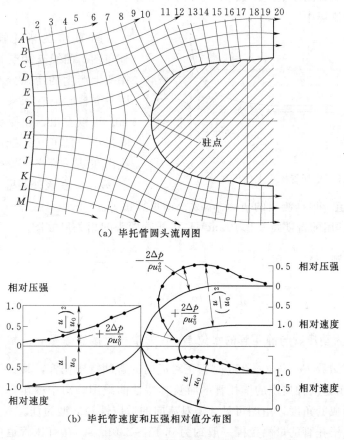

（a）毕托管圆头流网图

（b）毕托管速度和压强相对值分布图

图 1.12　圆头形绕流流场

图中 $\Delta p = p - p_0$，p 为绕流物体上任一点压强，p_0 为均匀来流中的压强，u_0 为均匀来流的时均流速，u 为流场中任一点的时均流速，ρ 为流体的密度。

根据平面势流理论，$\Delta p = p - p_0 = \rho/2(u_0^2 - u^2)$ 等式两边均除以 $\rho u_0^2/2$，可得出下列无量纲式：

$$\frac{\Delta p}{\rho u_0^2/2} = 1 - \left(\frac{u}{u_0}\right)^2 \tag{1.1}$$

在驻点上，$u=0$，故

$$\frac{\Delta p}{\rho u_0^2/2} = 1 \tag{1.2}$$

则驻点压强为

$$p = p_0 + \frac{\rho u_0^2}{2} \tag{1.3}$$

根据式（1.3），如能测出驻点动水压强 p，并测出 p_0，则利用二者的差即可求得 u_0 值的大小。

毕托管的构造是：在圆头形的探头上，于驻点处打一个与边界正交的小孔称动压孔，为了避免产生局部绕流，小孔的边缘要仔细加工。小孔与探头体内测压管相连，用此管测出动压强 p，在探头侧面量测压强 p_0 的小孔称静压孔，其位置应在均匀流速区内，即在不受探头干扰的流场中。

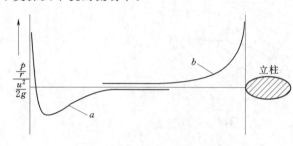

图 1.13　毕托管探头上的压强分布

图 1.13 为毕托管探头上的压强分布图。曲线 a 为受探头首部影响在探头上产生的压强分布，曲线 b 为受探头立柱影响在探头上产生的压强分布。可以看出，在探头中部二者的影响最小，且可互相抵消。通过实验可找出在某一恰当位置处，压强大小等于 p_0，故在该处侧壁上开孔引出测压

管就可测出 p_0 值，根据测出的 p 及 p_0 大小即可算出 u_0。

图 1.14 为常用的普朗特（L. Prandtl）毕托管探头的相关尺寸图。一般情况下，可使 $\Delta p = \frac{1}{c^2} \times \frac{\rho u_0^2}{2}$，则

$$u_0 = c \sqrt{2 \frac{\Delta p}{\rho}} = c \sqrt{2g \Delta h} \tag{1.4}$$

式中：$\Delta h = \frac{\Delta p}{\gamma}$ 为动压管与静压管的水位差；c 为毕托管改正系数，一般均需通过率定毕托管求得，当雷诺数 $Re = 330 \sim 360$ 时，正对流向的普朗特毕托管，其 $c = 1.0$。

图 1.15 所示为两种典型的毕托管剖面及其特性曲线图。图中横坐标为探头测孔中心线与流动方向所成的角度，由图可见 a 型对流向的适应性较 b 型为佳。

明渠流中，毕托管的量测范围一般约为 $0.15 \sim 2.0 \text{m/s}$。在有压管道中可用柱形毕托管进行测速，其最大测速可达 6m/s。

1.2.4　旋桨式流速仪法

旋桨式流速仪有一组可旋转的叶片，受水流冲击后，叶片旋转的转数与水流流速有着固定的关系，这种关系需经率定。设法测定叶片的转数，即可求得所测流速。旋桨的形式有多种，可用于天然河道，也可用于实验室内。

根据测定转数的方式，可将旋桨式流速仪分为电阻式、电感式、光电式三种。

1. 电阻式

如图 1.16 所示，在支杆的内侧嵌镶两个铂金电极。支杆入水后，两个电极间便形成一个水电阻。当旋桨加宽的侧边处于位置（a）时，遮挡了两个电极，此时电极间的水电阻值最大；当处于位置（b）时，水电阻值最小。因此，旋桨每旋转一周便产生两次水电

阻阻值的变化，然后通过桥路输出脉冲信号，送入计数器进行计数。

电阻式传感器的优点是结构比较简单，易于实现。但其阻值大小受水温、水质、电极大小、氧化程度、遮盖体大小、间隙距离等因素影响，如果不在电路设计上进行解决，其精确度与灵敏性均较难保证。

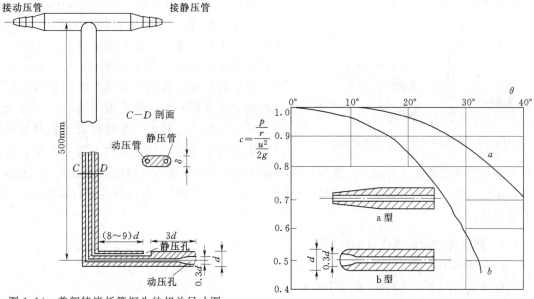

图 1.14　普朗特毕托管探头的相关尺寸图

图 1.15　两种典型的毕托管剖面及其特性曲线图

2. 电感式

如图 1.17 所示，在支杆下端嵌入一个直径为 3mm 的线圈（$\phi10\mu m$，3000 匝）；旋浆的叶片中各嵌入直径为 1mm、长度为 5mm 的永久磁铁。这样，当旋浆每旋转一次，便有与叶片数相同的电感脉冲输出，将其计数即可求得流速的大小。由于输出的脉冲具有极性，故可反映旋浆的旋转方向，因此可判别流速的方向。

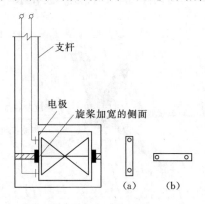

图 1.16　电阻式传感器构造简图

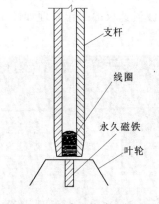

图 1.17　电感式传感器构造简图

电感式传感器不受水温、水质的影响，但支杆中的线圈加工与叶片中永久磁铁的嵌镶都要求较高的工艺，支杆顶端与旋浆边缘的间隙要求严格保持 0.2mm，这些都比较困难，其输出信号强度只有毫伏级。

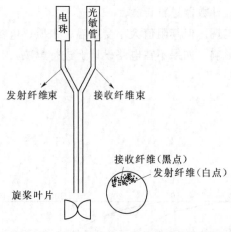

图 1.18　导光纤维光电式传感器构造简图

3. 光电式

光电式传感器输出信号较强，工作可靠，不受水温、水质影响，使用方便，能用通用计数器进行计数，故配套容易。但与电阻式比较，结构复杂。与电感式比较，则不能鉴别流向。

导光纤维光电式传感器的结构如图 1.18 所示。其工作原理为：在旋桨叶片边缘上贴一片极薄的反光镜片，当旋桨旋转经过支杆下端时，镜片就将电珠发出经导光纤维传送到支杆头部的光线反射一次，此反射光经另一组导光纤维传至光敏三极管，三极管接收光信号后转换成电脉冲信号，再送至计数器进行计数；电珠与光敏管都安装在支杆尾端。这样，支杆前端的传感部分就可以制造得很细小，这无论对减小对水流的干扰或保持叶轮旋转的均衡性、对称性以及加工与检修的便利都有着极大的优越性。

1.2.5　明渠超声波流速仪（ADV）法

1. 仪器性能参数

脉冲信号频率：10MHz 和 5MHz。

测速精度：±0.01cm/s。

2. 工作原理

超声波测速仪是采用称为多普勒效应的物理原理测量流速的，即如果声源相对于声波接收器移动，则声波接收器处的声音频率可按一定比例由声波发射频率转换得到：$F_{doppler}=-F_{source}$ （v/C）。此处，$F_{doppler}$ 代表经多普勒效应转换后的接收频率，F_{source} 代表声源发射声波的频率，v 代表声源相对于声波接收器的运动速度，C 代表声波在水中的传播速度。超声波流速仪的工作原理如图 1.19 所示。

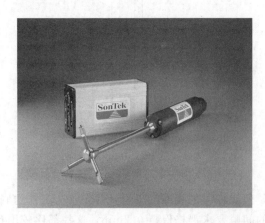
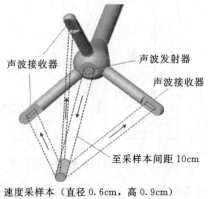

图 1.19　超声波流速仪的工作原理图

图 1.19 中发射器和接收器分开放置，发射器运用集中在一个狭窄圆锥体里的巨大能量发出声波，而接收器对来自一个极小角度范围的声波十分敏感，发射器和接收器组合起来产生窄细的具有方向特性的交叉波束，交叉波束包含少量水体并位于水下一定距离，其位置决定着采样体的位置。仪器工作时，声波发射器以一个已知的频率产生脉冲声波，脉冲声波沿着波束的轴线在水中传播，由于脉冲声波通过水体后能被水中的一些颗粒物（如沙、小有机物、气泡等）在各个方位产生反射，一部分被反射的能量沿着接收器的轴线返回，由接收器检测并计算出它的频率变化量，根据测得的多普勒转换与沿着发射器和接收器的分置轴运动的颗粒速度成比例的性质，从而计算出水流速度。

3. 主要部件及功能

超声波测速仪的主要部件有信号处理器和测速探头两部分。信号处理器按其使用范围可分为实验室用信号处理器和野外用信号处理器。野外用信号处理器又分为水上信号处理器和水下信号处理器。信号处理器执行测速时所需信号的产生及处理，它的功能包括产生电信号并在转换器中把它转变成声信号，把返回的信号数字化，执行对速率的计算及在输出数据前均化采样体。信号处理器实际上是一整块或几小块的印刷电路板，板上有若干个外部接头，通过信号传输电缆与测速探头和辅助输出输入设备（如显示器、绘图仪）连接，从而进行信号传递并把转换好的信号向外输出，它的作用相当于一个指挥中心，是超声波测速仪的大脑。

测速探头按其信号脉冲频率的大小可分为 10MHz 和 5MHz 两种，按有无可调传感装置可分为标准型和可调型两种。其中 10MHz 测速探头适用于浅水体、高空间的实验室或野外测量，5MHz 测速探头适用于易造成仪器损坏的野外测量。不同类型的探头在结构上都比较相似，一般由声波传感器、连杆、信号调节模块、固定尖端和高频信息电缆构成，如图 1.19 所示。探头前端是固定于连杆头部的 3 个金属杆组成的声波接收器，3 个金属杆之间成 120°角，它们可接收水中 3 个不同方向反射回来的声波；声波发射器位于声波接收器的正中间，它与声波接收器一起构成声波传感器，为适应不同的需要，声波传感器可向上、向下、向两边转动方向，但转动角度不超过 90°；声波发射器发射的声波和声波接收器接收的声波相交包围的一小部分水体叫采样体，在其中进行水流速度的测量；连杆上套有一个锌环，主要是防止水中的电化学作用对连杆造成的腐蚀。可调型测速探头上还附加有方向/倾斜度罗盘、压力传感器和温度传感器，从而能够进行坐标系的转换，提供即时压强值和修正由于温度波动而带来的声速差异。测速探头的作用相当于信息采集中心，将采集到的大量数据交由信号处理器收集整理。

1.2.6　流量断面法

流量断面法就是在测得过流断面通过的流量的前提下，量取过流断面面积，从而通过流量除以面积得到流速。这种方法适用于求断面平均流速，它可以在无分支的同一流段上将测量其流速较困难的断面移至测流方便的位置量测，在工程中具有实际应用价值。

1.2.7　流向测定

1. 流向指示剂（浮子）

流向的量测多是在待测的流场内施放流向指示剂，然后采用适当的方法测定流场内各点的流向。

在水面上可用比重较小的纸花、木屑、硬纸板上安放烛光等制成浮子。如要测水中流向时，则可用在 1.2.1 节中所介绍的方法制成比重为 1.0 的浮粒子指示剂，或用挂有短羊毛线的立杆插入水中以指示流向。要测水底流向时，可用重木屑、石蜡球、高锰酸钾颗粒或白亚麻油等物质来做指示剂。

2. 流向测定方法

（1）测绘法。在待测的范围内，用固定标志，画好坐标网格，根据指示剂所形成的位置测记恒定流的迹线，作各点的切线即为该点的流向。

（2）摄影法。利用"浮子摄影法"可得到恒定流迹线的照片，即可观察出水流主流的流向与回流、漩涡等。用摄像机拍制录像带，更可获得形象的水流流向状况。

（3）毕托球法。利用特制的多孔毕托球对各测点进行实测，转动探头方向，当探头的两侧和上下对称的动压管的压强相等时，探头所指的方向即为该点的流速方向。

（4）流向仪法。流向可应用"舵叶跟踪式流速流向仪"或"叉型热丝流速仪"来进行量测。如 LX-B 型跟踪式流速流向仪，能用于测量流向的空间变化和时间变化过程，并同步测出流速。其尾航尺寸为：三角形翼体长 30mm、高 15mm、夹角 30°；最大跟踪角度为 30°/s，机械范围 360°无止档，电气范围 350°±1°，分辨率 1°，输出信号范围 3.5V/350°、0.01V/1°，它由流向跟踪系统和流向读出系统组成。其特点为：

1）该仪器能自动跟踪流向、显示流向角度，三位 LED 显示，并能同步测出最大流速值。

2）当配 OA 型—直读式多功能测速仪时，可同步直接读出流速值。

3）流向模拟量、流速脉冲量可同步输入计算机。

1.3　流　量　的　量　测

流量是单位时间内流经某一过水断面的液体体积，是水力要素量测中非常重要的内容。量测流量主要采用两种方法：一是根据流量的定义进行量测，称为直接量测法；二是根据量测其他水力要素如水位、压差或流速等换算得到流量的方法，称为间接量测法。

明渠流量的量测在实际生活和工程中，由于渠槽中的测量环境（如农村供水渠道等）等诸多方面的因素，目前还没有方便快捷、安全可靠的通用测试设备，但在实验室内常采用如下方法来测量明渠流量。

1.3.1　体积法

在某个固定的时段内，将流经管道或渠槽的水引入体积经过率定的容器中，用时段终了与起始时刻相应的水量净体积差 ΔV 除以时段 ΔT，即可得到流量 Q，即

$$Q = \frac{\Delta V}{\Delta T} \tag{1.5}$$

流量 Q 的单位为 cm^3/s、L/s、m^3/s 或 m^3/h 等。这种方法概念清楚、精度较高；当流量较小时，这种方法简单易行，但流量较大时则很难测准。

1.3.2　称重法

在某个固定的时段内，将流过拟测断面的水量进行称量，比如用高精度的磅秤来称

量，即可得到该时段内水流流经该断面的质量，从而可求得质量流量，可表示为

$$Q_M = \frac{\Delta M}{\Delta T} \tag{1.6}$$

其单位为 kg/s、g/s 等。

质量流量 Q_M 还可以通过量测得到的体积流量 Q 和液体密度 ρ 求得，即 $Q_M = \rho Q$。

1.3.3　量水堰法

将量水堰板装置于水槽（或水箱）中，使水流发生收缩，并在其上游形成壅水现象，量测堰板上游某处的水深 H，利用该堰上水深（或水头）与过堰流量 Q 之间的特定关系来求得流量。

量水堰的形式有许多种，薄壁量水堰适用于小流量并有较高的精度，多用于实验室、灌溉渠道和钻井等处测定流量。河道或实际工程中也常采用宽顶堰和实用剖面堰来量测较大流量。三者原理基本相同，现主要介绍薄壁量水堰。

薄壁量水堰有多种过流断面形式，如图 1.20 所示。

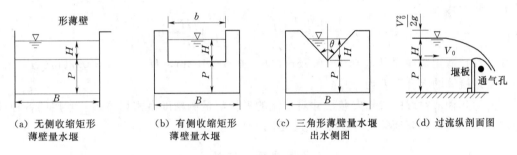

(a) 无侧收缩矩形　　　(b) 有侧收缩矩形　　　(c) 三角形薄壁量水堰　　　(d) 过流纵剖面图
　　薄壁量水堰　　　　　　薄壁量水堰　　　　　　　出水侧图

图 1.20　薄壁量水堰

1. 矩形薄壁量水堰（或称全宽堰）

如图 1.20（a）所示，堰板过流宽度 b 与堰箱同宽。其流量公式为

$$Q = m_0 b \sqrt{2g} H^{3/2} \tag{1.7}$$

式中：H 为堰上水头；m_0 为薄壁堰流量系数，需通过率定实验来确定，不过，现已有不少经验公式可供选用，但选用经验公式时，要注意其适用条件与精度。例如雷伯克（T. Rehbock）公式为

$$m_0 = \frac{2}{3}\left(0.605 + \frac{0.001}{H} + 0.08\frac{H}{P}\right) \tag{1.8}$$

式中：P 为堰板高度，P 与 H 的单位均以 m 计。该式适用于 $H \geqslant 0.025\text{m}$，$H/P \leqslant 2$，$P > 0.3\text{m}$ 的情况。

上述堰板尺寸之所以必须符合要求，主要是为了减少表面张力、黏滞力与行近流速的影响。堰板的厚度、堰顶锐缘形状及加工工艺也应按要求制作，可参考专门门献。堰板应与来流方向垂直安装，也应与堰箱底部垂直，否则将影响流量系数的精度。溢流水舌下通气必须充分，以免产生负压贴流等不稳定流态。量测堰上水头的测针应安装在堰板上游 $5H$ 以远处；堰板锐缘顶部的测针零点应使用专门仪器（如零点读数仪）来进行测定，否则表面张力的影响将使 H 的测值精度降低。

矩形薄壁量水堰尚有侧收缩堰（或称四角堰），即堰板宽度 b 小于堰箱宽度 B，有关流量系数公式及使用条件可参考专门文献。

2. 三角形薄壁量水堰

三角形薄壁量水堰是利用不同夹角缺口来量测较小流量的，如图 1.20（c）所示。夹角 θ 较小时，与矩形堰相比，在同样流量下其相应堰顶水头 H 值可大些，故可提高量测精度。其流量公式为

$$Q = \frac{4}{5} m_0 \tan \frac{\theta}{2} \sqrt{2g} H^{5/2} \tag{1.9}$$

对直角形（$\theta = 90°$）三角形堰，式（1.9）可写成：

$$Q = CH^{5/2} \tag{1.10}$$

式中：C 为直角形三角堰的系数，根据实验 $[H \approx (0.05-0.25)\text{m}]$ $m_0 = 0.396$，可得 $C = 1.4$；H 为水头，m；Q 为流量，m^3/s。适用于堰高 $P \geqslant 2H$，堰箱宽 $B \geqslant (3-4)H$ 范围。当 $Q < 0.1\text{m}^3/\text{s}$ 时，具有足够高的精度。

由于堰高 P、堰宽 B 和水头 H 的不同，C 值有不同的数值，如日本沼知·黑川·渊泽的经验公式为

$$C = 1.354 + \frac{0.004}{H} + \left(0.14 + \frac{0.2}{\sqrt{P}}\right)\left(\frac{H}{B} - 0.09\right)^2 \tag{1.11}$$

式（1.11）适用范围是 $P = 0.1-0.75\text{m}$，$B = 0.5-1.2\text{m}$，$H = 0.07-0.26\text{m}(H \leqslant B/3)$，流量检算的综合误差为 $\pm 1.4\%$。

上述几种薄壁堰的堰箱安装尺寸对水流的平稳与量测精度有密切关系，常用的各种堰的流量、水头与主要堰箱尺寸见表 1.1、图 1.21。

表 1.1　　　　　　　　　　　　薄 壁 堰 箱 尺 寸 表

堰板形式	宽度 B/m	堰上水头 H/m	流量 Q /(m^3/s)	进水段长 L_1/m	稳水栅段长 L_2/m	堰前进水段长 L_3/m	总长 L/m	P /m
60°三角堰	0.45	0.04~0.12	0.3~0.433	≥0.69	0.24	≥0.57	≥1.50	0.12
直角三角堰	0.60	0.07~0.20	2~25	≥1.00	0.40	≥0.80	≥2.20	0.12
	0.80	0.07~0.26	2~48	≥1.32	0.52	≥1.06	≥2.90	0.30
侧收缩堰	0.36 0.90	0.03~0.27	4~92	≥1.71	0.54	≥1.44	≥3.69	0.20
	0.48 1.20	0.03~0.312	5~150	≥2.14	0.63	≥1.83	≥4.60	0.25
全宽堰	0.60	0.03~0.15	6~67	≥1.35	0.30	≥1.05	≥2.70	0.30
	0.90	0.03~0.225	9~190	≥2.05	0.45	≥1.60	≥4.10	0.30
	1.20	0.03~0.30	12~400	≥2.70	0.60	≥2.10	≥5.40	0.30
	1.50	0.03~0.375	15~695	≥3.40	0.75	≥2.65	≥6.80	0.40
	2.00	0.03~0.50	20~1430	≥4.50	1.00	≥3.50	≥9.00	0.50

3. 复式量水堰

复式量水堰它由矩形和三角形两种薄壁堰组成，如图 1.22 所示，小流量时由三角堰量测，大流量时由复式堰量测，这样能适应较宽的流量范围，并可获得较高的精度。由于复式量水堰尚无准确的流量公式，故需通过专门率定实验后方可使用。

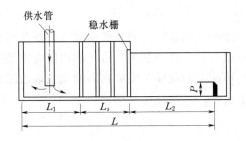

图 1.21　薄壁堰箱尺寸简图

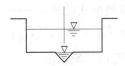

图 1.22　复式量水堰示意图

1.3.4　量水槽法

量水槽是利用槽身边界的改变，形成水流收缩变成临界流，而收缩后的临界流水深与流量有一定关系，利用这种关系来量测渠道和河道的流量。20 世纪 40 年代首先创用于美国农业实验站。其优点是水头损失较小，漂浮物及沉淀物不致影响测流的进行。也常用于量测浑水模型试验时的流量。

量水槽的形式主要有两种：一种用侧壁收缩使水深发生变化；一种为底板高程抬高而使水深发生变化，也有两者同时改变而形成水深变化的。从水力学（工程流体力学）观点来看，量水槽可看作是一种宽顶堰，故原则上可利用宽顶堰流量公式来计算，即

$$Q = m_0 b \sqrt{2g} \, H^{3/2} \qquad (1.12)$$

式中：b 为侧壁收缩处过流净宽；H 为收缩处上游的坎上水深；m_0 为流量系数，随量水槽的类型及所测流量范围而变化，须根据专门试验测定。巴歇尔量水槽（Parshall Flume）是侧墙收缩与底板抬高而形成水流跌落的量水设备，如图 1.23 所示。该槽的设计尺寸与量测流量范围为：喉道宽度 $b=$ 3in❶（7.62cm）～50ft❷（15.24m）时，流量范围为 3.3～85m³/s。

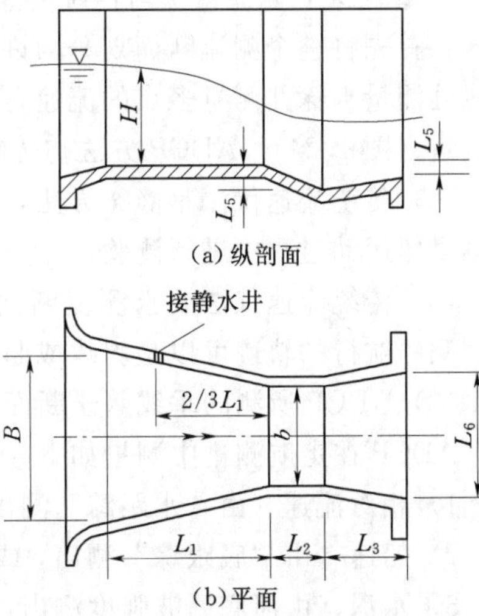

常用范围的流量公式如下：

$b=1～8$ft 时

$$Q = 4bH^{1.522b^{0.026}} \qquad (1.13a)$$

$b=10～50$ft 时

图 1.23　巴歇尔量水槽

$$Q = (3.6875 + 2.5)\, H^{1.6} \qquad (1.13b)$$

式中：H 为静水井中所测水深，ft；Q 的单位为 ft³/s（1ft³/s＝0.0283m³/s），其他各部位尺寸如下（单位为 ft）：

$$L_1 = 0.49b + 47,\ L_2 = 2,\ L_3 = 3,\ L_4 = b + 12$$

❶　1in＝2.54cm。

❷　1ft＝12in＝30.48cm。

$$B=1.196b+18.84, L_5=3/4, L_6=1/4$$

这类量水槽种类较多，在水文测量的国际标准化组织所制定的明渠水流测流槽规范中可查用，但这些测流槽仅适用于缓坡平原河道与较小流量量测。近年国内研究陡坡山区洞道上测流槽形式已取得一些进展，利用筑坝形成平面收缩与底部抬高的宽顶堰流态来进行测流；测流断面做成复式堰剖面以量测大小流量，可保证足够精度。

1.3.5　孔口测流量法

孔口测流量是利用侧壁孔口或底部孔口出流来量测水池或蓄水库的流量。孔口出流的流量公式为

$$Q=\mu A\sqrt{2gH} \tag{1.14}$$

式中：H 为孔口的作用水头；A 为孔口断面积；μ 为流量系数，因孔口形式而不同。典型的薄壁小孔口（孔径 $d<H/10$），其 μ 值约为 0.6，薄壁大孔口的流量系数 μ 随相对孔高 d/H 或相对开度 e/H 及孔口形状与水流收缩程度而不同，约为 $0.6\sim0.75$，可查阅《水力学手册》。

1.3.6　微型 ADCP 测流量法

微型 ADCP 测流量法与传统流速仪法（人工船测、桥测、缆道、涉水）的基本原理一样：首先将整个测流断面划分为许多子断面（即布设多条垂线），然后在每个子断面中垂线处测量水深并测量多点的流速，从而得到垂线（即子断面）平均流速，进而得到断面过流量（图 1.24）。ADCP 方法与传统流速仪法的不同之处为：

（1）传统流速仪法是静态方法，流速仪是固定的；ADCP 方法是动态方法。ADCP 在随测量船运动过程中进行测验。

（2）传统流速仪法要求测流断面垂直于河岸。ADCP 方法不要求测流断面垂直于河岸。测船航行的轨迹可以是斜线或曲线。

（3）ADCP 所测的垂线（子断面）可以很多，每条垂线上的测点也很多。

ADCP 在走航测量中测量如下数据：

1）相对流速（由"水跟踪"测出）。

2）船速（由"底跟踪"测出，或由 GPS 算出）。

3）水深（由河底回波强度测出，类似于回声测深仪）。

4）船的航行轨迹（由船速和计时数据算出，或由 GPS 算出）。

ADCP 基于如下的公式计算流量：

$$Q=\iint\limits_{S}u\xi\mathrm{d}s \tag{1.15}$$

式中：Q 为流量；S 为河流某断面面积；u 为河流断面某点处流速矢量；ξ 为作业船航迹上的单位法线矢量；$\mathrm{d}s$ 为河流断面上微元面积。

式（1.15）可以重新写为

$$Q=\int_0^T\left[\int_0^H u\,\mathrm{d}z\right]\xi\mid V_b\mid\mathrm{d}t=\int_0^T\int_0^H(u\times V_b)k\,\mathrm{d}z\,\mathrm{d}t \tag{1.16}$$

式中：T 为跨断面航行时间；k 为垂向单位矢量。

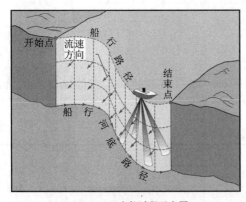

(a) ADCP走航过程示意图

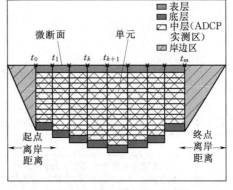

(b) ADCP测区单元结构示意图

图 1.24 ADCP 走航过程及测区单元结构示意图

将沿航迹的断面离散为 m 个微断面，则

$$Q = \sum_{i=1}^{m} \left[(V \times V_b)k \right]_i H_i \Delta t$$

$$= \sum_{i=1}^{m} \left[V_x V_{by} - V_y V_{bx} \right]_i H_i \Delta t \tag{1.17}$$

式中：H_i 为微断面 i 处水深；Δt 为相应于微断面的测量时间平均步长；m 为断面内总的微断面数目；v 为微断面深度平均流速矢量。

微断面深度平均流速的 x 方向分量由下式算出（y 方向分量类似）：

$$v_x = \frac{1}{H} \int_0^H u_x \mathrm{d}z = \frac{1}{H} \left[\int_0^{Z_1} u_x \mathrm{d}z + \int_{Z_1}^{Z_2} u_x \mathrm{d}z + \int_{Z_2}^{H} u_x \mathrm{d}z \right]$$

$$= \frac{1}{H} \left[Z_1 V_{xB} + (Z_2 - Z_1) v_{xM} + (H - Z_2) v_{xT} \right] \tag{1.18}$$

式中：v_{xT} 为表层平均流速，x 向分量；v_{xM} 为中部平均流速，x 向分量；v_{xB} 为底层平均流速，x 向分量。

微断面中部平均流速由 ADCP 直接测出，其值为所有有效单元（图 1.25）所测流速之平均。

微断面平均流速 x 方向分量由下式算出（y 方向分量类似）：

$$v_{xM} = \frac{1}{n} \sum_{j=1}^{n} u_{xj} \tag{1.19}$$

式中：u_{xj} 为单元 j 中所测的 x 向流速分量；n 为有效单元的数目。

表层和底层平均流速和流量：

借助于幂函数流速剖面来推算表层或底层平均流速及流量：

$$\frac{u}{u_*} = 9.5 \left(\frac{z}{z_0} \right)^b \tag{1.20}$$

式中：u 为高度 z 处的流速；u_* 为河底剪切流速；z_0 为河底粗糙高度；b 为经验常数，取 $b = 1/6$。

岸边流量估算：

岸边区域平均流速的计算公式为

$$v_a = \alpha v_m \tag{1.21}$$

式中：v_a 为岸边区域平均流速；v_m 为起点微断面（或终点微断面）内的深度平均流速；α 为岸边流速系数（表 1.2）。

表 1.2　岸边流速系数 α

岸边情况		α 值
水深均匀地变浅至零的斜坡岸边		0.67～0.75
陡岸边	不平整	0.8
	光滑	0.9
死水与流水交界处的死水边		0.6

注　摘录《河流流量测验规范》（GB 50179—2015）。

美国地质调查局采用的公式如图 1.26 所示。

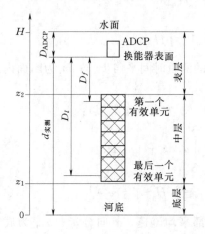

图 1.25　ADCP 流量计算有关参数定义示意图

图 1.26　岸边流量计算参数示意图

三角形：

$$Q_{\text{side}} = 0.3535 V_m L d_m$$

矩形（陡岸边）：

$$Q_{\text{side}} = 0.911 V_m L d_m$$

1.3.7　流速断面法

将拟测的河道过流断面沿垂向分成几个小面积 ΔA_i，利用流速仪分别求出各小面积的平均流速，然后乘以相应的小面积可得过流断面的流量，公式如下：

$$Q = \int u_i \, \mathrm{d}A_i = \sum_{i=1}^{u} \bar{u}_i \Delta A_i \tag{1.22}$$

为了获得小面积的平均流速，可采用沿垂线上的一点法、二点法、三点法等来量测流速 u_i，代入相应求平均流速 $\bar{u}_i$ 的公式进行计算。对于矩形断面明渠，可通过量测渠中心及两侧几条垂线流速即可求得流量。

第2章 管流水力要素的量测

管流水力要素的量测与明渠水力要素的量测有许多不同之处，首先管流水力要素的量测是在一个密封的有压空间内量测的，其次管流在工程中常为恒定流，因而量测方法与明渠流有着众多不同之处。下面将分别从管流的压强、流速、流量三个方面来介绍其量测方法。

2.1 压 强 的 量 测

在水力学（工程流体力学）的实验研究中，压强量测是一项基本的量测技术。根据所测压强范围和要求的精度不同，所选用的量测仪器也不同。现将最常用的几种方法分别介绍。

液柱式压强计是最简单且精度较高的一种常规仪器。它是依据流体静力学原理制成的仪器，采用水、酒精或水银作为工作液体，用来量测正压、负压或压强差。常用的有测压管、比压计和微压差计等。

2.1.1 测压管法

测压管是一根直径不小于 10mm 的玻璃管。其一端与欲测压强的测点相连（具体装置方法略），另一端敞口并与大气相通，这便是最简单的测压管。如果容器内装的是静止的液体，液面上是大气压，则测压管内的液面均和容器内液面相齐平，如图 2.1 所示。如果基准面为 0—0，那么两根测压管的水头为

$$z_1 + \frac{p_1}{\rho g} = z_2 + \frac{p_2}{\rho g} \tag{2.1}$$

由此可知，静止的液体中各点的测压管水头是一个常数。

如果容器内液面的压强 p_0 大于大气压或小于大气压，则测压管内液面会高于或低于容器的液面，但不同点的测管水头是一个常数，如图 2.2 所示。

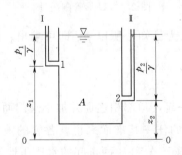

图 2.1 敞口容器内液体压强测量

A—被测容器；I、II—测压管

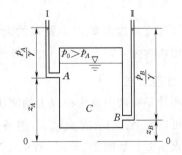

图 2.2 封闭容器内液体压强测量

C—封闭容器；I、II—测压管

两根测压管的水头分别为

$$\frac{p_A}{\rho g}+z_A=\frac{p_B}{\rho g}+z_B \tag{2.2}$$

由图 2.1 和图 2.2 中可见，测压管中液柱的高度就是容器或管道上所接测点的相对压强 p，$p=\rho gh$，其中 ρ 为测压管内液体的密度，h 就是液柱的高度。

为了提高量测较小压强值的精度，可采用两种办法：一是将测压管倾斜放置，如图 2.3 所示，此时标尺的读数不是 h 而是 l，所以 l 值随着倾角 α 减小而增大，因此可提高测量精度，其计算式为

$$\sin\alpha=\frac{h}{l}, \quad h=l\sin\alpha$$

$$p=\rho gl\sin\alpha \tag{2.3}$$

二是在测压管内充以密度比水轻而和水又不混掺的液体，因此在同样的压强 p 情况下可有较大的液柱高度 h。

在量测较大的压强值时，为避免测压管高度过大而使量测不便，常在 U 形管内改用密度较大的液体，如水银等，其密度为 $\rho_m>\rho$。水银的两端用水封住，以免水银蒸气溢出，如图 2.4 所示。为求 A 点的压强 p_A，先找出 U 形管中的等压面 1—1，根据平衡条件则分别有

左侧　　　　　　　　　　　$p_1=p_A+\rho ga$

右侧　　　　　　　　　　　$p_1=\rho_mgh_m+\rho gh$

从而　　　　　　　　　$p_A+\rho ga=\rho_mgh_m+\rho gh$

则　　　　　　　　$p_A/(\rho g)=(\rho_m/\rho)h_m-(a-h) \tag{2.4}$

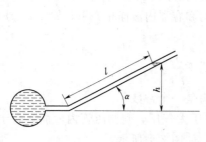

图 2.3　斜管测压计

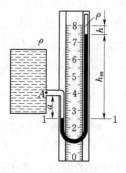

图 2.4　U 形管测压计

通过标尺可直接读出 h_m、a 及 h 的大小，ρ_m 和 ρ 又为已知，所以 p_A 即可求出。如右侧管口不用水封住，则 h 为 0，上式可进一步简化。

2.1.2　比压计法

比压计是将两根或两根以上的测压管并排放在一起，顶部相连通并加小阀门而成。根据情况可造成 $p_0>p_a$ 或 $p_0<p_a$ 的条件。对于选定的任一基准面来说，各管的液面差就是测管水头差。如图 2.5（a）所示就是一个接在管道上 A 和 B 两点间的水比压计。如 $p_0>p_a$，两根管表面压强 p_0 大于大气压 p_a 部分所折合成的液柱高度 $(p_a-p_0)/(\rho g)$，对于 A 和 B 两点来说是相同的，因此 A 和 B 的测管水头差就是液面差 h：

$$\left(\frac{p_A}{\rho g}+z_A\right)-\left(\frac{p_B}{\rho g}+z_B\right)=h$$

当忽略空气柱的重量时则有

$$p_A=p_0+\rho g\ (h+a)$$

$$p_B=p_0+\rho g b$$

故　　　　　　$p_A-p_B=\rho g h-\rho g\ (b-a)=\rho g h-\rho g\ (z_A-z_B)$ 　　　　　(2.5)

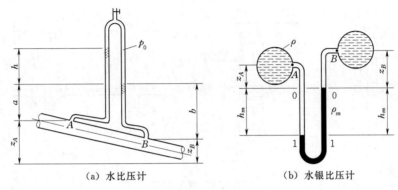

（a）水比压计　　　　　　　　（b）水银比压计

图 2.5　水比压计和水银比压计

如果管是水平放置，也就是 A 和 B 位置相同，即 $z_A-z_B=0$ 时，则测管水头差 h 就是压强差 $\left(\dfrac{p_A}{\rho g}-\dfrac{p_B}{\rho g}\right)$。

为了测量较大的压强差，常用水银比压计，如图 2.5（b）所示。其中 A 和 B 两处的液体的密度为 ρ，水银的密度为 ρ_m。A 和 B 两处的测管水头差为

$$\left(z_A+\frac{p_A}{\rho g}\right)-\left(z_B+\frac{p_B}{\rho g}\right)=\left(\frac{\rho_m-\rho}{\rho}\right)h_m$$ 　　　　　(2.6)

如果 A 和 B 同高，则

$$p_A-p_B=(\rho_m-\rho)g h_m$$ 　　　　　(2.7)

由此可见，对于同样的压差，如用水比压计，读数为 h，如采用水银比压计时，其读数为 h_m，有 $\rho h=(\rho_m-\rho)h_m$，$h=\dfrac{\rho_m-\rho}{\rho}h_m$，这样，$h=(13.6-1)/1\times h_m=12.6h_m$。

比压计中所充的液体必须具备如下条件：不粘管壁、使管内液面清晰易读，与被测液体不能混合，不腐蚀管壁和所接触的物体，受温度影响极小，化学性能稳定，不易蒸发。根据这些要求可按表 2.1 选用。

表 2.1　　　　　　　　　　　　　可供比压计使用的液体

名称	化学式	相对密度（15.5℃）	名称	化学式	相对密度（15.5℃）
汞（水银）	Hg	13.60	水	H_2O	1.00
四溴乙烷	$CHBr_2CHBr_2$	2.98	甲苯	$C_6H_6CH_3$	0.87
三溴甲烷	$CHBr_2$	2.90	煤油		0.81
1—氯萘	$C_{10}H_7Cl$	1.20	乙醇	C_2H_5OH	0.79
氯乙酸乙酯	$CH_2ClCOOCH_3$	1.16	汽油		0.74

在量测管道或容器壁面的静压或流动液体的压强时，测压孔的正确安装是非常重要的，否则会严重影响量测结果的精确度。一般认为，只要壁面测压孔孔径足够小（d 约 2～3mm），孔的轴线垂直于壁面，孔的边缘没有毛刺和凹凸不平现象，就能使平行壁面的流线不受扰动，如图 2.6（a）所示；如测孔轴线不与管壁垂直，将引起测量误差，如图 2.6（b）所示。

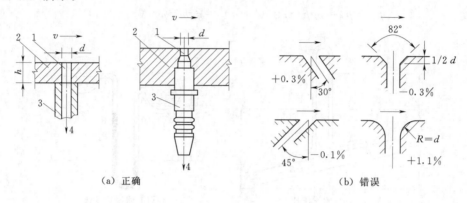

（a）正确　　　　　　　　　　　　　　（b）错误

图 2.6　测压孔

1—测压孔；2—壁面；3—传压细管；4—通向压力计或比压计

2.1.3　微压差计法

在量测较小的压强时，最常用的是斜管式微压计。其工作原理如图 2.7（a）所示。

$$h = h_1 + h_2, \quad h_1 = l\sin\alpha$$

式中：l 为斜管的标尺读数；α 为斜管的倾角，不同倾角的比值系数刻在弧形支架上，设 F_1 与 F_2 分别为倾斜测压管和宽广容器的截面积。由于液柱的变化，两容器中的液体体积变化相等，则

$$lF_1 = h_2 F_2$$

$$h_2 = l\frac{F_1}{F_2} \tag{2.8}$$

整理后可得

$$h = l\ (\sin\alpha + F_1/F_2)$$

或

$$p = h\rho g = l\rho g\ (\sin\alpha + F_1/F_2) \tag{2.9}$$

式中：p 为所测压强；ρ 为工作液体的密度。

斜管微压计的结构如图 2.7（b）所示，详见使用说明。

为了减少读数误差，在斜管微压计中常常采用附加的光学精读装置，可使读数的绝对误差减少至 0.05mm 左右。

上面所述的几种液柱式压强计的共同优点是：结构简单、精度和灵敏度较高，并且也很直观。但其缺点是：水柱惯性大、压强反应较迟钝，只能用来量测时均压强，不能同步量测随机变化的压强，在测高压时，压强计需做得很高，读测很不方便；如改用水银液体，损坏后，水银坠地难收，易蒸发形成有毒气体。

2.1.4　压力表（计）

在实际应用中，大多采用弹性压力表来量测中、高压强。弹性压力表主要是借助于在

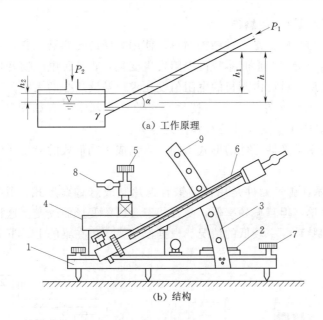

（a）工作原理

（b）结构

图 2.7　斜管微压计

1—底盘；2—水准器；3—弧形支架；4—宽广容器；5—零位调节旋钮；6—倾斜测压管；

7—定位螺丝；8—多向阀门；9—倾斜系数指数

压力作用下弹性元件压缩和伸长时的形变来计测压强大小的。主要有弹簧式、管环式、隔膜式、风箱式等类型，如图 2.8 所示。其中管环式压力表使用最为普遍，如图 2.8（b）所示。

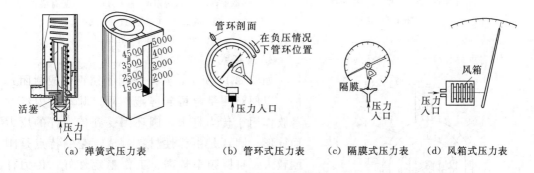

（a）弹簧式压力表　　（b）管环式压力表　　（c）隔膜式压力表　　（d）风箱式压力表

图 2.8　压力表的类型

　　无论使用哪种类型的压力表，由于表中也充满空气，故能量测某点的相对压强；在使用前或出厂前均需进行率定，否则不能使用，这类压力表由于惯性较大，不能量测脉动压强的变化，只能用来量测时均压强，且精度和灵敏度都不太高。

2.1.5　压力传感器（非电量量测法）

　　为了对流体脉动压强进行量测，可采用非电量电测技术。这种方法主要是利用由电子元件制成的探头（传感器）将压强的变化转变为电学量的变化（如电压、电流、电容或电感等），然后用电子仪器来计测这些电学量，再经过某些相应的换算而求得压强的变化值。现将几种常见的传感器和相应的检测仪器介绍如下。

2.1.5.1　电阻应变式压力传感器

电阻应变式压力传感器是一种结构简单、使用方便的传感器，它的工作原理是基于电阻应变片上的金属丝受力变形时本身的电阻发生变化，将这种电阻值变化的大小与被测压强建立一定的关系后，就可由测得的电阻值变化求出被测压强的大小。

构成传感器的主要元件为电阻应变片，它的形式基本上有如图 2.9 中所示的（a）、（b）和（c）三种。除了应变片外还有弹性元件等。

根据量测的要求及弹性元件的形式不同，可制成不同形式的应变式传感器。

1. 悬臂梁式

如图 2.10 所示，弹性元件是用薄的铍青铜片制成悬臂梁形式，其特点是灵敏度高、安装方便，使用简单，但自振频率低，受力状态会因梁变形而改变。这种传感器适用于时均动水压强较小和脉动频率较低的情况。根据设计要求可在梁的上、下面各贴一片或两片应变片组成电路。

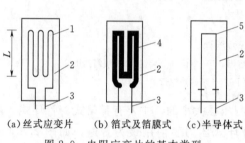

(a)丝式应变片　(b)箔式及箔膜式　(c)半导体式

图 2.9　电阻应变片的基本类型

1—电阻丝；2—基片；3—引出线；
4—敏感栅；5—硅片

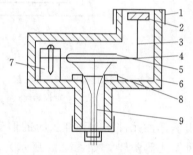

图 2.10　悬臂梁式脉动压力计

1—橡皮膜；2—承压帽；3—传力杆；4—悬臂梁；
5—应变片；6—外壳；7—支座；
8—接线柱；9—出线管

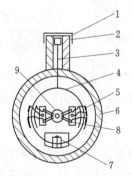

图 2.11　圆环式脉动压力计

1—橡皮膜；2—承压帽；3—传力杆；4—圆环；
5—应变片；6—外壳；7—支座；
8—接线器；9—出线管

2. 圆环式

如图 2.11 所示，其外壳用不锈钢做成封闭式的，以便对测量电桥起屏蔽作用；脉动压力经过薄膜作用于传力杆上，圆环因受到传力杆的压力而变形；圆环是由弹性材料制成，它的特点是刚度较大、自振频率较高、工作稳定性好，传力杆的位置不会因圆环变形而改变，但它的灵敏度一般较低。为提高它的灵敏度，可在圆环的两侧贴上四片电阻应变片组成全桥电路。由于这种传感器呈环状，所以应变片的粘贴和组装工艺都比较复杂。它可适用于较大的脉动压强的量测。

3. 刚架式

如图 2.12 所示，弹性刚架一般都采用 0.1～0.15mm 厚的磷铜片制成，它的性能稳定，容易加工和组装。这种传感器适于中等脉动压力的量测。

根据量侧的具体要求及刚架的宽度 b 的大小，可在刚架的上、下两边贴上两片或四片应变片以形成半桥或全桥电路。

压力计的灵敏度还与承压帽上的橡皮膜的特性有关，橡皮膜的张力大时灵敏度就低，并且橡皮膜容易老化变质和损坏，须经常更换和重新率定，这给使用带来一些不便。为了解决这些问题，现已改换成金属膜。

脉动压力计的率定一般都采用静压法率定。也就是把脉动压力计固定在精密的测针上，然后将压力计浸入玻璃水筒或深水槽内，通过改变测针的高度来改变水柱对承压面压强的大小，根据这种变化可在电阻应变仪上或是光线示波器上读得相应的应变值的大小或相应的光点移动的距

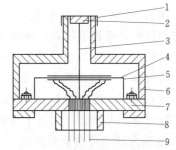

图 2.12　刚架式脉动压力计

1—橡皮膜；2—承压帽；3—传力杆；4—刚架；
5—应变片；6—外壳；7—支座；
8—接线柱；9—引出线

离，由此便得到水柱高度（压力水头）与应变值或光点移动距离间的关系曲线。

脉动压力计的动态响应是否满足要求，使用前也必须校验。利用激振法可测得频率响应的高低。

由于应变式脉动压力传感器在受到静水压或动水压后应变量很小，由此引起的电阻变化量也很小（一般不大于 1%），所以直接量测电阻的变化量是相当困难和不精确的。对于这种微小的电阻变化量的量测，通常可借助静（动）态电阻应变仪。如果所测压力是脉动值时，应当用动态应变仪，这可提高精度、频率响应和灵敏度。它和其他二次仪表相组合使用的测量系统框图如图 2.13 所示。

图 2.13　测量系统框图

2.1.5.2　电容式压力传感器

1. 工作原理

图 2.14 所示的平板电容器的电容 C 的计算式为

$$C=\frac{\varepsilon_r\varepsilon_0 S}{d}=\frac{\varepsilon S}{d} \tag{2.10}$$

式中：ε 为极板间介质的介电常数，其值为 $\varepsilon=\varepsilon_r\varepsilon_0$，其中 $\varepsilon_0=8.85\times10^{-12}\mathrm{F/m}$，是真空中的介电常数；$\varepsilon_r$ 为介质的相对介电常数；S 为两极板所覆盖的面积；d 为两极板间的距离。

由式（2.10）可知，电容器的电容值与三个物理量 ε、d 和 S 有关，当保持其中两个物理量不变时，其电容值与另一物理量之间存在着单值函数关系；一般在使用中，只要使所测压力能引起电容压力传感器的 d 发生变

图 2.14　平板电容器原理示意图

化，那么就可以利用量测电容量的大小来量测压强的大小，这就是电容式压力传感器的基本工作原理。

2. 电容式压力传感器的优缺点

这种传感器有许多优点，如灵敏度较高、动态响应快、动态范围大和结构简单等。但也有不少缺点，如在量测低频脉动时输出的功率很小，致使所配用的电路很复杂；在量测高频脉动时寄生电容又很大，导致抗干扰能力下降；同时又由于传感器本身的电容量较小，相对导线引起的电容又较大，使工作电容与杂散电容的比例减小。因此在某些情况下降低了传感器的灵敏度，加大了传感器的非线性程度，限制了它的广泛应用。

3. 电容式压力传感器的构造

电容式压力传感器的结构如图 2.15 所示，它的芯杆为固定电极，弹性变形件为可动电极。当气体或液体自壳体的小孔进入，使弹性变形件产生变形，并使其与芯杆间的间隙发生变化，由此而产生的电信号通过三轴电缆引入测量电桥。由于弹性变形件的非线性变形与因间隙改变而引起的平板电容量的非线性变化之间有相互补偿的作用，所以使得传感器的线性变化范围较大。当弹性变形件的厚度为 2mm 时，可量测的压强达 $150 \times 10^5 Pa$，灵敏度为 $0.1 \times 10^5 Pa$。

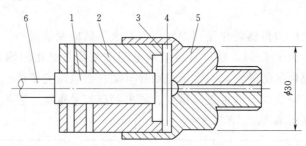

图 2.15　电容式压力传感器的结构

1—芯杆；2、5—壳体；3—弹性变形件；4—垫杯；6—同轴电缆

2.1.5.3　硅压阻式脉动压力传感器

硅压阻式脉动压力传感器有许多优点，主要有体积小、承压面积小、灵敏度高、动态响应快、防水性能好及使用较方便等。它是一种量测脉动压力的微型压力传感器。

1. 工作原理

一个长度为 L、横截面积为 A，电阻率为 ρ 的物体，它的电阻 R 可表示为

$$R = \rho \frac{L}{A} \tag{2.11}$$

当物体受到外力作用时，它的电阻将产生一个变化量，其值为

$$\Delta R = \rho \Delta \left(\frac{L}{A} \right) + \frac{L}{A} \Delta \rho \tag{2.12}$$

式中：$\rho \Delta \left(\dfrac{L}{A} \right)$ 为由于物体的几何尺寸的变化而引起的电阻改变，称为"应变效应"；$\dfrac{L}{A} \Delta \rho$ 为因为物体的电阻率变化而引起的电阻变化，称为"压阻效应"。

硅单晶半导体具有显著的压阻效应，其压阻特性可表示为

$$\frac{\Delta R}{R} = \pi p \tag{2.13}$$

式中：π 为硅的压阻系数；p 为物体所受的压强。

利用半导体集成电路制作技术在硅单晶芯上按所选定的晶格方向制成四个电阻，形成一个惠斯登电桥，其桥路电阻设为 R_0，当电流为 I_0，芯片受有压强 p 作用时，则桥路输出电压所发生的变化为

$$\Delta U_0 = I_0 \Delta R = I_0 R_0 \pi p = K p \tag{2.14}$$

式中：I_0、R_0 及 π 均为常数，所以，由此便实现了 $p - \Delta R - \Delta U_0$ 的压强-电信号的转换过程。

2. 硅压阻式脉动压力传感器的构造

硅压阻式脉动压力传感器采用 DYC-N 型方杯式芯片经扣封方式构成。DYC-N 型方杯式芯片是在沿（100）晶面切割的单晶硅片上，腐蚀一个 1mm×1mm 的方杯，杯底厚度约 $10 \sim 50 \mu m$，沿（100）晶面对中，在灵敏面用集成电路技术制作一个惠斯登电桥电路，如图 2.16（a）所示。硅杯被封装在侧面有槽的圆柱形石英玻璃座上，引线通过刻槽引出。所形成的硅压阻式脉动压力传感器的构造如图 2.16（b）所示。

为了便于使用和防止传感器的损坏，将硅压阻传感器器件装在 $\phi 4.5mm$ 的圆柱形铜壳内，铜壳头部有 $\phi 1.1mm$ 的感压孔，内部注有硅油以传递流体压力并可防止水浸入腐蚀芯片。

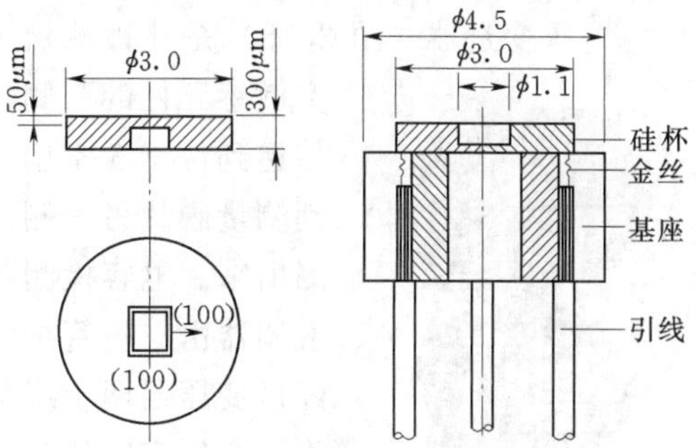

（a）DYC-N 型方杯式芯片　　（b）硅压阻式脉动压力传感器的结构

图 2.16　硅压阻传感器简图

2.1.5.4　电感式脉动压力传感器

电感式脉动压力传感器的工作原理是利用磁性材料和空气导磁率的差别，当膜片受力变形时，便带动一个磁性元件运动，改变线圈里的空气间隙的大小，从而改变线圈的磁导（或磁阻），使线圈的电感发生变化。如果保持外加电压 $\tilde{U}_0$ 不变，只使线圈上的电流 $\tilde{I}$ 或输出电压 $\tilde{U}_P$ 发生变化，则通过电感式的脉动压力传感器可使脉动压强的变化转换为电信号的变化。现以简单的线圈为例加以说明。设线圈的电感为 L，线圈与压力感触器的间隙为 δ，如图 2.17 所示。假设 n 匝线圈绕在导磁率为 μ_0 的铁芯上，线圈上加上交流电压 $\tilde{U}_0$，线圈中所产生的交流电流为 $\tilde{I}$，此时线圈的磁通 Φ 等于：

$$\Phi = \frac{n\tilde{I}}{R_M} \tag{2.15}$$

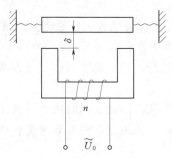

图 2.17　电感式脉动压力传感器示意图

其中

$$R_M = \sum \frac{l_i}{\mu_i A_i} + \frac{2\delta}{\mu_0 A_0} \tag{2.16}$$

式中：R_M 为磁路中的磁阻；l_i、A_i 分别为导磁率为 μ_i 时的长度和横截面积。

由物理学可知，线圈的电感为

$$L = \frac{n\Phi}{\bar{I}}$$ (2.17)

将式（2.15）及式（2.16）代入上式，经化简后为

$$L = \frac{n^2}{2\delta/\mu_0 A_0 + \sum l_i/\mu_i A_i}$$ (2.18)

因为 $\mu_i \gg \mu_0$，则上式近似为

$$L \approx \frac{n^2 \mu_0 A_0}{2\delta}$$ (2.19)

式（2.19）便是线圈的电感 L 和空气间隙 δ 之间的关系式。A_0 是当导磁率为 μ_0 时的截面积。电感式脉动压力传感器按其磁路特性可以分为变磁阻式和变磁导式两类，此处从略。

2.1.6　电差压变送器

图 2.18　电差压变送器

电差压变送器（图 2.18）是让被测流体的两种压力通入高、低两压力室，作用在 δ 室敏感元件的两侧隔离膜片上，流程压力通过隔离膜片和灌充液传递到位于 δ 室中心的测量膜片上，比较压力以同样的方式传递到测量膜片另一侧。测量膜片的位置由测量膜片两侧电容极板检测出来。电容检测部分由振荡器驱动，然后通过一个解调器整流。解调器由二极管桥路组成，对振荡器所发生的交流信号进行整流，经过变压器两个绕组的直流相加后，由振荡器控制放大器控制成为一个恒定电流，由于通过变压器检测线圈的直流电流与压力成正比，并且二极管桥路和量程温度补偿电阻以及零点温度补偿电阻受到位于电子壳体中电阻的控制，因此，从解调器/振荡器电路输出的电信号是经过温度补偿并与所加压力成正比的电流。模/数转换器是一种集成电路，把来自解调器的模拟电流信号转换为数字量信号，微处理器借助于这些数字信号，读出输入压力。

微处理器控制变送器运行，还进行敏感部件线性化计算、量程调整、输出型式选择、变送器诊断以及数字通信等操作。数/模转换器把微处理器修正后的数字信号转换为 4～20mA 模拟信号送往输出回路。

某些系列智能压力变送器具有 HAR9 协议通信功能，可在现场或控制室通过远程手操通信接口（MS—HART 手持式通信器）对变送器实现远距离操作，如变送器诊断，回路测试，量程、零点调整，线性、开方（小信号切除）输出选择，输出电流调整，压力微调等功能。

由于测量精度大小的程度取决于变送器和引压管的正确安装。因此使用时应严格按照使用说明进行安装，变送器应尽量安装在温度梯度和温度波动小的地方，同时要避免振动和冲击。

引压管安装时应考虑下面的情况来决定最佳的安装位置：

（1）腐蚀性的或过热的介质不应与变送器直接接触。

（2）防止渣子在引压管内沉淀。

（3）两引压管里的液压头应保持平衡。

（4）引压管应尽可能短些。

（5）引压管应装在温度梯度和温度波动小的地方。

同时应注意，测量蒸汽或其他高温介质时，不应使变送器的工作温度超过极限。用于蒸汽测量时，引压管要充满水，以防变送器与蒸汽直接接触。由于变送器的容积变化量很小，因此不需要冷凝器。变送器与测量介质连接管路是把取压口压力传输到变送器。在压力传输中可能引起误差的原因如下：

（1）泄漏。

（2）摩擦损失（特别是使用喷吹系统时）。

（3）液体管路积集气体（压头误差）。

（4）气体管路积集液体（压头误差）。

（5）两引压管之间温差引起的密度变化（压头误差）。

减少误差的方法：

（1）引压管尽量短些。

（2）液体或蒸汽测量，引压管路要向上连接到流程管道，其倾斜度不小于1/12。

（3）对于气体引压管要向下连接，其倾斜度不小于1/12。

（4）液体流程管道的测量点要低些，气体管道测量点要高些。

（5）两引压管应保持相同的温度。

（6）为避免摩擦影响，引压管要用足够大的口径。

（7）确保所有的气体从液体引压管中排除。

（8）使用隔离液体时，两引压管液体要相同。

（9）采用喷吹系统时，喷吹系统应尽量靠近流程管道取压口。净化流体经过大小相同长度一样的管路到变送器，要避免喷吹流体通过变送器。

2.2   管流流速和流向的量测

有压管道内流速流向的量测，由于管道的密封结构，其量测方法比较繁杂，精度也较难保证，目前主要常用的有以下几种方法。

2.2.1   多孔毕托球法

在三维流场中，常使用多孔毕托管（又称毕托球）来同时测出水流的总压、静压，并算出流速的大小和定出流速的方向。通常，是将多孔毕托球（有三孔式和五孔式）的探头伸入水中测点处，使其绕本身的轴线（支杆）转动，直到由探头左右两侧孔所指示的压强相等为止；这时探头的轴线就与水流方向一致了。若是五孔探头，则还需使上下两孔的压强相等。此法又称"对向测量法"。也可以不对准流向进行量测，再根据两对称测孔上的压强差由探头率定曲线来确定水流流速的大小及方向。

下面简略介绍五孔式毕托球（也称五孔球形探针）的测速原理。其结构如图 2.19 所示。球头直径为 5～10mm，具体尺寸可根据待测流场的尺寸来选定；球面上开五个直径为 0.5mm 的测压孔，1 号、2 号、3 号三个孔在探针的纵剖面上，4 号、5 号两个孔位于与探针轴心线垂直的平面上。2 号孔在球头端部，其他四个孔分别与中心孔 2 互成 45°。每个测压孔分别同探针体内不锈钢管相通，探针末端通过压力接头和乳胶管分别与微压计相连，如图 2.20 所示。

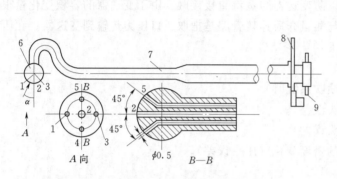

图 2.19　五孔式毕托球（五孔球形探针）的结构示意图

1、2、3、4、5—测压孔；6—球头；7—支柄；

8—方向刻度盘；9—压力接头

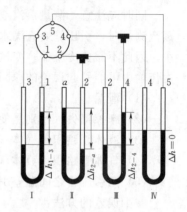

图 2.20　五孔球形探针与差压计
连接系统图

当五孔探针伸到流场中后，绕支柄轴心线转动探针，使 4 号、5 号孔连接的差压计中水面相等，即 $\Delta h = 0$，这时，$p_4 = p_5$。表明经过调整后，来流方向处在 1 号、2 号、3 号孔所在的平面内，而与 4 号、5 号两孔对称。利用探针尾端的方向刻度盘即可确定来流方向与水平面（或垂直面）的夹角。

也有用硅压阻传感器芯片置于每个测孔中以增加其灵敏度的"硅压阻式传感器六孔测速探头"。该仪器为了准确地测出静压，在探头的侧面适当位置多打了一孔以量测静压强。该探头外径为 11mm，全长为 38mm，可用于实时记录，同步处理，打印输出。

2.2.2　动压法

在流动的水中放置一个有弹性的金属杆，水流作用于此金属杆上的力将与水流速度的平方成正比；设法测出金属杆的弹性形变大小，即可根据应力-应变关系求出水流速度的大小。

图 2.21 为一种动压式测速的传感器原理图，金属杆的弹性形变是利用电阻应变片来量测的。用这种方法量测流速要事先经过率定。

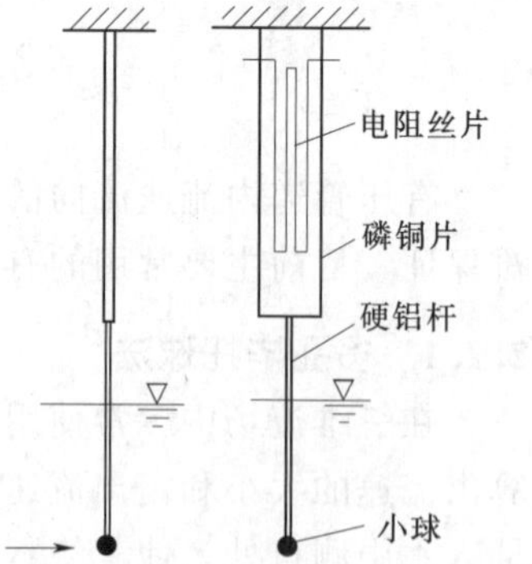

2.2.3　流量断面法

流量断面法是在测得过流断面通过的流量的前提下，量取过流断面面积，从而通过流量除以过流断面面积得到断面平均流速。这种方法适用于求断面平均流速，它可以在直接测量管内流速较困难时，先测量管内通过液体的流量，再测得管道内径，从而计算出管内断面平均流速。此方法在工程中具有实际应用价值。

图 2.21　动压式测速
传感器的原理图

电阻丝片

磷铜片

硬铝杆

小球

2.2.4　超声波流量计测速法

当超声波在液体中传播时，流体的流动将使传播时间产生微小变化，并且其传播时间的变化正比于液体的流速，由此可求出液体的流速。

如图 2.22 所示，在待测流量管道外表面上，按一定相对位置安装一对超声探头，安装方式分为"Z"法和"V"法。一个探头受电脉冲激励产生的超声脉冲，经管壁—流体—管壁为第二探头所接收，从发至收超声脉冲传播时间，依其顺逆流向分别为

$$T_{up} = \frac{MD/\cos\theta}{C_0 + V\sin\theta} \tag{2.20}$$

$$T_{down} = \frac{MD/\cos\theta}{C_0 - V\sin\theta} \tag{2.21}$$

式中：M 为声束在液体中的传播次数；D 为管道内径，m；θ 为超声波束入射角度，(°)；C_0 为静止时流体声速；V 为管内流体沿管直径方向的平均流速，m/s；T_{up} 为声束在正方向上的传播时间，s；T_{down} 为声束在逆方向上的传播时间，s。

根据式（2.20）和式（2.21），可得出流体沿直径方向上的平均流速：

$$V = \frac{MD}{\sin 2\theta} - \frac{\Delta T}{T_{up} - T_{down}} \tag{2.22}$$

式中：ΔT 为声束在正逆两个方向上的传播时间差。

时差式超声波流量计适用于无气泡的单一纯净液体的测量，上述式（2.22）是在理想情况下得到的，实际上工业管路中液体流动情况是十分复杂的，受结垢、管内粗糙等众多因素影响，使一般超声波流量计的测量精度大打折扣，但一些型号的超声波流量计由于采用了较先进的直接时间测量方法并详细考虑了温度及管内粗糙度等的影响，通过标准校正曲线或用户经验校正曲线的方法来克服液体流场分布的不均匀情况，可使测量精度大大提高，特别是使用静态设置零点的方法，可使测量线精度优于 0.5%。

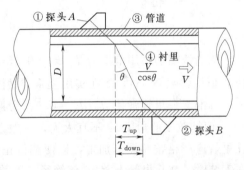

图 2.22　超声波流量计测速原理图

目前，大多数超声波流量计在测流量的同时可以用来测量管道内时均和瞬时流速。

2.3　管流流量的量测

在有压管道中装上可以引起压强等参量变化的局部管件，如文丘里管、管嘴、孔板或弯头等，由于局部压强的变化与流量存在着一定的关系，因此可利用这种关系求得流量。另外，随着现代科技的发展，大量电测法、自动化技术在测量管流流量这一领域应用，使得管流测量流量的方法较多，精度较高，下面介绍一些常用的测定管道流量的方法。

2.3.1　文丘里（Venturi Meter）流量计

文丘里管流量计（图 2.23）是 19 世纪末由 G. B. Veoturi 提出而运用至今的一种精确量测流量的仪器，它由收缩段、喉道与扩散段三部分组成。其流量公式可由伯努利方程和连续方程推导而得，即

$$Q = \mu A_2 \sqrt{\frac{2g\,\Delta h}{1-\left(\dfrac{d_2}{d_1}\right)^4}} \tag{2.23}$$

式中：A_2 为文丘里管喉道断面积；Δh 为两个测压管的压强水头差，用比压计量测；μ 为由试验得到的流量系数，随水流的雷诺数 Re 及 d_2/d_1 而变化，其关系如图 2.24 所示。

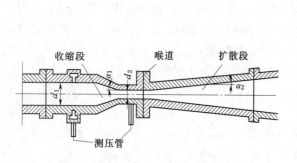

图 2.23　文丘里流量计

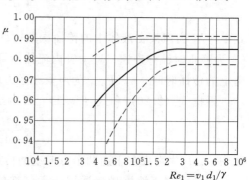

图 2.24　文丘里管的 Re 与 μ 的关系

该曲线图的适用范围为 $d_2/d_1 = 0.25 \sim 0.75$，图中虚线表示试验点的离散范围。为了使 μ 值取常数 0.984，故在实用上希望被测管道中的 $Re > 2 \times 10^5$。

标准文丘里管常使 $d_2/d_1 = 0.5$。为避免管道过长，收缩段的角度 α_1 通常取 $15° \sim 20°$，而扩散段的角度 α_2 不宜太大，一般以 $5° \sim 7°$ 为宜；通常用铜来制作，以免生锈。文丘里管应严格按照图纸加工，以便获得正确的 μ 值，一般情况下其测流精度为 1% 左右。在安装时，文丘里管上游 10 倍管径、下游 6 倍管径的距离以内均不得装有其他管件，以免水流与边界脱离产生漩涡而影响其流量系数。

由于文丘里管具有能量损失较小，对水流干扰较小和使用方便等优点，故在生产上及实验室中得到广泛采用。它的缺点是测流范围较小，管内壁面加工精度要求较高。

还有一种短型文丘里管使用更为广泛，其结构如图 2.25 所示，其中 $d_2/d_1 = 0.56$。进口采用与管嘴相同的平顺曲线，下游扩散段较短，α_2 采用 $8°$；也用铸铜车制。图 2.26 为 $\phi 15.24$cm（6in）的短型文丘里管量水计根据精密地秤校准的压差 h 与流量 Q 关系曲线，可供使用。

2.3.2　孔板流量计

其原理和流量公式与喷嘴量水计相同，且构造更为简单。由于孔板水流收缩急剧、紊动混掺加强，能量损失较大，故孔板的流量系数较小。图 2.27 为标准孔板尺寸图及流量系数曲线，可以看出 μ 值随 A_2/A_1 比值与 Re_1 数而变，当 $Re_1 > 2 \times 10^5$ 以后，μ 值才为常

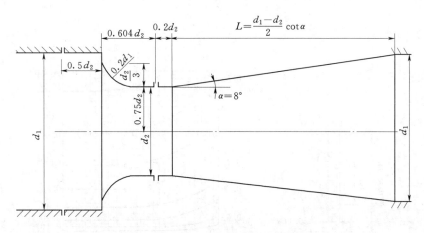

图 2.25 短型文丘里管量水计结构图

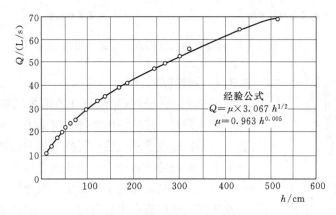

经验公式
$Q = \mu \times 3.067 \, h^{1/2}$
$\mu = 0.963 \, h^{0.005}$

图 2.26 短型文丘里管（ϕ15.64cm）量水计 h-Q 曲线

数。孔板上游也需有 10 倍以上管径的直段，流量的量测精度约为 2%。除用于测液体外，也常用于气流模型试验。

2.3.3 浮子流量计

浮子流量计目前分为金属浮子流量计和玻璃浮子流量计。金属浮子流量计的流量检测元件是由一根自下向上扩大的垂直锥形管和一个沿着锥管轴上下移动的浮子组所组成。工作原理如图 2.28 所示，被测流体从下向上经过锥管和浮子形成的环隙时，浮子上下端产生差压形成浮子上升的力，当浮子所受上升力大于浸在流体中浮子重量时，浮子便上升，环隙面积随之增大，环隙处流体流速立即下降，浮子上下端差压降低，作用于浮子的上升力亦随着减少，直到上升力等于浸在流体中浮子重量时，浮子便稳定在某一高度。浮子在锥管中高度和通过的流量有对应关系，可用机械指针表显示流量。

玻璃浮子流量计主要包括一个透明的锥形过流管道和一个比重大于水的浮子，同样流体自下向上流动。随流体流量的大小不同，浮子在透明管内上升的高度也就不同，根据浮子停留的位置，即可在透明管外壁的刻度尺上读出流量值。测流过程中浮子是上下波动的，故读数应选取其时间段内平均位置。其所测流量值较小，精度也一般较低。

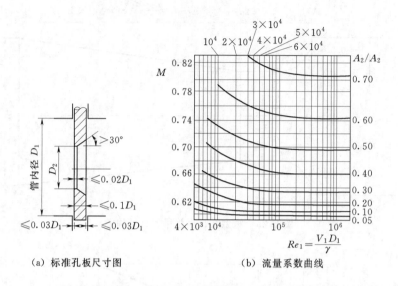

（a）标准孔板尺寸图　　　　　　（b）流量系数曲线

图 2.27　标准孔板尺寸图及流量系数曲线

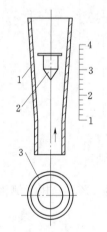

图 2.28　浮子流量计工作原理图
1—锥形管；2—浮子；
3—流通环隙

2.3.4　涡轮流量计

图 2.29 为一种涡轮流量计的结构原理图。当被测流体流经传感器时，传感器内的叶轮借助于流体的动能而产生旋转，周期性地改变磁电感应转换系统中的磁阻值，而架于管中轴承上的涡轮被水冲击时的角速度与水流速度成正比，对一定管径来说就是与流量成正比。涡轮转动时，叶片在由铁芯及线圈组成的磁场中切割磁力线，因而就在由线圈组成的电路中形成脉冲信号，该种信号的频率是与流量成正比的，使通过线圈的磁通量周期性地发生变化而产生电脉冲信号。在一定的流量范围下，叶轮转速与流体流量成正比，即电脉冲数量与流量成正比。该脉冲信号经放大器放大后送至二次仪表进行流量和总量的显示或计算。其精度可达 1% 左右。但小流量的精度不高，且水流通过旋转涡轮时能量损失较大；对水质有较高要求，价格也较贵。

在测量范围内，传感器的输出脉冲总数与流过传感器的体积总量成正比，其比值称为仪表常数，以 ξ（次/L）表示。每台传感器都经过实际标定测得仪表常数值。当测出脉冲信号的频率 f 和某一段时间内的脉冲总数 N 后，分别除以仪表常数 ξ（次/L）便可求得瞬时流量 q(L/s)［式（2.24）］和累积流量 Q(L)［式（2.25）］，即

$$q = f/\xi \tag{2.24}$$

$$Q = N/\xi \tag{2.25}$$

注：仪表常数的符号 ξ 也可用 K 表示。

注意：在产品合格证中记录了作为传感器使用的重要数据的仪表常数 ξ 和传感器的精

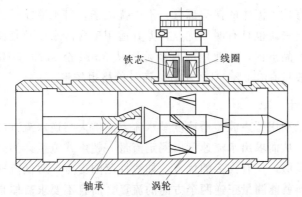

图 2.29　涡轮流量计的结构原理图

确度，因此请妥善保管产品合格证。

2.3.5　电磁流量计

电磁流量计是在 20 世纪 30 年代出现的。传感器是根据法拉第电磁感应原理工作的，其工作原理是：在产生交变磁场的两个磁极之间固定一段由绝缘材料制成的管道，管道上下有一对电极。当导电液体沿管道在交变磁场中与磁力线成垂直方向运动时，导电液体切割磁力线产生感应电势。在管道轴线和磁场磁力线相互垂直的管壁上安装了一对检测电极，将这个感应电势检出。感应电动势 E 的大小与磁通密度 B、管道内径 d 以及被测流体在横截面上的平均流速 v 有关，可表示为

$$E = Bdv \tag{2.26}$$

由 $Q = \dfrac{\pi}{4} d^2 v$ 代入，则得

$$Q = \frac{\pi d}{4B} E = kE \tag{2.27}$$

式中：k 为仪表常数。

当仪表常数 k 确定后，感应电动势 E 与流量 Q 成正比。

在磁场和管径一定的情况下，电动势 E 与管道内通过的流量 Q 成比例。图 2.30 为电磁流量计的结构原理图。利用图中指示仪表即可量出 E 的数值。理论上只要流体的参数（压强、温度、密度、黏滞系数与导热系数等）不影响其导电程度，则量测仪表的读数就与流体的性质无关。E 通常称为流量信号，将流量信号输入转换器，经处理，输出与流量成正比的 0～10mA DC 或 4～20mA DC 信号。从而通过二次仪表对流量进行显示、记录、计算等。

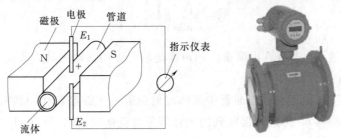

图 2.30　电磁流量计的结构原理图

电磁流量计没有插入流体的探头部分，不干扰流场，且水流能量损失也很小，并且对耐高温、防毒、防腐来说也具有明显优点，尤其适用于含沙水流及浆体等流量的测定。目前国内外均有系列产品出售，工业用的直径范围从 3mm 至 3m，应用比较广泛。缺点是精度尚需提高，一般只有 0.5%～1%左右，而且价格也较贵。

2.3.6　超声波流量计

超声波流量计是利用超声波传播速度顺水流方向增大与逆水流方向减小的特点，测定出传播速度的差值，从而求出水流速度以测定流量。超声式流量计为无阻塞式仪表，应用范围与电磁流量计类似，具有许多的优点，如线性范围更宽，对低流速也能准确测定；在操作上加以简单切换就能测量正逆两个方向的流量，而且不要求流体是导电的。它既可用于管路（管径可达 20～300cm），又可用于明渠，其信号传输距离可达 300m。缺点是被测流体的含沙浓度不能过大（如小于 10kg/m³），否则将会产生明显误差。超声流量计的精度不依流速而定，而是和管径大小有关，管径大于 30cm，精度为 1.0 %，小于 30cm，为 1.5%。

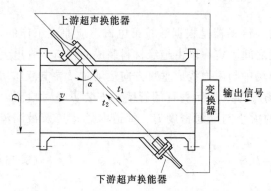

图 2.31　单声束式超声波流量计原理图

应用超声波流量计测量流量有时差法、互相关法、多普勒法或多普勒与时差法并用的方法。下面介绍两种常用方法。

1. 时差法

时差法分为单声束方式和双声束方式。单声束式超声波流量计原理如图 2.31 所示，设液体流速为 v，超声在液体中传播速度为 C，则从上游侧往下游侧发射声波的传送时间为 t_1，从下游侧往上游侧的传送时间为 t_2，相应公式为

$$t_1 = \frac{D/\cos\theta}{C+v\sin\theta}, \quad t_2 = \frac{D/\cos\theta}{C-v\sin\theta} \tag{2.28}$$

消去 C

$$\frac{1}{t_1} - \frac{1}{t_2} = \frac{C+v\sin\theta}{D/\cos\theta} - \frac{C-v\sin\theta}{D/\cos\theta} = \frac{2v\sin\theta}{D/\cos\theta}$$

则流速为

$$v = \frac{D}{\sin2\theta}\left(\frac{1}{t_1} - \frac{1}{t_2}\right) \tag{2.29}$$

求出平均流速 v，即可算出流量。超声换能器可以用活动夹具或固定在管道外壁上。

2. 多普勒法

多普勒法的工作原理是：当向管中流体发射声束，声波经流体中微粒或气泡散射后，产生频率差（或频移），传感器接收到的频移信号与流速成比例，可由下式表示：

$$\Delta f = f_t - f_r = 2f_t v\cos\theta/C$$

则液体流速
$$v = \frac{\Delta f C}{2 f_t \cos\theta} \qquad (2.30)$$

式中：f_t 为发射频率；f_r 为接收频率；Δf 为频移；C 为声波通过传感器介质（如环氧树脂）的速度；θ 为液流轴向与发射或接收声速之间的夹角。

当 $C \gg v$ 时，式（2.30）一般适用，图 2.32 为将发射器和接收器同时装在一只换能器内的多普勒流量计原理图，使用时将换能器紧贴在外管壁上即可进行测量。多普勒超声测流的使用条件为：①流体中含悬浮粒子或气泡不少于 2%（体积比）；②管壁材料均匀、无里衬，管壁厚度小于 19mm；③最小流速 15cm/s。

2.3.7　弯管（肘管）流量计

它利用管路原有的 90°弯头，在其内外侧管壁的中央安装测压孔来量测管道流量。其原理是基于弯管流线成曲线运动，产生离心力，使弯管内侧流速变大而压强变小，弯管外侧流速小而压强大，利用弯管内外侧的压强水头差 Δh 与流量的关系来量测流量，公式为

$$Q = \eta A \sqrt{2g\,\Delta h} \qquad (2.31)$$
$$\eta = f(2D/r)$$

式中：D 为管道直径；A 为管道断面积；r 为弯管中心线的曲率半径，如图 2.33 所示。

弯管量水计因使用管路中的 90°弯头，简单易行，又很经济，尤其适用于封闭管路循环系统，如减压箱和水洞等设备。弯管计的上、下游也各需有 25D 和 10D 的直管段。缺点是精度较低，约为 10%。为提高精度，可应用量水堰或体积法、称重法等对弯管计进行专门率定试验。

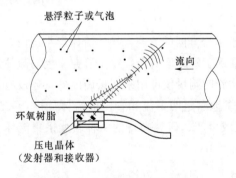

图 2.32　多普勒流量计原理图

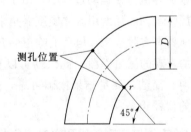

图 2.33　弯管量水计测压孔布置图

2.3.8　喷嘴（或管嘴）流量计

喷嘴流量计是利用流线形管嘴造成上下游压差来测定流量的，计算公式与文丘里管相同。图 2.34 为喷管量水计及其流量系数曲线。因进口平顺，收缩系数为 1.0，通常其流量系数 $\mu = 0.96 \sim 0.98$。当 A_2/A_1 较大时，由于局部损失变小，并因在喷嘴后发生突扩回流，紊动增强，在喷嘴出口断面上流速分布不均匀，致使动能修正系数大于 1.0，故流量系数 μ 大于 1.0。在安装时，为使水流均匀，上游应保持大于 10 倍管径的直段，在该段内不得装有任何管件。

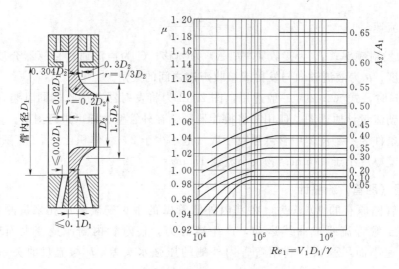

图 2.34　喷管量水计及其流量系数曲线

2.3.9　体积法和称重法

当管道内通过的流量较小时，可以在管道的出口处用体积法或称重法测定管道内通过的流量。其原理和方法同前明渠流量测量中介绍的相同。这两种方法在实验室常用，但要注意操作过程中计时和接水时间的一致性。

2.4　管流中流体旋度的量测简介

2.4.1　流体旋度的概念

水流等流体在运动过程中，由于存在垂直于主流方向的流速，导致流体产生旋动，这种流体旋转运动的强度用流体旋度涡角来表示。准确了解旋度涡角，对于研究、控制流体运动等方面具有实际意义，但目前除下面介绍的流体旋度测量仪可用来测量旋度外，还没有其他较好的直观的测量手段。此仪器可以直观、可靠地测定明渠流和管流的流体旋度，安装使用方便、简洁，测量结果精确可靠，是这一领域生产、研究必备的一种新型采集流体运动要素的仪器设备。

2.4.2　流体旋度测量仪及旋度涡角的计算公式

流体旋度测量仪如图 2.35（a）所示，它由旋度传感器和二次仪表组成，旋度传感器装有四片平直叶片，叶片直径为管道内径的 75%，它在流向上的长度为管道直径的 60%，上部 T 形结构中有可采集叶片转动角度的光电转换系统，它将光电信号传输给二次仪表计算并显示出旋度仪叶片的转速或流体旋度涡角。旋度传感器的安装位置如图 2.35（b）所示。

旋度涡角的含义如图 2.35 所示，其算式为

$$\theta = \tan^{-1} \frac{v_t}{v_a}$$

式中：v_a 为进水管的轴向平均流速，由 $v_a = \dfrac{4Q}{\pi d^2}$，$Q$ 为管道内通过的流量，d 为安装旋度测量仪处管道的内径；v_t 为根据旋度叶片转速算得的切向流速，其可由 $v_t = \pi dn$ 计算，n 为旋度测量仪显示的叶片转速。

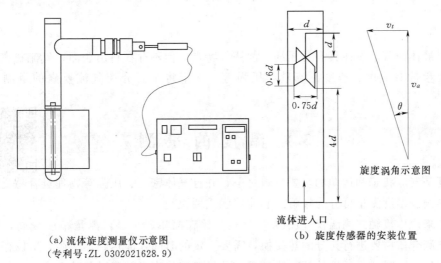

旋度涡角示意图

（a）流体旋度测量仪示意图
（专利号：ZL 0302021628.9）

（b）旋度传感器的安装位置

图 2.35　流体旋度测量仪及安装位置示意图

在旋度测量仪中，将相关常数输入二次仪表，也可直接输出流体旋度涡角。在通常情况下，流体旋转运动的方向和速度是不稳定的，因此旋度测量仪要连续记数 30s 读数 1 次，持续读数 10～20 次。

1998 年 11 月 17 日，施行的美国国家标准《水泵进水设计》（*Pump Intake Design*，ANSI/HI 9.8—1998）要求，短时间（10～30s）涡角或长时间（10min）平均涡角均应小于 5°。

第 3 章 气 流 要 素 的 量 测

相对液体而言，气体具有易压缩、膨胀等特点，但不存在自由表面。气流状态及其运动的主要参数有温度、速度、流量和压强等。本章将主要介绍气流要素的量测方法和技术。

3.1 温 度 的 量 测

温度是气流状态和运动的重要参数之一，并且气体密度、压强等物理量容易受到温度变化的影响。温度测量可分为接触式和非接触式两大类。

通常来说，接触式测温仪［图 3.1（a）］比较简单、可靠，测量精度较高；因测温元件与被测介质需要进行充分的热交换，需要一定的时间才能达到热平衡，所以存在测温的延迟现象，这时感温元件的某一物理参数的量值就代表了被测对象的温度值，但感温元件影响被测温度场的分布，接触不良等都会带来测量误差，另外温度太高和腐蚀性介质对感温元件的性能和寿命会产生不利影响，同时受到耐高温材料的限制，不能应用于很高的温度测量。非接触式测温仪［图 3.1（b）］测温是通过热辐射原理来测量温度的，测温元件不需与被测介质接触，故可避免接触测温法的缺点，具有较高的测温上限。也不会破坏被测物体的温度场，反应速度一般也比较快。此外，非接触测温法热惯性小，可达 1/1000s，便于测运动物体的温度和变化的温度。但受到物体的发射率、测量距离、烟尘和水汽等外界因素的影响，其测量误差较大。

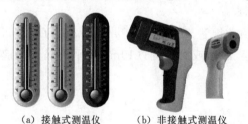

（a）接触式测温仪　　　（b）非接触式测温仪

图 3.1　测温仪

常用的接触式温度测量方法有热电偶测量和热电阻测量两类，非接触式温度测量方法主要有红外测温方法，本节将介绍几种常用的温度测量方法。

3.1.1　热电偶测温

电偶是工业上最常用的温度检测元件之一。其优点是：

（1）测量精度高。因热电偶直接与被测对象接触，不受中间介质的影响。

（2）测量范围广。常用的热电偶从 $-50℃$ 到 $1600℃$ 均可连续测量，某些特殊热电偶最低可测到 $-269℃$（如金铁镍铬），最高可达 $2800℃$（如钨、铼）。

（3）构造简单，使用方便，使用寿命长。热电偶通常是由两种不同的金属丝组成，而且不受大小和开头的限制，外有保护套管，用起来非常方便。

（4）热响应时间快。热电偶对温度变化反应灵敏。

（5）性能可靠，机械强度好。

1. 热电偶测温原理

将两种不同材料的导体或半导体 A 和 B 焊接起来，构成一个闭合回路。当导体 A 和 B 的两个测量点 1 和 2 之间存在温差时，两者之间便产生电动势，因而在回路中形成一定大小的电流，这种现象称为热电效应（塞贝克效应）。如将另一端（参考端）温度保持一定（一般为 0℃），那么回路的热电动势则变成测量端温度的单值函数，热电偶产生的热电动势，其大小仅与热电极材料及两端温差有关，与热电极长度、直径无关，热电偶就是利用这一效应来工作的（图 3.2）。

2. 热电偶的种类及结构形式

（1）热电偶的种类。常用热电偶可分为标准热电偶和非标准热电偶两大类。所谓标准热电偶是指国家标准规定了其热电势与温度的关系、允许误差、并有统一的标准分度表的热电偶，它有与其配套的显示仪表可供选用。非标准热电偶在使用范围或数量级上均不及标准化热电偶，一般也没有统一的分度表，主要用于某些特殊场合的测量。我国从 1988 年 1 月 1 日起，热电偶和热电阻全部按 IEC 国际标准生产，并指定 S、B、E、K、R、J、T 七种标准化热电偶为我国统一设计型热电偶。

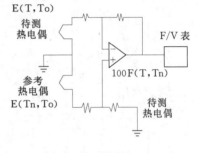

图 3.2　热电偶测温原理

（2）热电偶的结构形式。为了保证热电偶可靠、稳定地工作，对它的结构要求如下：

1）组成热电偶的两个电极的焊接必须牢固。

2）两个电极之间应很好地绝缘，以防短路。

3）补偿导线与热电偶自由端的连接要方便可靠。

4）保护套管应能保证热电极与有害介质充分隔离。

3. 热电偶冷端的温度补偿

由于热电偶的材料一般都比较贵重（特别是采用贵金属时），而测温点到仪表的距离都很远，为了节省热电偶材料，降低成本，通常采用补偿导线把热电偶的冷端（自由端）延伸到温度比较稳定的控制室内，连接到仪表端子上。必须指出，热电偶补偿导线只起延伸热电极的作用，使热电偶的冷端移动到控制室的仪表端子上，它本身并不能消除冷端温度变化对测温的影响，不起补偿作用。因此，还需采用其他修正方法来补偿冷端温度 t_0≠0℃时对测温的影响。补偿导线工作原理：在一定温度范围内，具有与其匹配的热电动势标称值相同的一对带绝缘包覆的导线叫补偿导线，用它们连接热电偶与测量装置，以补偿热电偶连接处的温度变化所产生的误差。需要注意的是在使用热电偶补偿导线时必须注意型号相配，极性不能接错，补偿导线与热电偶连接端的温度不能超过 100℃。

3.1.2　热电阻测温

热电阻是中低温区最常用的一种温度检测器。热电阻测温是基于金属导体的电阻值随温度的增加而增加这一特性来进行温度测量的。它的主要特点是测量精度高，性能稳定。其中铂热电阻的测量精确度是最高的，它不仅广泛应用于工业测温，而且被制成标准的基准仪。热电阻大都由纯金属材料制成，目前应用最多的是铂和铜，此外，现在已开始采用镍、锰和铑等材料制造热电阻。金属热电阻常用的感温材料种类较多，最常用的是铂丝。工业测量用金属热电阻材料除铂丝外，还有铜、镍、铁、铁—镍等。

1. 热电阻测温原理

热电阻测温是基于金属导体或半导体的电阻值随温度的增加而增加这一特性来进行温度测量及与温度有关的参数。热电阻大都由纯金属材料制成，目前应用最多的是铂和铜，此外，现在已开始采用镍、锰和铑等材料制造热电阻。热电阻通常需要把电阻信号通过引线传递到计算机控制装置或者其他二次仪表上。热电阻的测温原理（图 3.3）与热电偶的测温原理不同的是，热电阻是基于电阻的热效应进行温度测量的，即电阻体的阻值随温度的变化而变化的特性。因此，只要测量出感温热电阻的阻值变化，就可以测量出温度。目前主要有金属热电阻和半导体热敏电阻两类。

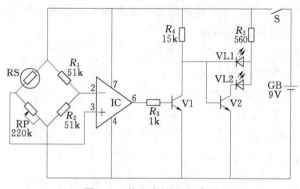

图 3.3　热电阻测温电路图

相比较而言，热敏电阻的温度系数更大，常温下的电阻值更高（通常在数千欧以上），但互换性较差，测温范围只有 $-50 \sim 300℃$ 左右，大量用于家电和汽车用温度检测和控制。金属热电阻一般适用于 $-200 \sim 500℃$ 范围内的温度测量，其特点是测量准确、稳定性好、性能可靠，在远程控制中的应用极其广泛。

工业上常用金属热电阻从电阻随温度的变化来看，大部分金属导体都有这个性质，但并不是都能用作测温热电阻，作为热电阻的金属材料一般要求：尽可能大而且稳定的温度系数、电阻率要大（在同样灵敏度下减小传感器的尺寸）、在使用的温度范围内具有稳定的化学物理性能、材料的复制性好、电阻值随温度变化最好呈线性关系。

2. 热电阻的种类

（1）普通型热电阻。从热电阻的测温原理可知，被测温度的变化是直接通过热电阻阻值的变化来测量的。因此，热电阻体的引出线等各种导线，其电阻的变化会给温度测量带来影响。为消除引线电阻的影响，一般采用三线制或四线制。

（2）铠装热电阻。铠装热电阻是由感温元件（电阻体）、引线、绝缘材料、不锈钢套管组合而成的坚实体，它的外径一般为 2～8mm。

与普通型热电阻相比，它的优点是：①体积小，内部无空气隙，热惯性大，测量滞后小；②机械性能好，耐振，抗冲击；③能弯曲，便于安装；④使用寿命长。

（3）端面热电阻。端面热电阻感温元件由特殊处理的电阻丝绕制，紧贴在温度计端面。它与一般轴向热电阻相比，能更正确和快速地反映被测端面的实际温度，适用于测量轴瓦和其他机件的端面温度。

（4）隔爆型热电阻。隔爆型热电阻通过特殊结构的接线盒，把其外壳内部爆炸性混合气体因受到火花或电弧等影响而发生的爆炸局限在接线盒内，测量现场不会引起爆炸。隔爆型热电阻主要用于爆炸危险场所的温度测量。

3．热电阻测温系统的组成

（1）普通型热电阻测温系统一般由热电阻、连接导线和显示仪表等组成。

（2）铠装热电阻测温系统由感温元件（电阻体）、引线、绝缘材料、不锈钢套管组合而成的坚实体，它的外径一般为 2～8mm。与普通型热电阻相比，它有下列优点：①体积小，内部无空气隙，热惯性大，测量滞后小；②机械性能好、耐振，抗冲击；③能弯曲，便于安装；④使用寿命长。

（3）端面热电阻测温系统由特殊处理的电阻丝材绕制，紧贴在温度计端面，它与一般轴向热电阻相比，能更正确和快速地反映被测端面的实际温度，适用于测量轴瓦和其他机件的端面温度。

（4）隔爆型热电阻测温系统通过特殊结构的接线盒，把其外壳内部爆炸性混合气体因受到火花或电弧等影响而发生的爆炸局限在接线盒内。

电阻体的断路修理必然要改变电阻丝的长短而影响电阻值，为此更换新的电阻体为好，若采用焊接修理，焊后要校验合格后才能使用。

3.1.3　红外测温

红外测温相对接触式测温方法有着响应时间快、非接触、使用安全及使用寿命长等优点。红外线测温仪如图 3.4 所示。

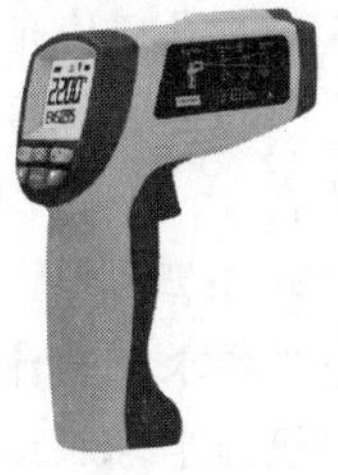

1．红外测温原理

只要物体的温度高于绝对零度，都会不断地向周围空间辐射红外能量。物体辐射的红外能量的大小及其相应的波长与它的表面温度有着十分密切的关系。因此，通过对物体自身辐射的红外能量的测量，便能准确地测定它的表面温度，这就是红外辐射测温所依据的客观基础。

图 3.4　红外线测温仪

2．红外测温系统的组成

红外测温系统由光学系统、红外探测器、信号处理系统和显示记录装置组成。光学系统汇聚其视场内的目标红外辐射能量，视场的大小由测温仪的光学零件及其位置确定。红外能量聚焦在光电探测器上并转变为相应的电信号，该信号经过放大器和信号处理电路，并按照仪器内部的算法和目标发射率校正后转变为被测目标的温度值。当用红外辐射测温仪测量目标的温度时，首先要测量出目标在其波段范围内的红外辐射量，然后由测温仪计算出被测目标的温度。

3.2　压 强 的 量 测

在流体力学中，压强是描述气流状态及其运动的主要参数之一。而流速、流量等参数的测量也往往转换为压强测量问题。压强的量测是流体力学实验中最基本的内容之一。从被测压强的性质来看，压强的测量可分为静态压强（稳定压强）和动态压强（非稳定压强）的测量。由于测量压强的探头不可能做得无限小，因此用它测到的只是空间微小面积上的平均压强。而气体压强的量测和液体压强的量测由于两种介质的不同又有所差别。本节主要介绍用于气体压强量测的方法，以及量测方法与液体测压的不同之处，而与液体相同的测压方法不再介绍。

3. 2. 1　测压孔、静压管和总压管

静压是流体在流动过程中作用在管壁上的压强，即在不引起流线变形或者与流体以同样速度移动的物体所感受到的压强。因此，若要测量真正的静压，则静压探头的安装应对气流无任何干扰，并且气流的速度和流线的形状不能受到任何影响。实际测量时，必须要注意所采取的测量手段，使得尽可能地减小对当地流线所产生的影响。通常用以下三种办法。

1. 测压孔

在流体流过的物体表面上开一些小孔，用导管将孔与压强计相连来测量点的静压，这是一种简单而又实用的方法。只要开孔得当，就能比较精确地测到该点的静压。具体应注意以下几点：

（1）小孔的孔径应适当。孔径太大相当于改变了物体的形状，当流线流过孔口时会弯曲而影响测量精度。孔径太小容易使孔堵塞，且感受压强的时间太长。一般情况下孔径的范围是 $0.5\sim1$ mm。

（2）孔口应光洁无毛刺。不宜有倒角和圆角，孔的轴线应与壁面垂直，见第 2 章中图 2.6。

（3）开孔深度不宜太小。推荐值为 $h/d\geqslant3$，h/d 太小会增加流线弯曲的影响，一般 h/d 在 $3\sim10$ 范围内。

2. 静压管

当要求测量流场中某一点的静压时，就要用静压管测量。作低速测量时，静压管的头部一般为半球头或半椭球头，后面的支杆供安装静压管及传导压强用。另外，在平行于气流方向的杆子上且离开头部 $(3\sim8)d$ 处沿管周向均匀地开 $4\sim8$ 个孔，这样可以减少由于管轴线方向与气流方向存在的偏角所产生的影响，这种形式静压管的方向不敏感角度约在 $5°\sim6°$，开孔的要求与壁面开孔的要求一样。对于一般的静压管，当气流马赫数小于 0.7 时，压缩性对静压值的测量无显著影响。但在高亚音速及超音速流中，宜采用锥形头部，同时要加大静压孔离头部与尾支杆的距离。

3. 总压管

总压也称为驻点压强，即流动受到滞止、速度降到 0 的那点的压强。低速流动中总压的测量比较方便。在气流中放一根倒 L 形的管子，开总压孔的一臂应与气流平行放置，孔口轴线应对准气流方向，这样气流流经孔口处就滞止下来，然后，再用导管把总压管的末端与压强计相连，这样，就可测到孔口处气流的滞止压强，即来流的总压。

对总压管的一个要求是希望它对气流的方向不太敏感，这样，尽管由于安装上的原因，而使得管子的轴线与气流的方向不一致时，但测得的总压值的误差仍限制在一定范围之内。经实验研究，圆球形的头部比平的头部对气流方向更为敏感，测压孔的孔径与总压管的管径之比越小，对气流方向越敏感。对于半球形头部的总压管，当测压孔径与管径之比为 0.3 时，约在 $-5°<\alpha<5°$ 的范围内才能准确测出总压来，其中，α 为孔口轴线与气流方向的偏角。在测压孔的孔径大一些的情况下，虽然总压管对气流方向不太敏感。但感受到的就不单是一个滞止点的压强，而是在小孔范围内的，滞止点附近一块区域内的平均压强，这就影响了测量精度。

在超音速气流中，可以采用与亚音速气流中一样的总压管。当超音速气流流经这样的总压管时，在总压管前会产生一道脱体激波。由于总压管轴线与来流平行，在总压孔附

近，激波局部地与来流相垂直，因此，可以应用正激波关系式，根据总压管测到的正激波后的滞止压强 p_{02} 来计算波前的来流总压 p_{01}，即

$$\frac{p_{02}}{p_{01}}=\left(\frac{2\gamma}{\gamma+1}M_1^2-\frac{\gamma-1}{\gamma+1}\right)^{-\frac{1}{\gamma-1}}\left[\frac{(\gamma+1)M_1^2}{(\gamma+1)M_1^2+2}\right]^{\frac{\gamma}{\gamma+1}} \quad (3.1)$$

式中：γ 为气体的绝热指数；M_1 为来流马赫数（可用其他的方法测量出来）。

3.2.2　液柱式压强计

　　液柱式压强计是利用液柱自重产生的压强与被测压强平衡的原理而制成的，它结构简单，使用方便，准确度高，既可用于测量流体的压强，又可用于测量流体的压差。但其量程会受到液柱高度的限制，玻璃管子容易损坏，量测数据只能就地显示，不能给出远传信号。一般常用于低压的精密测试和量值传递，测量范围从 10Pa～0.3MPa。按其结构类型有 U 形（双管）压强计、杯形（单管）压强计、倾斜式微压计、补偿式微压计、汞气压计和钟罩式压强计等。常用的工作液有汞、水、酒精等。

图 3.5　U 形压强计
的结构图

　　下面介绍几种实验室常用的液柱式压强计。

　　1. U 形压强计

　　U 形压强计的结构如图 3.5 所示。在一根 U 形的玻璃管中放入某种液体，根据所测压强大小和分辨率的要求，管内液体可以选择水、酒精或汞。测量时，压强计的一端通待测压强 p_1，另一端一般通大气。当把 U 形管垂直放置时，有以下关系式：

$$p_1-p_2=\rho g R \quad (3.2)$$

式中：p_1 为所测点的压强；p_2 为大气压强；ρ 为 U 形管中液体介质的密度；R 为两液面的垂直高度差。

　　使用 U 形压强计测量压强时，必须同时读两端的液面高度以得到较为精确的高度差。测量气体压强时，可以略去由于高程差所引起的压强差。当工作介质为水时，仪器测量上限为 1000～25000Pa；工作介质为汞时，仪器测量上限为 10～250kPa。

　　液体压强计是由金属盒、橡皮软管、玻璃 U 形管（内装有液体）组成。U 形管的右管开口向上，左管通过橡皮软管跟一个扎有橡皮薄膜的金属盒相连，当金属盒的橡皮膜没有受到压强时，U 形管两边的水面相平。U 形管两侧液面原先是平齐的，表示两侧液面上方的压强相等。当金属盒上的橡皮膜受到压强时，U 形管两侧液面便出现高度差，压强越大时，高度差也越大。

　　2. 单管压强计

　　为了避免测量时需同时读取 U 形压强计两端读数的麻烦，以及由此带来的较大的读数误差，人们在 U 形管原理的基础上又发展了一种单管式压强计，即把 U 形管的另一端用一只储液杯来代替，而储液杯的截面积要比玻璃管的截面积大得多（图 3.6）。

　　测量压强差时，储液杯连通较大的压强。假设在压强差的作用下，储液杯内的液面下降 h_2，测压管内的液面上升 R。根据等体积原理，R 远大于 h_2，故 h_2 可忽略不计。因此，在读数时只要读一边的液柱高度即可。压强差计算公式同式（3.2）。

3. 微压计

在低速气流试验中，经常要测量微小的压强差，此时需要使用微压计进行量测，下面介绍两种微压计。

（1）倾斜式微压计。倾斜式微压计的结构图和测量原理见 2.1.3 节中的内容。

（2）微差压强计。图 3.7 为微差压强计的结构图。

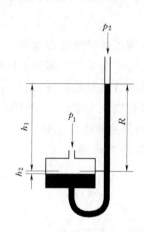
图 3.6　单管压强计的结构图

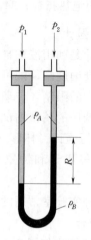
图 3.7　微差压强计的结构图

由流体静力学方程可知：

$$p_1 - p_2 = Rg\ (\rho_B - \rho_A) \tag{3.3}$$

当压强差微小时，为了扩大读数 R，减小相对读数误差，可以通过减小 $(\rho_B - \rho_A)$ 来实现。$(\rho_B - \rho_A)$ 越小，则读数 R 越大，故当所用的两种液体其密度接近时，可以得到读数很大的 R 值，这在测微小压差时特别适用。

工业上常用的 A—B 指示液为石蜡油—工业酒精；实验室常用苄醇—氯化钙溶液（氯化钙溶液的密度可以用不同的浓度来调节）。

微差压强计是用来测量较小的压强。在 U 形管内装有色液体，两侧液面都受大气压强的作用，两侧液面在同一高度，用橡皮管把扎有橡皮膜的金属盒连到 U 形管一侧，用手指按橡皮膜，手指加在橡皮膜上的压强就由封闭在管内的气体根据帕斯卡定律来传递这个压强，而使左侧液面降低，右侧液面升高，U 形管两侧液面出现高度差。手按橡皮膜压强越大，液面高度差也越大。

4. 多管压强计

图 3.8　多管压强计

在许多实验中，往往要测量很多点的压强，例如压强分布实验，这时就要采用多管压强计。多管压强计的工作原理与倾斜式微压计的工作原理相同，如图 3.8 所示。将多根平行排列的玻璃管装在一块平板上，各测压管都与一个共用的盛液容器连通。

为了提高读数的精度，可把平板倾斜一个适当的角度 α，这样所读数值就扩大了 $\cos\alpha$ 倍。当测量各点与大气压强之差时，可将待测压强按测点次序与各测压管接通，多

管压强计的盛液容器通大气，并留一根测压管通大气。有

$$p_i - p_a = \rho g \sin\alpha (l_a - l_i) \tag{3.4}$$

式中：p_i 为第 i 点的压强；p_a 为大气压强；l_a、l_i 分别为通大气和连第 i 个测点的测压管的读数。

由于各测压管的内径不可能都一样大，因此，由毛细现象所造成的各测压管的初始读数也不一致，所以在实验前要读出每根测压管的液柱读数，并在计算中作适当的修正，具体公式为

$$p_i - p_a = \rho g \sin\alpha \left[(l_a - l_{a0}) - (l_i - l_{i0}) \right] \tag{3.5}$$

第二下标 0 表示对应测压管的初始读数。

如果在各测压管底部安装一个电声换能器，使之改装成超声波多管压强计，就能对液柱高度进行自动测量。

5. 补偿式压强计

补偿式压强计的结构原理如图 3.9 所示。在一个固定的液壶内装有一根指针，将另一个可调节高低的液壶安装在一根很精密的丝杆上，两液壶之间用橡皮管连通。

实验中，较高的压强接在固定液壶，较低的压强接在可调液壶。测试前，即压强差为 0 时，调节可调液壶的高低，使得固定液壶内的液面刚好与针尖相切，并在刻度尺上读得一个初读数。当有压强差时，固定液壶内的液面下降，液面与指针脱离，用手转动压强计顶部的转盘，把可调液壶抬高，直到固定液壶内的液面重又与针尖相切为止。

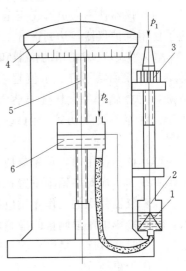

图 3.9　补偿式压强计的结构原理图
1—指针；2—固定液壶；3—固定支架；
4—顶部转盘；5—丝杆；6—可调液壶

由液壶提升的高度 Δh 可算出压强差为

$$p_1 - p_2 = \rho g \Delta h \tag{3.6}$$

一般取蒸馏水作为工作液体，读数精度可达到 0.02mm，但反应很慢，当压差波动得比较厉害时，要读出精确读数是较困难的，由于这种压强计在读数时，无论是固定液壶还是可调液壶，液壶中的液面相对于液壶本身而言，始终处于同一位置，因而能较好地消除由于仪器本身制作上所带来的误差，是一种精度较高的压强计，往往用作精度较低的压强计校准时的标准压强计。

压强计常用的工作介质在标准大气压强下的密度和比重值见表 3.1。

表 3.1　　　　　　　　　工作介质在标准大气压强下的密度和比重值

液　体	温度/℃	密度/(kg/m³)	比　重
水	20	998	1.00
水银	20	13550	13.56
酒精	20	810	0.81

以上介绍的几种液体式压强计都具有读数精确、稳定可靠和操作简单等优点，但是都有一个共同的局限性，即它们的惯性大，只能用来测量恒定的压强或平均压强，对于波动

极其厉害的瞬时压强是反映不出来的。这时需要用频响较高的压强传感器来测量，而压强传感器在标定时又往往要用液体式压强计作为标准来定出校准系数。另外用液柱式压强计测量气体压强时，应特别注意将传压管和压强计玻璃管液柱内的气泡驱除干净，以免影响测量精度。

6. 液柱式压强计的使用和维护

液柱式压强计具有结构简单，使用方便，测量准确度高等优点。但也有结构不大牢固、耐压程度差、测量范围小、容易破碎，其示值与工作液体密度有关等缺点。如使用维护不当，则测量结果达不到应有的准确度。在使用中应注意以下几点：

（1）仪器使用人员首先应全面了解仪器结构与原理和使用方法，在此基础上方能得心应手使用维护仪器，达到正常工作的目的。

（2）生产现场使用的仪器和实验室使用较久的仪器，测量管和大杯容器可能受环境污染，造成回零不好、示值超差。这时必须拆卸清洗。对玻璃管可用清洁液（包括酸）清洗，对金属管和大杯金属容器可用 120 号溶剂汽油清洗，再用蒸馏水和酒精清洗并烘干。注意不要损伤管子内壁，在拆装过程中，工作应仔细，用力要均匀，以防损坏仪器。

（3）仪器使用时，首先应使仪器处于垂直状态，避免由此而产生的系统误差。仪器上有铅垂线的，应对好铅垂位置；有水准泡的，应调好仪器的水平位置。

（4）仪器使用的工作介质应符合有关检定规程的要求。工作介质的密度值若不符合要求，将直接影响压强测量的准确度，常用的工作介质有蒸馏水、纯净的汞和酒精。当它们使用一段时间以后，蒸馏水容易脏污，汞易氧化，酒精易挥发，这些现象都使介质密度值失准，应予更换。

（5）当仪器灌注工作介质后，应彻底排除仪器内腔和工作介质中的空气。若介质中有空气存在，在仪器使用（检定）过程中，当空气溢出后，最易发现的误差是零位回复误差。这项误差的大小视空气含量的多少而定。排气的方法：开始时，可缓慢加压使液柱升高，液柱升至测量管中部时加压可稍快，临近测量上限时再缓慢加压，直至测量上限处，并作耐压试验。如仪器密封性合格，再缓慢减压至零位。如此反复几次，将工作液体中夹杂的空气或管壁上吸附的气体排除干净，同时润湿了管壁，为检定创造了条件。

（6）调好液柱的零点示值，液柱对准零点刻线的调整，一般分粗调和细调两个步骤。

1）粗调。当工作液体注入仪器的容器后，不一定使液柱准确对准零点刻线。如果是蒸馏水，最好多装一点，这样在调试仪器的密封性和浸润管壁后，液位就可能对准零点刻线了。汞也可稍多一点，注意适量，避免过多的增、减工作介质，增大工作量。

2）细调。在排除工作介质中空气的基础上，再调整零点示位的效果较好。调零的理想要求是使液柱高度处于标尺零值刻线的中心。若液柱不在零值刻线上，可移动零位调节部件或加、减液柱高度的办法来达到调准零值的目的。如果调整零点示位误差，则在全部计量过程中带来系统误差。

（7）仪器与产生压强源之间的连接管，最好是软管，注意软管的强度，不要因受压而膨胀，减压而收缩，测量负压的软管最好是真空管。无论是测量正压还是负压的连接管，在极限压强作用下，都不应有变形现象发生。

（8）防止汞溢出于仪器之外。为了防止汞因突然加压过大而冲出仪器外面，可用软管套在通大气的玻璃管上，另一端放在盛水的容器内。这样可使冲出的水银盛在有水的容器内，以免流失，造成实验室的汞污染。

（9）注意杯形液体压强计的刻度标尺是否作了容器截面比值的修正。如未作修正，应附有玻璃管与大杯容器截面比值的数据证书。根据截面比值对各点示值按公式 $h = h'(1+k)$ 进行修正。当测量管损坏或其他原因需要更换时，要注意新管的内径最好与原管一样。若不一样时，对容器截面比值应重新计算，以免造成误差。

（10）检定或使用旧制单位的一、二、三等标准液体压强计时，应进行温度、重力加速度和传压气柱高度差的修正；采用法定单位 Pa 的新制仪器，因无国家或行业标准，需要修正的参数及修正方法视生产厂的产品说明书而定。

（11）标准仪器与工作用仪器检定与使用的环境温度为：

一等标准器：20℃±2℃，温度波动不超过±0.5℃。

二等标准器：20℃±5℃，温度波动不超过±1℃。

三等标准器：20℃±10℃，温度波动不超过±5℃。

工作用仪器：检定温度 20℃±10℃，温度波动不超过±5℃。

（12）被测介质不能与仪器工作液体混合或起化学反应。当被测介质与水或汞发生反应时，应更换其他工作液体或采用加隔离液的方法。常用的隔离液见表 3.2。

（13）仪器应定期清洗，定期更换工作液体，定期检定。检定周期一般为两年，检定合格后方可使用。

（14）仪器使用完毕后，应将压强或负压强全部消除，使其处于正常状态。仪器内能通大气的管子应加防尘罩或堵塞，以免液面氧化或脏污。仪器暂时不用时，应用仪器罩盖上，防止灰尘侵入仪器内。

（15）液柱式压强计在使用中的常见故障及处理方法见表 3.3。

表 3.2　　　　　　　　　　　常 用 的 隔 离 液

测量介质	隔离液	测量介质	隔离液
氯气	98％浓硫酸或氟油、全氟三丁胺	氨水、水煤气、醋酸、硫	变压器油
氯化氢	煤油	苛性钠	磷酸三甲酚酯
硝酸	五氯乙烷	氧气	甘油、水
三氯氢硅	石蜡液	重油	水
氨氧化气	稀硝酸		

表 3.3　　　　　　　　液柱式压强计在使用中的常见故障及处理方法

故障现象	原　因	处 理 方 法
仪表指示不正常，小于或反映不出被测介质的变化	1. 引压管密封不良，有渗漏现象； 2. 测量管连接处不密封； 3. 容器底部有浮游渣滓	1. 检查管线找出泄漏处，加以消除； 2. 选择内径略小于玻璃管外径的塑料管或扎牢； 3. 拆卸底部，取出残渣

续表

故障现象	原　因	处　理　方　法
仪表无指示	1. 引压管堵塞； 2. 露于大气一端的通口堵塞； 3. 容器底部接头堵塞； 4. 容器与测量管连接的塑料管或测量管与引压塑料管因弯折而堵塞	1. 逐段检查引压管堵塞处，并加以疏通； 2. 排出通口处的堵塞物； 3. 切断引压管，拆开容器吹洗接头； 4. 调整塑料管的长度，放大曲率半径，固定好或选用厚壁塑料管； 5. 更换密封垫片
测量管接头连接处渗水	1. 塑料管老化； 2. 连接用的塑料管内径太大	1. 更换塑料管； 2. 选用内径小于玻璃管外径的塑料管
刻度不清晰	工作液体或测量管脏	1. 清洗工作液体或测量管； 2. 清洗大容器、测量管、更换工作液体

3.2.3　压强传感器

在许多实际问题中，压强往往不是一个恒定的数值，它是一个随时间而变化的动态量，例如，心脏的收缩与舒张会发出周期性的压强脉搏波，即随着心室的运动在不同的瞬间压强有不同的数值；又如发动机汽缸内的压强是随着活塞的运动而变化的。以上两例中的压强随时间的变化都是周期性的。另外还有非周期性的动态压强，例如，激波管破膜后产生的压强阶跃、压强波在管道内传输时的反射。而发动机喘振后产生的压强脉动更是一种随机的动态压强。要测量这些随时间而变化的压强，就不能用前面所介绍的那几种压强计了，而必须采用压强传感器。

压强传感器是一种将压强信号转变成电信号的传感器，主要分为静态和动态压强传感器两种。

多数压强传感器采用弹性元件（弹性膜片、薄壁圆筒等）来感受压强，把压强转换成电信号的方式很多，可以按照需要和可能来加以选择。这种电信号经放大器放大后输入显示器（示波器）或记录系统（光线示波器、磁带记录仪、记忆示波器等），将波形显示或记录下来，以便进行分析处理，或者通过 A/D 转换把信号转换成数字量输入到计算机进行处理，直接得到所需的结果。如果配以压强扫描阀（图 3.10 为机械式压强扫描阀），还可以对多点压强进行自动巡回检测。

测试时，如果条件许可，最好把压强传感器直接安装在待测点上，必须使用传压管道时，应该注意到传压管的长短和管径的大小对动态压强测试的影响，传压管道要尽可能短而粗。

压强传感器的种类很多，有电感式、电容式、电阻应变片式、压电式、压阻式和光纤式等。有关原理介绍见第 2 章的 2.1.5 节。高频以压电式压强传感器为主；低频静态以压阻硅、应变式压强传感器为主。动态压强传感器主要应用于爆炸物理、风洞试验、自由场压力测量领域；静态压强传感器主要应用于安全控制、生产过程控制等领域。

图 3.10　机械式压强扫描阀

3.3　流速和流向的量测

3.3.1　毕托管

　　图 3.11（a）为常用的毕托管（L 形速度探针）的结构图，图 3.11（b）为其实物图。探针端部有总压孔对准气流来流的方向，即可感受到流体总压 p_0，通过针内的管路将此压力引至压力计测量。探针侧面有 2～4 个静压孔均匀分布在圆周上，孔与来流方向垂直，故而只感受到流体的静压 p_s，由另一根管路将它引至压力计测量。

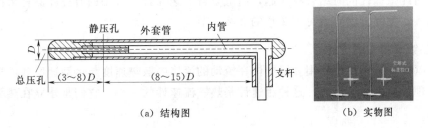

（a）结构图　　　　　　　　　　　　　（b）实物图

图 3.11　毕托管

　　对于低速流动（气体可近似地认为是不可压缩的），根据伯努利方程式可确定速度探针所在位置的流速 v 应为

$$v = \sqrt{\frac{2}{\rho}(p_0 - p_s)k} \tag{3.7}$$

式中：ρ 为流体密度；k 为探针的校正系数，其值一般在 0.98～1.05 范围内，在已知速度的气流中校正或经标准皮托管校正而确定。

　　对于亚声速流动，以下关系式成立：

$$p_0 = p_s \left(1 + \frac{\gamma - 1}{2} Ma_\infty^2\right)^{\frac{1}{\gamma - 1}} \tag{3.8}$$

$$v_\infty = Ma_\infty c_\infty \tag{3.9}$$

$$c_\infty = \sqrt{\gamma R T_\infty} \tag{3.10}$$

式中：Ma_∞、c_∞、T_∞ 分别为来流的马赫数、声速、温度；γ 为比热比；R 为气体常数。

通过测压计测出总压 p_0 和静压 p_s，利用测温仪器测出来流的温度 T_∞，于是流速 V_∞ 即可根据式（3.9）和式（3.10）求出。

对于超声速流动，在皮托管头部会产生离体激波，故以下关系成立：

$$p_{20} = p_s \left(\frac{\gamma+1}{2}\right)^{\frac{\gamma+1}{\gamma-1}} \frac{Ma_\infty^{\frac{2\gamma}{\gamma-1}}}{\left(\gamma Ma_\infty^2 - \frac{\gamma-1}{2}\right)^{\frac{1}{\gamma-1}}} \tag{3.11}$$

式中：p_{20} 是激波后驻点处的总压，进一步可求出流速 V_∞。

激波是运动气体中的强压缩波。在超声速运动时，由于微扰动（如弱压缩波）的叠加而形成的强间断，带有很强的非线性效应。经过激波，气体的压强、密度、温度都会突然升高，流速则突然下降。

亚声速流动与超声速流动的不同点为：

（1）在定常流动中，流速 V 与流管横截面积 A 的关系不同。

（2）当物体在静止气体中运动时，如果运动速度低于声速，则它对气体的扰动可传播到全流场；当运动速度超过声速时，扰动的范围是有限的。

在高亚声速流动和超声速流动情形中，由于存在着多种干扰因素，利用静压管测静压并不准确。这时常常改用其他方法测量静压。

在流体力学试验中有时不但要测量流速，而且还要测定流动方向。这时可以把总压、静压和方向测量探针同时结合在一起，组成复合测速探针。常用的有三孔圆柱形探针、五孔球形探针。此部分内容参见第 2 章的 2.2.1 节。

3.3.2　热线（膜）风速计

热线（膜）风速计是利用高温物体在流动的流体中散热速度与运动速度和流体密度有关这一物理效应来测量流速，这种流速计是热敏流速计的一种。它们是建立在热平衡原理基础上的。

热线（膜）风速仪的优点是：

（1）体积小，对流场干扰小。

（2）频率响应高，可达 1 MHz。

（3）测量精度高，重复性好；它能够测量极低的风速。这个特性对于测量边界层、速度场和气象参数非常有用。

（4）适用范围广。不仅可用于气体也可用于液体，在气体的亚声速、跨声速和超声速流动中均可使用；可以测量平均速度，也可测量脉动值和湍流量；还可以测量多个方向的速度分量。

热线（膜）风速仪的缺点是：探头对流场有一定干扰，热线容易断裂。

1. 基本原理

热线风速计（hot wire anemometer，HWA）发明于 20 世纪 20 年代。其基本原理是利用散热率法测量流速，将发热的测速传感器置于被测流体中，利用发热的测速传感器的散热率与流体流速成正比的特点，通过测定传感器的散热率来获得流体的流速。即将一根细的金属丝放在流体中，通电流加热金属丝，使其温度高于流体的温度，因此将金属丝称为"热线"。当流体沿垂直方向流过金属丝时，将带走金属丝的一部分热量，使金属丝温度下降。根据强迫对流热交换理论，可导出热线散失的热量 Q 与流体的速度 v 之间存在的关系式：

$$Q=RI^2=\Delta T\ (A+B\sqrt{v}) \tag{3.12}$$

式中：R、I 分别为热线的电阻和流过的电流强度；ΔT 为热线与流体的温度差；A、B 为与流体和热线有关的物理常数。

上式称为金（L. V. King, 1914）公式。

考虑到热线材料的电阻温度特性，式（3.12）可化为

$$U^2=A'+B'\sqrt{v} \tag{3.13}$$

式中：U 为热线的输出电压；A'、B' 为与热线的电阻温度系数有关的物理常数，由实验确定。这样通过测量热线两端的电压可确定流速。

加热电路有恒温式和恒流式两种。如果设法使热线（膜）的温度保持不变，此时热线（膜）的电阻也保持不变，这样流体的流速只与流过热线（膜）的电流有确定的关系。测出该电流，就间接测量出流体的流速，按这一方式工作的热线风速计称为恒温式热线风速计。通过热线（膜）的电流与热线（膜）两端电压有相关关系，也可以测量这个电压来确定相应的电流。由于恒温式热线（膜）流速计热滞后效应小、动态响应宽、热丝没有过载烧毁危险，绝大多数热线（膜）流速计都是恒温式的。

如果通过热线（膜）的电流保持不变，流速的变化使热对流交换的热量变化，破坏了热线（膜）的热平衡，引起热线（膜）的温度变化，其电阻也随之变化，测出热线（膜）电阻的变化，即可测量流速的变化。按这种方式工作的热线（膜）流速计称为恒流式热线（膜）流速计。

2. 热线（膜）探头的结构

（1）热线探头。热线探头是用一根很细的热线（材料为铂、钨或铂铑合金等熔点高、延展性好的金属）丝作为探头的感受元件，热线两端焊在不锈钢叉杆的叉尖上，在叉杆的另一端焊出引线。叉杆装入保护套中，并在其间充填绝缘材料（如陶瓷、尼龙等）构成热线探头，如图 3.12 所示。常用的丝直径为 $2.5\sim5\mu m$，长为 2mm；最小的探头直径仅 $1\mu m$，长为 0.2mm，一般长度直径比在 $100\sim500$ 之间。

热线材料的要求：电阻温度系数要高；机械强度要好；电阻率要大；热传导率要小；最大可用温度要高。如：铂丝、钨丝等。

根据不同的用途，热线探头还做成双丝、三丝、斜丝及 V 形、X 形等。要求金属丝和叉尖紧密焊在一起。金属丝不能张得太紧，以避免内应力，又不能张得太松，以防随流体摆动而增加测量误差。

可以由多根热线组合成多线阵列探头，如两根热线组成的 V 形探头用于二元流动中速度大小和方向的测量，而由三根热线组成的叉形棱锥形探头用于三元流动的测定。

热线探头的优点是价格便宜、频率响应高；缺点是十分娇弱，极易损坏，特别在流速高和流体不是气体的场合。

（2）热膜探头。为了增加强度，有时用金属膜代替金属丝，通常在一个热绝缘的基体

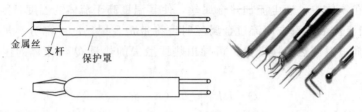

图 3.12　热线探头

上喷镀一层薄金属膜，称为热膜探头。

　　热膜探头是在衬底上喷上一层很薄的金属膜作为感受元件，衬底通常为石英或硅硼玻璃做成的圆柱体，锥形头圆柱体或圆锥形头圆柱体，后两种具有不易聚集尘埃微粒的优点。金属膜材料大多用铂，其厚度约为 $0.1\sim1\mu m$。铂有较好的抗氧化能力，可以长时间地保持稳定。铂的强度较低，由于有衬底的支撑，热膜探针仍有较高的机械强度。为了保

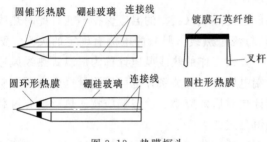

图 3.13　热膜探头

护金属膜，利用专门的技术在热膜的外表面涂上一层厚度约为 $1\mu m$ 的绝缘层，为了控制感受元件的长度，热膜两端有电镀层（图 3.13）。热膜感受元件的典型尺寸为 $0.025mm$，比热线尺寸要大得多。

　　热膜探头的优点是机械强度高，受震动的影响小，不存在内应力问题，可以用于气体和液体的流动测量，还可用于高速流动的测量。热膜的阻值可以由控制热膜厚度来调节，容易和放大器等电路做到阻抗匹配，因而信噪比较高。表面有绝缘涂层，能避免探针和流体之间导电作用，因此可用在某些导电流体和被污染的流体中。

　　热膜探头的缺点是热膜和衬底间接触面较大，影响频率响应的因素多，热滞后较大，频率响应范围窄，通常高频上限仅为 $100kHz$ 左右。热膜制造工艺复杂、厚度难以均匀控制，损坏后难于修复，造价高，工作温度低，通常只能比环境温度高 20℃ 左右，过高会使热膜表面产生气泡，影响正常工作。

　　圆柱形热膜探头的发展消除了一些热膜探头的缺点，这种探头的典型直径约为 $50\mu m$，远比热线粗，但由于圆柱衬底的热传导率很低，因而可以降低其直径长度比，使其仍有较高的空间分辨率，有效避免流体中的细粒子折断和碰伤探头。由于刚性较好，可以有效地张紧，在用于多敏感元件探头（如 X 探头）测量角度灵敏度时具有较好的可重复性。特别是圆柱形探头的圆柱衬底可以做成中空的，使冷却水从中流过进行冷却，因而可用于测量高温流体的流动速度。其缺点是圆柱形敏感元件直径较大，本身产生湍流，限制了在低湍流流动中的使用。

　　3. 热线探针的校正

　　在实际使用中，对每支热线（膜）探针必须作校正。因为探针的特性是随探头尺寸，金属材料的不同而异的，它也依赖于制造工艺，即使制造工艺相同，尺寸和材料也相同，探针的特性也不可能完全相同。探针的性能与流体的温度、密度等物性有关，还与测量系

统条件（污染情况、速度范围等）有关。此外，探针是和电子仪器结合使用的，因此真正的响应关系应该是体现在电子仪器的输出电压 U 和流速 v 之间的。所以，对每支探针，为了获得其精确的响应关系，就必须随仪器一起标定，并且应在测量过程中多次校正。热线探针应在被测的同种流体内进行校正，标定的速度范围也应包含被测速度范围。

静态校正比较简单，校正实验可在风洞、水洞或射流喷嘴中进行。校正时探针不动，流体产生给定的已知速度，在不同速度下，将热线探针垂直于流动方向旋转，其输出信号可用数字式电压表读数或用示波器记录。

对热线（膜）探针进行动态校正要比静态校正困难很多，因为要产生一个频率连续可调的标准脉动流动速度，实际上很难办到（要建立一个正弦型或阶跃型的脉动流场是困难的），现在所采用的均是具有一定近似程度的校正方法，如热线振动法、旋转尾迹法和电压试验法等。这里仅介绍热线振动法。

利用热线探针测量脉动流动时，随着速度脉动频率的增加，由于热惯性导致热线所响应的脉动速度的振幅减小，相位角差增大。但是存在着一个极限频率，当脉动速度的频率低于该极限频率时，由热线所测量的脉动速度的振幅与频率无关。即在这一频率范围内，可以利用静态校正结果确定脉动速度的大小。动态校正的目的就是用实验方法确定这个极限频率，然后用静态校正特性来标定动态测量时的脉动速度值的频率响应。

4. 热线风速计的主要用途

（1）测量平均流动速度和方向。用单丝探头转动方向，当输出信号最大时表示该方向与来流方向垂直。也可采用两两正交的三丝探头，根据每一根丝输出的信号大小，计算来流的平均速度和方向角。

（2）测量来流的脉动速度及其频谱。采用 V 形或 X 形探头还可直接测出脉动速度的均方值。

（3）测量湍流中的雷诺应力及两点的速度相关性、时间相关性。

（4）测量壁面切应力，通常是采用与壁面平齐放置的热膜探头来进行的，原理与热线测速相似。

（5）测量流体温度。事先测出探头电阻随流体温度的变化曲线，然后根据测得的探头电阻就可确定温度，除了测量稳态温度外，还可以测量脉动温度。

除此之外还开发出许多专业用途。图 3.14 为热线风速计进行的汽车空调调节器出口处的速度、温度分布测量。

3.3.3　激光多普勒测速仪（LDV）

激光多普勒测速仪是最先采用多普勒原理，对一维到三维流动速度和粒子浓度进行同步、无接触实时测量的世界顶尖测量仪器，采用激光作为光源，通过对照射到流动介质中的散射粒子（自然粒子或人为加入的粒子）所产生的反射光的光频率差（多普勒频差）进行处理，而得到流动的一维到三维速度场分布。激光测速的最

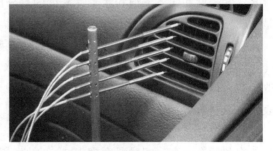

图 3.14　汽车空调调节器出口处的速度、温度分布测量

主要的优点是对流动没有任何扰动，测量的精度高，测速范围宽，而且由于多普勒频率与速度是线性关系，和该点的温度，压力没有关系，是目前世界上速度测量精度最高的仪器，它可以对以超音速、几乎静止不动或环流湍流中做反向流动的特性进行测量。图 3.15 为一款最新的激光多普勒测速仪。更为详细的介绍见第 4 章有关内容。

图 3.15　激光多普勒测速仪

3.4　气体相对湿度的测量

3.4.1　湿度简介及重要性

湿度，表示大气干燥程度的物理量。在一定的温度下，一定体积的空气里含有的水蒸气越少，则空气越干燥；水蒸气越多，则空气越潮湿。空气的干湿程度叫作"湿度"。在此意义下，常用绝对湿度、相对湿度、比较湿度、混合比、饱和差以及露点等物理量来表示；若表示在湿蒸汽中液态水分的重量占蒸汽总重量的百分比，则称之为水蒸气的湿度。

空气的温度越高，容纳水蒸气的能力就越高。干空气一般可以看作一种理想气体，但随着其中水汽成分的增高，理想性越来越低。

空气湿度是指空气潮湿的程度，可用相对湿度（φ）表示。相对湿度是指空气实际所含水蒸气密度和同温下饱和水蒸气密度的百分比值。人体在室内感觉舒适的最佳相对湿度是 $49\%\sim51\%$，相对湿度过低或过高，对人体都不适甚至有害。

湿度有三种基本形式，即水汽压、相对湿度、露点湿度。

水汽压（曾称为绝对湿度）表示空气中水蒸气部分的压强，以千帕（kPa）为单位，取小数一位；相对湿度用空气中实际水蒸气压与当时温度下的饱和水蒸气压之比的百分数表示，取整数。

相对湿度是绝对湿度与最高湿度之间的比，湿度计记录的相对湿度，它的值显示水蒸气的饱和度有多高。相对湿度为 100% 的空气是饱和的空气。相对湿度是 50% 的空气含有达到同温度空气的饱和点的一半的水蒸气。相对湿度超过 100% 的空气中水蒸气一般凝结出来。随着温度的增高，空气中可以含的水就越多，也就是说，在同样多的水蒸气的情况下，温度升高，相对湿度就会降低。因此在提供相对湿度的同时也必须提供温度的数据。通过相对湿度和温度也可以计算出露点温度。

相对湿度的计算：

$$\varphi=\frac{\rho_w}{\rho_{w.\max}}\times100\%=\frac{e}{E}\times100\%=\frac{s}{S}\times100\%$$

式中：ρ_w 为湿度，g/m^3；$\rho_{w.\max}$ 为最高湿度，g/m^3；e 为蒸汽压，Pa；E 为饱和蒸汽压，Pa；s 为比湿，g/kg；S 为最高比湿，g/kg。

露点湿度是表示空气中水蒸气含量和气压不变的条件下冷却达到饱和时的温度，单位用摄氏度（℃）表示，取小数一位。配有湿度计时还可以测定相对湿度的连续记录和最小相对湿度。

在工农业生产、气象、环保、国防、科研、航天等部门，经常需要对环境湿度进行测量及控制。对环境温、湿度的控制以及对工业材料水分值的监测与分析都已成为比较普遍的技术条件之一，但在常规的环境参数中，湿度是最难准确测量的一个参数。这是因为测量湿度要比测量温度复杂得多，温度是个独立的被测量，而湿度却受其他因素（大气压强、温度）的影响。

3.4.2 测量仪器

湿度测量仪（图 3.16）适用的领域非常广泛，适合空气、氮气、惰性气体以及任何不含腐蚀性介质的气体的湿度测量，尤其适合于 SF_6 气体的湿度测量，电力、石化、冶金、环保、科研院所等部门均可采用。

图 3.16 湿度测量仪

使用时当被测气体中的微量水分进入传感器采样室，水蒸气被吸附到传感器的微孔中，使其容抗发生变化，传感器将这种变化进行放大转换成标准线性电信号，通过微处理器加以处理，最后送到液晶屏上显示。

3.4.3 测量方法

湿度测量从原理上划分虽然有二三十种之多，但湿度测量始终是世界计量领域中著名的难题之一。一个看似简单的量值，深究起来，涉及相当复杂的物理——化学理论分析和计算，初涉者可能会忽略在湿度测量中必须注意的许多因素，因而影响传感器的合理使用。

常见的湿度测量方法有：动态法（双压法、双温法、分流法）、静态法（饱和盐法、硫酸法）、露点法、干湿球法和电子式湿度传感器法。

（1）动态法是基于热力学 P、V、T 平衡原理，平衡时间较长，其中分流法是基于绝对湿气和绝对干空气的精确混合。由于采用了现代测控手段，这些设备可以做得相当精密，却因设备复杂、昂贵，运作费时费工，主要作为标准计量之用，其测量精度可达 $\pm2\%\varphi$ 以上。

（2）静态法中的饱和盐法是湿度测量中最常见的方法，简单易行。但饱和盐法对液、气两相的平衡要求很严，对环境温度的稳定要求较高。用起来要求等很长时间去平衡，低湿点要求更长。特别在室内湿度和瓶内湿度差值较大时，每次开启都需要平衡 6～8h。

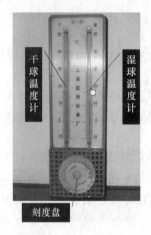

干球温度计

湿球温度计

刻度盘

图 3.17　干湿球温度计

（3）露点法是测量湿空气达到饱和时的温度，是热力学的直接结果，准确度高，测量范围宽。计量用的精密露点仪准确度可达±0.2℃甚至更高。但用现代光—电原理的冷镜式露点仪价格昂贵，常和标准湿度发生器配套使用。

（4）干湿球法是 18 世纪就发明的测湿方法，利用干湿球温度计进行量测（图 3.17），历史悠久，使用较为普遍。干湿球法是一种间接方法，它用干湿球方程换算出湿度值，而此方程是有条件的：即在湿球附近的风速必须达到 2.5m/s 以上。普通用的干湿球温度计将此条件简化了，所以其准确度只有 5%～7%RH，干湿球也不属于静态法，不要简单地认为只要提高两支温度计的测量精度就等于提高了湿度计的测量精度。

（5）电子式湿度传感器产品及湿度测量是 20 世纪 90 年代兴起的行业，近年来，国内外在湿度传感器研发领域取得了长足进步。湿敏传感器正从简单的湿敏元件向集成化、智能化、多参数检测的方向迅速发展，为开发新一代湿度测控系统创造了有利条件，也将湿度测量技术提高到新的水平。

3.5　气体流量的量测

单位时间内流过某一截面的流体的量为流量。流量有体积流量 Q_v（m^3/s）和质量流量 Q_m（kg/s），它们分别表示单位时间内流过流体的体积和质量，两者之间的关系为

$$Q_m = \rho Q_v$$

流量也可分为瞬时流量和平均流量，本节将介绍常用流量测量设备和方法。

3.5.1　流量计分类

1. 按测量原理分类

（1）力学原理：属于此类原理的流量计有利用伯努利定理的差压式、转子式；利用动量定理的冲量式、可动管式；利用牛顿第二定律的直接质量式；利用流体动量原理的靶式；利用角动量定理的涡轮式；利用流体振荡原理的漩涡式、涡街式；利用总静压力差的皮托管式以及容积式等。

（2）电学原理：用于此类原理的流量计有电磁式、差动电容式、电感式、应变电阻式等。

（3）声学原理：利用声学原理进行流量测量的流量计有超声波式、声学式（冲击波式）等。

（4）热学原理：利用热学原理测量流量的流量计有热量式、直接量热式、间接量热式等。

（5）光学原理：激光式、光电式等是属于此类原理的流量计。

（6）原于物理原理：核磁共振式、核辐射式等是属于此类原理的流量计。

（7）其他原理：有利用标记原理（示踪原理、核磁共振原理）、相关原理等的流量计。

2．按结构原理分类

（1）容积式流量计（图 3.18）。容积式流量计相当于一个标准容积的容器，它连续不断地对流动介质进行度量。流量越大，度量的次数越多，输出的频率越高。容积式流量计的原理比较简单，适于测量高黏度、低雷诺数的流体。根据回转体形状不同，目前生产的产品分为：适于测量液体流量的椭圆齿轮流量计、腰轮流量计（罗茨流量计）、旋转活塞和刮板式流量计，适于测量气体流量的伺服式容积流量计、皮膜式和转子流量计等。

图 3.18 容积式流量计

图 3.19 叶轮式流量计

（2）叶轮式流量计（图 3.19）。叶轮式流量计的工作原理是将叶轮置于被测流体中，受流体流动的冲击而旋转，以叶轮旋转的快慢来反映流量的大小。典型的叶轮式流量计是水表和涡轮流量计，其结构可以是机械传动输出式或电脉冲输出式。一般机械式传动输出的水表准确度较低，误差约±2％，但结构简单，造价低，国内已批量生产，并标准化、通用化和系列化。电脉冲信号输出的涡轮流量计的准确度较高，一般误差为±（0.2％～0.5％）。

（3）差压式流量计（变压降式流量计）。差压式流量计由一次装置和二次装置组成。一次装置称流量测量元件，它安装在被测流体的管道中，产生与流量（流速）成比例的压力差，供二次装置进行流量显示。二次装置是显示仪表，它接收测量元件产生的差压信号，并将其转换为相应的流量进行显示。差压流量计的一次装置常为节流装置或动压测定装置（皮托管、均速管等），二次装置为各种机械、电子、机电一体式差压计，差压变送器和流量显示及计算仪表。它已发展为三化（系列化、通用化及标准化）程度很高的种类规格庞杂的一大类仪表。差压计的差压敏感元件多为弹性元件。由于差压和流量呈平方根关系，故流量显示仪表都配有开平方装置，以使流量刻度线性化。多数仪表还设有流量计算装置，以显示累积流量，以便经济核算。这种利用差压测量流量的方法历史悠久，比较成熟，世界各国一般都用在比较重要的场合，约占各种流量测量方式的70％。

（4）变面积式流量计（等压降式流量计）。放在上大下小的锥形流道中的浮子受到自下而上流动的流体的作用力而移动。当此作用力与浮子的"显示重量"（浮子本身的重量减去它所受流体的浮力）相平衡时，浮子即静止。浮子静止的高度可作为流量大小的量度。由于流量计的通流截面积随浮子高度不同而异，而浮子稳定不动时上下部分的压力差相等，因此该型流量计称变面积式流量计或等压降式流量计。该式流量计的典型仪表是转子（浮子）流量计（图 3.20）。

图 3.20 转子（浮子）流量计

（5）动量式流量计。利用测量流体的动量来反映流量大小的

流量计称动量式流量计。这种型式的流量计大多利用检测元件把动量转换为压力、位移或力等，然后测量流量。这种流量计的典型代表是靶式流量计（图 3.21）和转动翼板式流量计。

（6）电磁流量计（图 3.22）。电磁流量计是应用导电体在磁场中运动产生感应电动势，而感应电动势又和流量大小成正比，通过测电动势来反映管道流量的原理而制成的。其测量精度和灵敏度都较高。工业上多用于测量水、矿浆等介质的流量。可测最大管径达 2m，而且压损极小。但导电率低的介质，如气体、蒸汽等则不能应用。电磁流量计造价较高，且信号易受外磁场干扰，影响了在工业管流测量中的广泛应用。为此，产品在不断改进更新，向微机化发展。

（7）超声波流量计（图 3.23）。超声波流量计是基于超声波在流动介质中传播的速度等于被测介质的平均流速和声波本身速度的几何和的原理而设计的。它也是通过测流速来反映流量大小的。超声波流量计虽然在 20 世纪 70 年代才出现，但由于它可以制成非接触型式，并可与超声波水位计联动进行开口流量测量，对流体又不产生扰动和阻力，所以很受欢迎，是一种很有发展前途的流量计。它又可分为多普勒式超声波流量计和时差式超声波流量计。

图 3.21　靶式流量计　　图 3.22　电磁流量计　　图 3.23　超声波流量计　　图 3.24　旋进涡街流量计

（8）流体振荡式流量计。流体振荡式流量计是利用流体在特定流动条件下将产生振荡，且振荡的频率与流速成比例这一原理设计的。当通流截面一定时，流速与导容积流量成正比。因此，测量振荡频率即可测得流量。这种流量计是 20 世纪 70 年代开发和发展起来的，由于它兼有无转动部件和脉冲数字输出的优点，很有发展前途。目前典型的产品有涡街流量计、旋进漩涡流量计（图 3.24）。

（9）质量流量计（图 3.25）。由于流体的容积受温度、压力等参数的影响，用容积流量表示流量大小时需给出介质的参数。在介质参数不断变化的情况下，往往难以达到这一要求，而造成仪表显示值失真。因此，质量流量计就得到广泛的应用和重视。质量流量计分直接式和间接式两种，直接式质量流量计利用与质量流量直接有关的原理进行测量，目前常用的有量热式、角动量式、振动陀螺式、马格努斯效应式和科里奥利力式等质量流量计；间接式质量流量计是由密度计测得介质密度，容积流量计测得流量，后推求得质量流量。

图 3.25　质量流量计

3.5.2　气体流量的量测

1. 音速流量计

由气体力学知识得知，在拉瓦尔喷管的喉道截面上流体达到音速后，通过的流量不再受下游反压的影响，而只决定于上游的滞止压力、滞止温度以及喉道的截面积。对空气来说，流量的计算公式为

$$Q_m = 0.04042 \frac{p_0}{\sqrt{T_0}} A_*$$

式中：p_0、T_0 分别为喷嘴前的总压和总温；A_* 为喷嘴截面积。

上式成立的先决条件是要在 A_* 上达到音速。

上式是计算理想流体流量的公式，求实际流体的流量时还应乘上修正系数 C，C 与雷诺数 Re 有关：

当 $2.5 \times 10^3 \leqslant Re \leqslant 10^6$ 时，$C = 1 - 3.59\, Re^{-0.44}$；

当 $10^6 \leqslant Re \leqslant 10^7$ 时，$C = 0.9975 - 0.0649\, Re^{-0.76}$。

Re 数的特征长度取为喷嘴的直径。

2. 进口集流器测流量

在实验中，为了使气流稳定平顺的流入风洞，进口处往往装有集流器，这样可以通过测定集流器处的静压来确定气体通过风洞的流量，如图 3.26 所示。若进气管面积为 A，考虑集流器的形状及表面粗糙度等影响，以流量系数 α 和膨胀系数 ε 加以修正，其值取决于雷诺数。则风洞进口通过的气体流量为

$$Q = A\alpha\varepsilon(2p/\rho)^{1/2}$$

式中：p 为集流器的静压测定值，利用测流量，测试操作比较简单，但要注意集流器进口与四周固体边界要保持适当距离，保持自然通风。《工业通风　用标准化风道性能试验》（GB/T 1236—2017）中规定：标准化试验集流器只采用锥形。

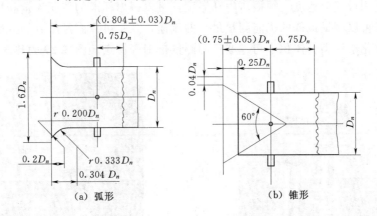

图 3.26　进口集流器

3. 涡轮流量计

进入仪表的被测气体，首先通过一个装在流量计壳体内的整流器，它不但能调整速度分布剖面，而且还能使气体流速增大，此后气体继续沿流动通道流动并使涡轮旋转。涡轮

图 3.27　气体涡轮流量计

的角速度与经过流量计气体的平均流速成正比，通过齿轮组传动和磁性耦合联动装置驱动流量计壳体上部的计数器显示工作状况下被测气体的体积量。

气体涡轮流量计（图 3.27）适用于测量各种燃气及工业领域中的各种单相气体，如天然气、丙烷、丁烷、乙烯、空气、氮气等。具有仪表精度高、重复性好、安装使用方便等特点，广泛应用于石油、化工、城市燃气、冶金、矿山等部门。

4. 涡街流量计

涡街流量计的测量原理为流体旋涡卡门现象，当流动介质经过障碍物时，流体中就会产生旋涡，而旋涡的产生频率是与流体的流速有一定关系的。流体中产生的旋涡可以通过超声波探测的，即使是低速的流体，其产生的旋涡也能被探测的。因此，比起其他测量手段，这种方法可以获得更高的探测精度。超声波发射器发射的超声波会受到旋涡的影响而改变，然后被超声波接收器接收到，旋涡产生的频率可以通过计算处理超声波的变化而得到。

利用旋涡进行流体流速测量的方法有一个很大的优点，就是测量结果与被测量流体的浓度、压强和温度没有任何关系，主要是因为测量装置不与流体直接接触。涡街流量计无可移动部件，即使在很恶劣的情况下，这种流量计也能表现出显著的耐久度、极好的可重复性、长时期的稳定性，还有过载保护功能。同种流量计的器件可以通用，而且测量本身没有测量惯性。流量计和相应的电子处理元件之间的电缆可以调节至数百米长。图 3.28 为涡街流量传感器。

5. 热式流量计

两个在气体中的电加热体，由于气体的流速不同，电加热体的热传输不同，热式气体流量计主要是测量气流速度，根据压力和温度，可以得出标准的体积流量和质量流量。流量传感器不仅可以测量最低的也能测量最高的流速，几乎可以满足所有的工业现场应用需求。具有抵抗化学污染、体积小巧、宽广的测量范围等特点。图 3.29 为热式流量传感器。

图 3.28　涡街流量传感器

图 3.29　热式流量传感器

6. 弯管流量计

弯管流量计属于差压式流量测量系统，是利用流体离心力原理测量管道内介质流量的仪表，可用于测量气体（焦炉煤气、高炉煤气等干湿气体）、蒸汽、液体等各种介质。

　　弯管流量计由传感器、转换器压差变送器及一些管道阀门组成，当流量测量需要温度、压力补偿时，还应配备压力变送器和温度变送器。

　　弯管流量计测量范围宽，重现性精度高，无附加压力损失，现场免维护，运行费用低，可实现温压实时补偿。图 3.30 为 MLW－2000 系列弯管流量计。

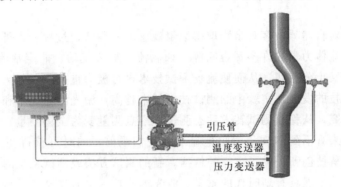

图 3.30　MLW－2000 系列弯管流量计

第4章　流体要素现代量测技术

测量是人类对自然界中客观事物取得数量观念的一种认识过程，人类的许多知识是依靠测量得到的。流体力学的许多疑难问题，如湍流、复杂流动、非定常流动等了解甚少，而许多工程应用又十分迫切，从而使流场测试技术显得极为重要。

随着现代科技的发展，实验中的测试技术越来越高，激光测速技术和流场显示技术的应用，使实验研究，从稳态测试转入动态测试，逐点测量变为全场测量。现代化的测试技术的应用，使原来看不到的现象清晰地显示在我们眼前，同时可获得物理过程的多种信息，为众多领域科技创新提供了可靠的依据。新的测试方法或测试系统的研究成功，往往对推动工程领域的发展具有划时代的意义。激光测速技术、激光全息干涉技术、激光散斑技术、激光诱导荧光技术、探测器技术、红外技术、高速成像技术和信息处理等技术的推广应用使工程领域的研究发生了巨大的变革。

工程技术的发展对测试技术提出了越来越高的要求，为了达到这些要求，必须将最新的实验技术及时地引进测试技术研究中。测试技术的研究也必将促进许多基础研究领域的发展。例如，定量的、实时的、三维流动显示技术的研究必将促进有关许多基础研究领域的发展，这种理论研究与实验技术的结合、多学科之间的相互交叉与渗透是推动与发展新技术的必要途径和基础。

4.1　激光多普勒测速技术

激光多普勒测速技术（Laser Doppler Velocimetry，LDV）是用激光作光源，其基本原理是将激光束穿透流体照射在随流体一起运动的微粒上，检测微粒散射光的频率，根据光学多普勒效应确定微粒（即流体）的速度。按多普勒效应，当光源照射到运动物体上时，若物体与光源之间存在相对运动，物体散射光的频率与光源发出的频率不同，称为多普勒频移，其频移量与相对运动速度有关。

激光多普勒测速仪（Laser Doppler Anemometry，LDA）自20世纪60年代首次应用以来，得到迅速发展和广泛应用，是流体流动测量的重要手段之一。激光多普勒测速仪（图4.1）具有以下特点：

（1）非接触式测量。激光束的交点就是被测量点，测量对流场没有干扰，这是激光测速计的最大优点。

（2）空间分辨率高。由于激光束很细，故激光测速可测量直径$10\mu m$、深度$100\mu m$的小部位的流速，因而非常适用于边界层、薄层流动等场合的测量。

（3）动态响应快。速度信号以光速传播，惯性极小，因而是研究湍流、测量瞬时脉动流速的较为理想的仪器。

（4）测量精度高。激光测速与流体的
其他特性（如温度、压力、密度、黏度）基
本无关，测量精度可达 $0.1\% \sim 1\%$，因此可
用于校正其他测速仪器。它还有很大的测速
范围，从 0.007cm/s 到 10^6m/s 均可测量，
既可测蠕动流，也可测超声速流动。

（5）方向敏感性好。如在激光测速计
上装有光束移位机构，当它旋转时（测点
位置不变）就可测量任意方向上的速度
分量。

图 4.1　激光多普勒测速仪（LDA）

4.1.1　激光及激光器

激光：激光是等频等幅振荡的单色光，是单色性很好的光源，其频率单一、能量集
中，具有很好的相干性，是作为多普勒测速理想的光源，用激光作光源的多普勒测速计称
为激光多普勒测速计。

激光器：激光器是 20 世纪伟大的发明之一，靠受激辐射光放大原理运行。不同激光器
的振荡模式不同，在激光束的横切面上有不同的分布（横模），在激光长度方向上有不同波
数（纵模）。测量中使用基横模为单相模的激光器，其光束是圆对称的高斯剖面。常用的连
续波激光器类型有：氦—氖、氦—镉、氦—硒、氩离子激光器等，功率从 1MW 到 5W。

多普勒效应：任何形式波传播过程中，由于波源、接收器、传播介质、中间反射器或
散射体的相对运动，都会使其频率发生变化。1892 年，多普勒首先研究了这种物理现象，
因此称为多普勒效应，频率的变化称为多普勒频移。利用多普勒效应做成的测速计称为多
普勒测速计。

4.1.2　多普勒测速原理

激光多普勒测速计测得的是悬浮在流体中随流体一同运动的散射粒子的速度，而不是
流体本身的速度。

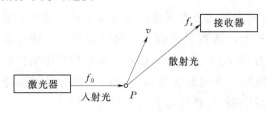

图 4.2　多普勒频移示意图

图 4.2 为多普勒频移示意图，设固定激
光器发出的入射光（单色光）频率为 f_0 的
激光束照射到随流体一起运动的微粒 P 上，
微粒成为一个散射中心。由于微粒与光源存
在相对速度 v，微粒散射光与入射光发生第
一次频移。若用固定的光接收器接收微粒散
射光，由于微粒与接收器之间存在相对速度

$-v$，接收器接收到的频率 f_s 是微粒散射光发生第二次频移后的频率。从入射光到接收
器接收到的散射光之间的总频移：

$$f_D = f_0 - f_s$$

称为多普勒频移。多普勒频移与微粒速度存在比例关系：

$$v = k f_D \qquad\qquad (4.1)$$

式中：k 为由测速仪光学系统和微粒运动方向决定的常数。

由式（4.1）可知，用激光多普勒测速计测量流体速度的关键在于检测多普勒频移及确定比例常数 k。检测多普勒频移通常有两种方法：在亚声速流场中用光学外差法，在超声速流场中用扫描干涉法。光学外差法的基本原理是将微粒的散射光束与来自同一激光源的未发生多普勒频移的参考光束进行混频（称为参考光束型），或将来自同一光源的二束激光按不同入射角聚焦到微粒上，产生同方向的两束散射光进行混频（称为差动型），然后用具有非线性响应的光检测器检测频移，用信号处理器处理后得出流动速度。为了判别流动的正反方向，可在参考光束或两束光束或两束散射光中的一束上预置一个频移量 f_b（如通过声光器件布喇格盒或电光器件克尔盒等），根据光检测器输出频率大于或小于 f_b 来判别流向。

扫描干涉法是用分辨光波波长的方法来检测多普勒频移的，基本原理是让微粒散射光在一特制的平行板干涉仪内往复反射，加大与入射光的相位差，部分光线透过一半反射镜聚焦后形成环形干涉条纹。条纹的亮度变化与平行板间隙和散射光波长有关，用光电倍增管检测干涉条纹的亮度，从而确定具有多普勒频移的散射光的波长，再通过信号处理器确定流体速度。

4.1.3 装置与性能

常用的激光测速计的光路系统分为前向散射接收式和后向散射接收式两种。激光源与光检测器分别位于工作段的两侧时称为前向接收式，位于同一侧时称为后向接收式。两种方式的工作原理相同，差别在于接收器位置不同。后向接收式结构紧凑、调节方便，但散射光的强度远小于前向接收式，一般要采用大功率气体激光器作为激光源。

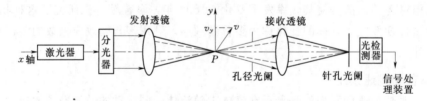

图 4.3 双散射光束前向接收式光路系统示意图

图 4.3 为双散射光束前向接收式光路系统示意图。分光器将激光器发出的激光束一分为二，发射透镜将两束光聚焦到运动的颗粒 P 上，两束光分别形成两组散射光。通过光阑和接收透镜将散射光汇聚到检测器上，光检测器将带有多普勒频移的原始信号输给信号处理器。信号处理器对干扰和噪声信号加以抑制，提取反映微粒运动的有用信号加以处理，并将处理后的电信号转换成数字信号，直接显示与微粒速度有关的各种信息。

激光多普勒测速计的性能由多种因素决定。激光器的功率直接决定信号的强度，常用的气体激光器有氦氖（He—Ne）激光器，功率一般为几毫瓦到几十毫瓦；氩离子（Ar⁺）激光器功率较强，可达几瓦。被测流体中微粒的大小和浓度也影响输出信号的强度。在液体中天然含有微粒，可满足一般测速要求，但当测量边界附近的流速或脉动流流速时仍需要加入一定浓度的微粒；测量气体流速时一般均需要加入微粒。根据被测流体的性质、流场特性及精度要求，可选择不同种类的微粒。光路系统类型、前后接收方式、散射角度等技术因素也影响输出信号的强度和性能。激光的波长、光束的粗细、聚焦性能及坐标架精度将直接影响仪器的空间分辨率。目前的激光多普勒测速仪均具有二维或三维测速功能，即可同时测量聚焦点上两个或三个坐标方向的速度分量。还有一种光导纤维激光测速仪，小型的光学探头（直径可达 $30\mu m$ 以下）接受的散射光信号通过光导纤维传入光检测器，因此测量不受光束直线传播的限制，可测量血管内的流速。

4.1.4　散射粒子

激光多普勒测速仪是依靠流体中的散射粒子散射光工作的，要求光路通道上的透明度好，因此必须用透明材料制作试验段的窗口。同时粒子对光的散射特性，如散射光的强度及其分布、散射光的相位、偏振方向等，对激光多普勒测速计的工作影响极大。

激光多普勒测速实质上测量的是流体中示踪粒子（散射粒子）的速度，所以只有当这些粒子完全跟随流体一起运动时，测出的结果才是流体的速度。因此要分析测量的误差和测量动态特性，必须讨论粒子随流体运动的跟随性。粒子的直径决定了它对流速的跟随性。要求的频响越高，允许的最大粒径就越小。在脉动速度较大的流场（如湍流）中微粒对流体的跟随性降低，但只要微粒足够小，跟随性一般可达到测量要求。如在湍流脉动频率达到1kHz时空气中直径为 $1\mu m$ 的微粒、水中直径为 $10\mu m$ 的微粒引起的跟随性误差均在1%以下。但粒径不能太小，当粒径小于 $0.1\mu m$ 时，粒子就要受布朗运动影响，也不能正确反映湍流运动，粒子的大小和浓度对激光测速也具有一定的影响。在 PIV、PDPA 系统中，对示踪粒子的形状要求是球形的或近似球形的。

4.1.5　信号的分析与处理

光检测器输出的信号，通常既有幅度和频率的调制，又有宽频带噪声，而速度信息仅由频率提供，因此，信号分析与处理的基本任务是如何从光检测器输出的信号中提取出反映流速的频率信号。

常用的多普勒信号处理方法有：频谱分析法、频率跟踪法、频率计数法、光子相关法和猝发谱分析法等。表 4.1 给出几种信号处理器的一些主要性能，以便对它们的特点有一个初步了解。

表 4.1　　　　　　几种信号处理器主要性能

方法	可否得到 v	可否接受间断信号	从噪声中提取信号能力	典型精度 /%	可测最大频率 /MHz
频谱分析仪	否	可	好（费时）	1	1000
频率跟踪器	可	差	好	0.5	50
计数型处理器	可	可	差	0.5	200
滤波器组	可	可	很好	2~5	10
光子相关器	否	可	极好	1~2	50

（1）频谱分析法。频谱分析法是多普勒信号处理中最早使用的方法。用频谱分析仪作为窄带放大器对光检测器输出的频率信号在一定频率范围进行扫描分析，得到信号频率和功率特性关系曲线，由此求得流动的统计特性，如平均速度、湍流度等，也可以由多普勒频移带宽推算湍流强度。

（2）频率跟踪法。频率跟踪法检测多普勒信号的频率变化，把瞬时频率转换成模拟电压，获得流体瞬时速度。用限幅器把不需要的调幅特性去掉，提高测量精度。这里所说的瞬时速度实际上是仪器响应时间内的平均速度，由于频率跟踪法的仪器响应时间短，因此，实际所得的模拟电压与瞬时速度成正比。

（3）频率计数法。频率计数器又名计数型信号处理器，是近年来发展较快的一种仪器，其工作原理相当于一个电子秒表，确定的是同相位点之间的时间间隔。通过信号周期的测量，逐个确定多普勒信号的频率或单个微粒的瞬时速度，每一个多普勒信号对应于一个瞬时速度。设散射微粒穿过 N 个干涉条纹所用的时间为 T，则微粒速度 u 为

$$u = Nd/T \tag{4.2}$$

式中：d 为干涉条纹间距。

（4）猝发谱分析法。一种用猝发谱分析的信号处理器，可以在背景噪声较高的条件下检出较弱的多普勒信号。这种信号处理器对于噪声有较强的抑制作用，而对于多普勒频率有较强的检测能力。利用双焦点激光测速计，除了可以用来测量速度梯度、微粒直径等流动参数外，还可用于对多相流动的测量。

4.1.6　激光多普勒测速仪的主要用途

（1）由于非接触式测量，且可同时测量一空间点上两个或三个方向的速度分量，因此适用于测量旋涡流、分离流、燃烧流及两相流等复杂流场，是用其他测速工具无法替代的有效手段。

（2）可实时测量一点速度随时间的变化（包括大小和方向），因此适用于对非定常流、脉动流中一点的持续测量，获得速度-时间波形。

（3）在定常流中逐点测量速度，可获得不同方向的速度剖面，适用于测量任意截面上的速度剖面、边界层速度剖面及壁面摩擦力等。

（4）测量湍流的时均速度、脉动速度、湍流强度、雷诺应力及功率谱等湍流参数，用两台测速仪可测量两点湍流参数的空间相关性。

（5）测量流体中粒子浓度和直径。

（6）测量流体温度等。

4.2　PIV 测 速 技 术

粒子图像测速技术（particle image velocimetry，PIV）是光学测速技术的一种，它能获得视场内某一瞬时整个流动的信息，而其他方法只能测量某一点的速度，如 LDA 等。而对于不稳定和随机流动，PIV 得到的信息是其他方法无法得到的。PIV 技术的出现和发展，解决了要同时获得整场瞬态信息和高分辨率的难题，PIV 是 20 世纪流体流动测量的重大进展，也是流动显示技术的重大进展，把传统的模拟流动显示技术推进到数字式流动显示技术。PIV 为流场的研究提供了新的实验手段，出现后得到迅速发展和推广应用。粒子图像测速技术（图 4.4）的特点为：

（1）非接触式测量，这一点与 LDA 相似。

（2）实现对非定常流场的瞬态测量，突破了 LDA 的单点测量的局限性，因此是研究

瞬态流场的主要工具。

（3）空间分辨率高。测量容积与
LDA 相仿，用显微镜头还可以更小，因
此可研究流场的空间结构。

（4）测量精度高，与 LDA 相当，精
度可达 0.1%～1%。

（5）在测量湍流流场的各种参数方面
可与热线测速计（HWA）相媲美。

图 4.4　PIV 装置

4.2.1　PIV 基本原理

PIV 测速的原理既直观又简单，它是
通过测量某时间间隔内示踪粒子移动的距离来测量粒子的平均速度。

脉冲激光束经柱面镜和球面镜组成的光学系统形成很薄的片光源（约 2mm 厚）。在

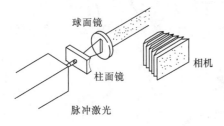

图 4.5　PIV 的成像系统示意图

时刻 t_1 用它照射流动的流体形成很薄的明亮的流动
平面，该流面内随流体一同运动的粒子散射光线，
用垂直于该流面放置的照相机记录视场内流面上粒
子的图像（图 4.5）。经一段时间间隔 Δt 的时刻 t_2
重复上述过程，得到该流面上第二张粒子图像。比
对两张照片，识别出同一粒子在两张照片上的位
置，测量出在该流面上粒子移动的距离，则 Δt 中
粒子移动的平均速度为

$$v_x = \frac{\Delta x}{\Delta t}, \quad v_y = \frac{\Delta y}{\Delta t} \tag{4.3}$$

对流面所有粒子进行识别、测量和计算，就得到整个流面上的速度分布。这就是
PIV 测速的基本工作原理（图 4.6）。平面上用来进行计算和分析的区域称为查问区或
诊断区。

PIV 是利用示踪粒子在像平面上
记录的图像进行测速的，像平面上粒
子图像与粒子散射光的模式有关，因
而与粒子浓度有关，它决定了测速模
式。根据源密度和像密度可将图像测
速技术分成两大类，即散斑模式和图
像模式。图像模式又可分为高成像密
度和低成像密度模式。

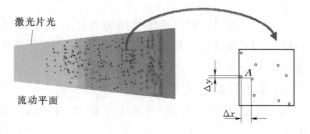

图 4.6　PIV 测速的基本原理

PIV 技术是将 Δt 中平均速度作为时刻 t 的瞬时速度，所以 Δt 应尽可能小。而测量位
移量又要求像平面上粒子图像不能重叠，有足够的位移和分辨率，因此 Δt 又不能太小，
它和测量的流速有关。一般要求粒子图像间距离要大于两倍的粒子图像直径。另外位移最
大不能超过查问区尺寸的 1/4，偏离像平面不得超出片光源厚度的 1/4。所以脉冲激光时
间间隔必须根据测量对象的流速合理的选定。

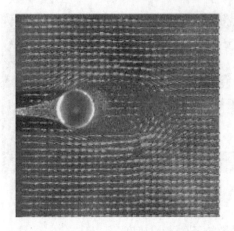

图 4.7　PIV 测量圆柱起动流场的速度矢量图

图 4.7 为用 PIV 测量到的圆柱起动流场的速度矢量图，每个箭头代表该点瞬时速度矢量，箭头大小表示速度大小，箭头方向表示速度方向。从图 4.7 中可清楚看到流场中形成的旋涡。

4.2.2　PIV 系统的组成

PIV 测速包括三个过程，即图像的拍摄、图像的分析并从中获得速度信息、速度场的显示。因此 PIV 系统的组成和部件（图 4.8）也是围绕这三个过程进行的。PIV 系统由三个子系统组成：成像子系统、分析显示子系统和同步控制子系统。

1. 成像子系统

成像子系统的任务是在流动中产生双曝光粒子图像或两个单粒子图像场。成像子系统包括激光源、片光源光学系统、记录装置等部件。

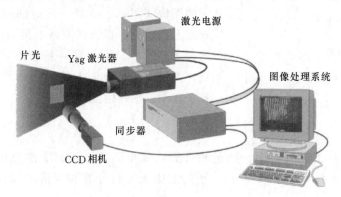

图 4.8　典型 PIV 系统的组成

（1）激光源。PIV 系统使用的激光光源有 Ar-ion 激光、Ruby 激光和 Yag 激光等。一般在 PIV 系统中采用两台 Yag 激光器，用外同步装置来分别触发激光器以产生脉冲，然后再用光学系统将这两路光脉冲合并到一处。脉冲间隔可调范围很大，从 $1\mu s$ 到 $0.1s$，因此可实现从低速到高速流动的测量。

（2）片光源光学系统。光学元件包括柱面镜和球面镜，激光束通过柱面镜后在一个方向内发散，同时球面镜用于控制片光的厚度（图 4.9）。

（3）记录装置。记录媒介有电子照相机和普通照相机两类。电子照相机包括传

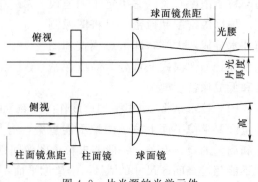

图 4.9　片光源的光学元件

统的电视摄像机、固态充电耦合装置（CCDS）和固态光电二极管阵列相机。随着高分辨率摄像机的出现，数字摄像机也具有与胶片可比较的灵敏度。并且数字摄像机处理效率高、使用方便，在 PIV 系统中广泛采用。

2. 分析显示子系统

在 PIV 系统中，数据处理是一个很重要的环节，分析显示子系统用于图像信息的处理和速度场的显示。PIV 属于高成像密度图像处理，因粒子图像较多，不能采用跟踪单个粒子轨迹的方法来获得速度信息，只能采用统计方法。对于一个高成像密度的互相关 PIV 来讲，每一个查问区内图像密度应至少要求 $N>10$。

目前一般采用互相关分析，这一分析要进行 3 次二维傅里叶变换。在查问区内，假设粒子位移是均匀的，则第二个脉冲光形成的图像可视为第一个脉冲光形成的图像经过平移后得到的，图 4.10 是 PIV 互相关分析的示意图。

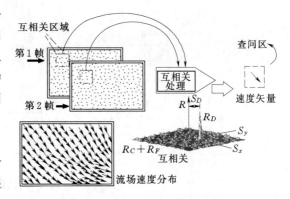

图 4.10　PIV 互相关分析的示意图

3. 同步控制子系统

同步控制子系统（图 4.11）是整个 PIV 系统的控制中心，用于图像的捕捉和激光脉冲的时序控制、脉冲间隔帧数量和实现外部触发等。

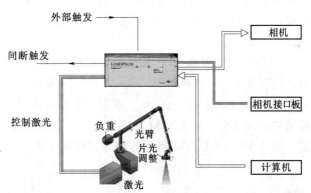

图 4.11　同步控制子系统

4.2.3　示踪粒子的选择

选择合适的示踪粒子是 PIV 测量中非常关键的问题，对粒子的要求可以总结为：粒子具有良好的跟随性和散射性及查问区内有足够多的粒子数。粒子的跟随性是指粒子跟随流体运动的能力，它取决于粒子的尺寸、密度和形状。这种能力通常用空气动力直径即具有同样沉降速度的单位密度球的直径来描述。对于散射性除了受激光功率的影响外，粒子材料（不同折射系数）和粒径也是影响散射信号的主要因素。研究发现在一定的散射强度范围内散射信号的强度和粒子直径的平方成正比。不同材料粒子的折射指数对信号质量的影响很大，通常选用相对折射系数高的材料做散射粒子，且粒子表面越光亮、散射信号质量越好。满足跟随性和散射性的条件是互相制约的，要根据具体测量对象适当选择粒径的大小。对于查问区内撒播的粒子要有一定的浓度，但也不能太多，否则图像会重叠，形成散斑。

4.2.4　PIV 应用实例——喷雾场的测量

基于 PIV 测试技术的诸多优点，使其越来越广泛地应用于工程领域的流动测量研究中。尤其是对于非定常和湍流等复杂内部流动，整场瞬态信息的获得使得这一领域的研究更加深入。以工业领域存在的喷雾流场为例说明 PIV 的测量方法。

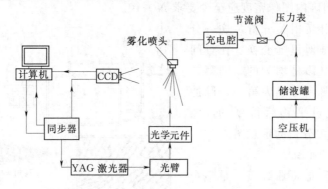

图 4.12　喷雾 PIV 实验装置示意图

图 4.12 是喷雾 PIV 实验装置示意图，实验中采用的 PIV 系统的主要性能参数为：双 Yag 激光器及光路调整系统为一体式封装，激光器工作频率为 15Hz，激光波长为 532nm，单个脉冲能量为 120mJ，两个激光器脉冲时间间隔的可调范围为 200ns～0.1s，激光束直径为 5mm，脉冲宽度为 3～5ns。

针对本试验 PIV 系统的配置，根据 PIV 测量所遵循的原则及喷雾射流的速度，系统的参数选择如下：脉冲间隔 $200\mu s$，脉冲延迟 $248\mu s$，查问区域为 32×32 像素。

实验中荷电喷雾形成的雾滴粒径 $10\sim80\mu m$，散射性较好，满足测量的需要，由于获取的图像本身就是雾滴的运动图像，因此对粒径的要求不涉及跟随性的问题。图 4.13 为 PIV 拍摄的喷雾图像，图 4.14 为经处理后得到的喷雾速度矢量图。

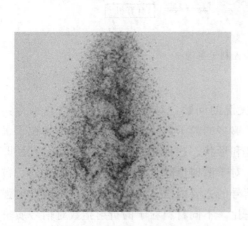

图 4.13　喷雾的雾化图像

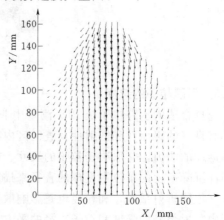

图 4.14　喷雾速度矢量场

4.2.5　PIV 的主要用途

由于粒子图像测速技术实现了对流场的瞬态测量，因此可用于对所有非定常流动的研究和测量，主要用于：

(1) 对湍流流场的实验研究。可测量湍流的时均值、脉动值、湍流强度、雷诺应力、均方根速度值、剪切应力等。可研究湍流微猝发现象、边界层输运机理、湍流热对流等。

(2) 对复杂流场的研究。如发动机、旋转机械、复杂管道或腔室内的内流流场，燃烧过程（包括内燃机点火过程）和爆炸过程，空泡发展与溃灭过程，射流、尾流和剪切流、涡旋流及流固耦合运动等。

(3) 跟踪粒子的运动轨迹。随着计算机和数字化技术的发展，粒子图像测速技术在三维流场测量、分子标记测速和粒子跟踪测速等方面正在取得进展。

4.3　相位多普勒测速技术

在多相流动研究中，离散相粒子的速度和粒径是主要的流动参数，激光多普勒技术解决了粒子速度测量的问题，但实时的粒径测量十分困难。多年来相关科技人员进行了大量的研究，也提出过不少方法。20 世纪 70 年代，Van de Dust（万德）在激光多普勒测速技术基础上提出了球形粒子相位测量方法，1982 年在此理论指导下开发出相位多普勒粒子分析仪（phase doppler paticle analyzer，PDPA 或 PDA），同时测量粒子的速度和直径经过 20 多年的发展和完善，使得相位多普勒粒子分析仪日渐成熟，已成为公认同时测量球形粒子尺寸和速度的标准方法（图 4.15）。

图 4.15　PDPA 装置

粒子速度的测量是利用激光多普勒效应，粒子尺寸测量是建立在光散射测量技术之上的，其精度很高，对流动无干扰，无须进行经常的标定，还能应用于一些高难度的测量工作中，如汽轮机和火箭发动机的高密度喷雾、高湍流度燃烧测量等。本节对相位多普勒粒子分析技术作简要介绍。

相位多普勒技术是以几何散射理论为基础的，这一理论的基本内容大体包括：移动着的散射粒子在激光平面相干波的照射下产生多普勒漂移散射波，然后由平方律检测器收集对这些散射波与粒子尺寸、材料以及运动有关的信息，是探测器所处位置上由散射波混合产生并从外差信号中提取出来的。

4.3.1　PDPA 系统的基本结构及粒子的几何光学散射的基本形态

1. PDPA 系统的基本结构

PDPA 系统的基本结构如图 4.16 所示。

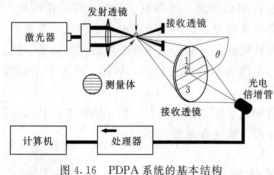

图 4.16　PDPA 系统的基本结构

如图 4.16 所示，除了在接收器中有 3 个探测器以及接收器的位置不能在发射光束的对称轴上以外，光路与一维 LDV 相同。在实际应用中，也同 LDA 系统一样，它在本质上是一个单粒子计数器，也就是说，它严格要求采样体每次只能通过一个粒子。这就对保证仪器可靠工作的最大粒子浓度提出了限制（一般为 10^6 个/cm^3）。接收器较好的接收光位置是在偏轴角 θ 为 $20°\sim40°$ 左右。

在 PDPA 系统中，激光束被分成两束等强度的光，然后用一个发射透镜使这两束光聚焦。穿过焦点的粒子散射光被接收器接收，在接收器上设一接收孔，以使穿过焦点处的粒子的散射光照射到探测器上。要测定粒子的大小至少需要 2 个探测器。若要更精确地测定粒径范围并能对每个信号作出足够的分析，则最好有 3 个探测器。速度的二维和三维系统的测量与 LDA 相同，唯一的不同在于相位测量的接收器的位置。

2. 透明球形粒子的几何光学散射的基本形态

透明球形粒子的几何光学散射的基本形态可根据图 4.17 采用较复杂的米氏散射理论进行简单描述。

图 4.17 显示的是光入射到一个球体中。为使图简化，只画出了球体下半部分的入射光。在光路的第一个界面上，一部分光被反射，标为 $P=0$，穿过球体的折射光标为 $P=1$，从球体内表面反射并折射穿过球体的那部分光标为 $P=2$。利用 Fresnel 反射系数可计算出反射和穿过球体的折射光的相对能量大小。通过对散射光的反射或折射部分的能量可判断粒径的大小。当然也可利用散射光的光强测量来得到粒径大小的信息。不过，散射光的光强受到两个因素的很大影响：当粒子从不同的位置穿越强度

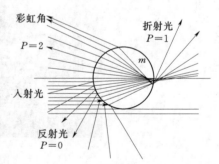

图 4.17　透明球形粒子的几何光学散射的基本形态

呈高斯分布的光束时，其散射光强不同；散射光穿越其他粒子及一些光学表面会造成光强衰减。

4.3.2　PDPA 系统的测量原理

1. PDPA 系统的基本光散射模型的建立

图 4.18 显示了位于两束激光交点处的球形粒子，以及两束光中的两道光线同时投射到粒子上的放大示意图。图中的光线可代表其光束中的其他光线。因为光线以不同的角度

进入球形粒子，那么它们则以不同的光路相交于空间的某一点"P"。粒子有一个相对于环境的折射率"m"，并且已知折射率是光在环境中和在媒介中的传输速度之比。

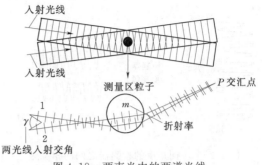

图 4.18　两束光中的两道光线
同时投射到粒子上放大图

由于两支入射光线的光程不同，导致它们之间产生了一个相对相移，这个相移导致在球形粒子周围产生了一个干涉条纹，这些干涉条纹是一些明暗相间的线，它们是由光的波动和相位差引起的波动的相长或相消形成的。干涉条纹的间距由光的入射角和光的波长决定，这个间距与球体直径成反比。如果球体移动，光束 1 和光束 2 在球形粒子上产生的散射光之间存在一个多普勒差频，这个差频导致干涉条纹产生移动。多普勒差频与球体移动速度之间的关系可由下式表示：

$$v = f\delta$$
$$\delta = \frac{\lambda}{2\sin\dfrac{\gamma}{2}} \qquad (4.4)$$

式中：f 为多普勒差频；λ 为光的波长；γ 为光束的入射角。

2. PDPA 系统的测量原理

如图 4.19 所示，在 PDPA 系统中可以看到有两个光检测器接受同 LDA 一样的来自球形粒子表面反射的散射光。来自两发射光束的反射光的光路长度之差是随着光检测器的位置改变的。这就意味着，当粒子穿过测量体，两个光检测器接收到同频率的多普勒脉冲信号，但是脉冲的相位是随着检测器的角度而变化的。为了近似表示，引入条纹模型也是很方便的。

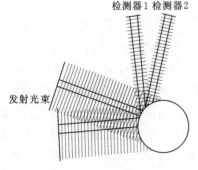

图 4.19　两检测器表面的
干涉图案

图 4.20 表明了两检测器中光的强度波动以及滞后时间 Δt，波阵面分别到达两个检测器。相应的相位差为

$$\Phi_{12} = 2\pi f \Delta t \qquad (4.5)$$

（1）相位差与粒子直径之间的关系。倘若所有其他的光学系统的几何参数保持不变，最重要的特性就是两多普勒脉冲之间的相位差由粒子的尺寸而定。可以用下式表述检测器 i 接收到的一个多普勒脉冲的相位。

$$\Phi_i = \alpha\beta_i \qquad (4.6)$$

尺寸系数 α 为

$$\alpha = \pi \frac{n_1}{\lambda} D \qquad (4.7)$$

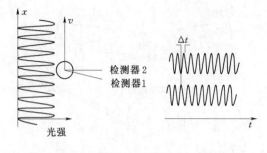

图 4.20　不同角度的检测器之间的相位差

式中：n_1 为散射介质的折射率；λ 为激光在真空中的波长；D 为粒径。

因此粒径与相位之间呈线性关系。

（2）直径-相位关系曲线斜率。图 4.21 表明了当光检测器之间的角度增加时，直径-相位关系曲线斜率也增加。即当增加发射光束之间的夹角 θ_i 时条纹间距减小，转动方向角增大，仅影响直径-相位关系曲线斜率，即灵敏度和尺寸范围对速度-频率没有影响。有的 PDPA 光学接收系统可以通过改变前透镜的焦距来实现。

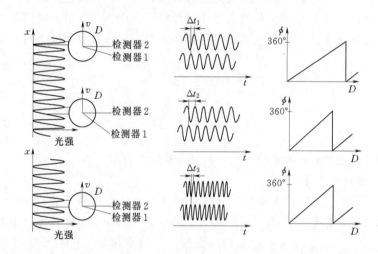

图 4.21　改变方位角和入射光束夹角 θ_i 对直径-相位关系曲线斜率的影响

（3）处理 2π 模糊性问题。测量分别来自两个检测器的多普勒脉冲的相位差，无法区分究竟是 D_3 还是 D'_3（对应于相位差 2π）。这就是所谓的 2π 模糊性问题。解决这个问题的方法是使用一个附加的检测器。在传统的 PDPA 系统中引入第三个检测器，3 个检测器是不对称布置的。U_1 和 U_2 两个检测器距离最远，则直径—相位曲线的斜率就较大，因此有较高的灵敏度和较小的工作范围。U_1 和 U_3 形成另一对距离较小的检测器，直径—相位的斜率较小。这就对应着较大的测量范围，但灵敏度较低。通过比较这两对检测器的相位差，就可以同时达到高灵敏度和较大的测量范围。

（4）粒子球形度。两对检测器的布置在传统的 PDPA 系统中由 3 个检测器组成。每对检测器对应的相位差也给出了粒子表面某一处的曲率的信息。用两对检测器可以测量表面两个不同地方的曲率。如果粒子是球形的，两对光检测器将测量到相同的曲率。

（5）粒子密度测量。除了可以测量粒子尺寸和速度，PDPA 还可以用来测量粒子数密度。粒子数密度的可靠测量不用精确测量粒径，而是通过可靠地确定测量体的大小和对粒子进行计数得到的。采用上述方法，粒子数密度不再靠计数粒子数获得，而是测量粒子穿过测量体时相对于总时间的累加样本驻留时间。

4.3.3　某一 PDPA 系统参数、技术指标及光学参数设置

表 4.2 为某一 PDPA 测试系统的参数和技术指标。

表 4.2	PDPA 测试系统的参数和技术指标
信号处理器	BSA P80 Flow and Particle Processor
激光器	氩离子激光器（最大功率 5W）
光路类型	FiberPDPA
位移系统	全自动三维坐标架
应用软件	BSA Flow and Particle Software
粒子尺寸测量范围	$0.5 \sim 13000 \mu m$
粒子尺寸测量精度	0.5%
速度测量范围	可达音速
速度测量精度	0.5%
浓度测量范围	106 个/cm^3
浓度测量精度	30%

图 4.22 为 PDPA 应用于消防喷头水雾化粒径和流场的测量。

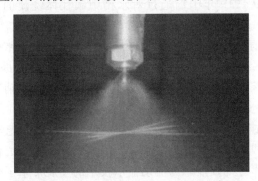

图 4.22　消防喷头水雾化粒径和流场的 PDPA 测量

第5章 流动可视化技术

流动显示是实验流体力学中的许多有效方法之一，与其他实验方法的不同之处在于它使流场的某些性质可视化。这是一种古老、直观简单且行之有效的显示技术。如在河流表面投入浮标，向水流中加入塑料小球、染色流体，风洞中引入烟气等方法显示流动。目前已经形成了一门独特的实验技术科学。

采取各种技术措施使流动过程和结构显现出来，以了解复杂的流动现象，进而探索其物理机制和规律，建立新的概念和物理模型，解决工程实际问题，这些技术称为流动显示技术，或称流动可视化技术。

流动显示技术是随着流体力学一起发展起来的，可以说，流体力学发展中的任何一次重大突破及其应用于实际，几乎都是从对流动现象的观察开始的。1883年的雷诺转捩实验；1888年马赫发现激波现象；1904年普朗特用金属粉末作示踪粒子，获得沿平板的流谱图，提出边界层理论；1919年卡门通过对水槽中圆柱体绕流的观察提出了卡门涡街。20世纪60年代对脱体涡流型的研究，70年代湍流拟序结构的发现，80年代对大迎角分离流的研究和分离流型的提出等，无一不是以流动显示和观察为基础的。

流动显示方法繁多，通常分为常规流动显示方法和计算机辅助流动显示方法两大类。常规流动显示方法有示踪粒子法、氢气泡法、油膜法等。计算机辅助的流动显示方法是将流动显示与计算机图像处理相结合，有粒子图像测速技术（PIV）、激光诱发荧光流动显示（LIF）、激光分子测速技术（LMV）、光学层析技术（CT）、光学表面测压技术等。

流动可视化技术已成为流动研究的一个重要组成部分。随着近代光学、激光技术、计算机技术、信息处理技术等的发展，为流动显示技术的发展带来了生机和活力，特别是显示流动内部结构的能力以及流动信息定量提取和分析处理方面有了长足的进步，期望在不久的将来，在三维、非定常复杂流动的显示和测量方面取得重大进展。

5.1 水流显示方法

由于观察水流要比气流简单，所以在水流中取得流谱的方法很早就得到应用和发展。雷诺实验被追溯为流动显示技术的开端。在水中取得流谱的常用方法有以下几种。

5.1.1 着色法

将有颜色的液体引入水中，便可观察到水的流动状态。有色液体可以用放在流场中所要求位置的小管施放，也可在所研究的模型壁上开许多小孔，再由这些小孔注入。在前一种情况，将小管放在离实验模型上游较远的地方上，使管子对所要研究的流动干扰减至最小。

着色液体可以是墨水、牛奶、高锰酸钾和苯胺颜料的酒精溶液等。为了使它们的相对密度（比重）等于或接近于 1（水的相对密度），还可以和某些适当相对密度的液体混合在一起，例如用苯与四氯化碳混合制成相对密度等于 1 的油滴。在这些有颜色的液体中，牛奶不仅颜色清楚（乳白色），而且牛奶中含有脂肪，在水中不易扩散，因此稳定性较好。

将有色液体注入水中，应使注入的速度在大小和方向上和当地水流一致。如果注入的速度过大，则出口有色液体就像一股射流，沿着这股射流和主流的界面就会出现旋涡。如果有色液体是由固定的实验模型表面上的小孔施放的，则垂直于模型表面的速度分量要尽可能地减小，否则注入有色液体的流动会干扰绕模型周边上的主流，特别是由于注入质量和动量，壁面边界层会发生改变。

当着色液体在流动中沿着某一条线传播时，它将与周围的流体混合，于是染色线的清晰度减小并迅速衰减，尤其在湍流流动中。因此，这种方法主要限于层流流动或低速流动中，不适宜显示非定常的或有旋涡的流动。

图 5.1 所示是雷诺实验的装置简图，当水流过玻璃管时，将红墨水通过针形小管注入水流中，以便观察水在玻璃管中的流动状态。

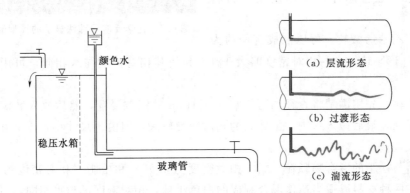

图 5.1 雷诺实验装置及流态

管中水流速度很慢时，红墨水沿着管轴直线平稳流动，成为一条直线，如图 5.1（a）所示。这时红墨水的形状反映管中水流是沿管轴一层层平稳地流动的，这种流动状态称为层流。

当水流速度逐渐加大，红墨水所形成的直线开始摆动成为波浪形，如图 5.1（b）所示。这种摆动反映了管中水流的不稳定，此时显示的流态是从层流转变为湍流的过渡阶段。

当水流的速度增加到某一数值后，红墨水很快和水流混杂在一起。这种混杂反映了管中各层水流相互渗合，除了沿管轴的速度外，还产生了不规则的各个方向的脉动速度，这种流动状态称为湍流，如图 5.1（c）所示。

5.1.2 化学反应示踪法

流体流动中流线或轮廓线的标记可以借助于染料，染料可由外部（直接注入）加到液体中，也可以通过液体内发生适当的化学反应而产生。

化学反应示踪法仅用于化学染料液，用电解法或注入其他化学试剂使流体发生局部化学反应，引起颜色变化，显示流场。常用的化学染料液有酚兰染料，在 pH＝8 的环境中呈橘黄色，在 pH＝9.2 的环境中呈蓝色；还有酚红染料，在 pH＝6.8 时呈黄色，在 pH＝8.2 时呈红色。将两个电极插入酚兰溶液中，阴极是细金属丝，沿垂直于流动方向放置。当加上直流电压后，在阴极附近发生化学反应，溶液呈碱性，染料液呈蓝色，可显示阴极附近的流场。若在阴极附近再注入酸性溶液，使其改变 pH 值，可使染料液又变为黄色。电解法的好处在于变色液体与不变色液体间不存在密度差异，这是注入示踪法（着色法）不能达到的，因此这种方法适于显示因密度差引起的流动，如分层流、旋转流和脉动流等。

图 5.2 为化学反应示踪法显示的翼型流动图像。

5.1.3　悬浮物法

用一些看得见的固体材料微粒或油滴混在水流中，从它们的运动情况便可推断水流的流动情况。这些悬浮物可以用以下材料制作：

（1）聚乙苯烯微粒。可以制成直径约为

图 5.2　化学反应示踪法显示的翼型流动图像

0.1mm 的球形小珠，它的相对密度略大于 1。为使其相对密度与水相同，可用丙酮进行处理。

（2）铝粒。先用酒精将直径约为 0.03～0.1mm 的铝粒浸湿，然后放入装满水的小瓶中猛烈地摇动，最后撒入水中。虽然它的相对密度较大，但由于尺寸小，因而在较大黏性流体中下沉很慢。

（3）蜡与松脂的混合物颗粒。蜡（相对密度为 0.96）和松脂（相对密度为 1.07）的混合物，这两种材料以适当比例混合制成的白色小球，相对密度可与水相同，可真实地反映水流的流动情况。

（4）油滴。将动物油、植物油或橄榄油和硝化苯的混合物，或者二甲苯和四碳化硫的混合物等液体用喷雾器喷入水中，然后用灯光照射，便可观察到悬浮在水流中的亮点。如果只要观察水流中某一平面内的流动情况，那么只要通过缝隙的光线沿这一平面照过去，而其余地方保持黑暗便可以了，这是油滴悬浮物的一个独特的优点。

5.1.4　漂浮物法

若将一个柱体垂直放在水中，当水面不出现波浪时，水下的流动情况和水面的流动情况是一样的。这时在水面上撒些漂浮的粉末就可以观察到流动图形。这些粉末可以是铝粉、石松子粉、纸花或锯木屑等。实验时要求自由表面非常干净，否则表面张力的作用将使这些粉末靠拢在一起。用石蜡涂在物体表面，可以消除水面对物体的表面张力作用，以便更好地显示物体表面附近的流动。

例如，将一圆柱体或椭圆柱体放入水槽中，在圆柱体前撒上漂浮物，这样便可以看到水流的流动图形。在水流速度较慢时，产生黏附在圆柱体后面的对称漩涡。当水流速度增大至某一数值范围内，在圆柱体后面形成两列交错排列、转动方向相反、周期性的漩涡，称为卡门涡街。图 5.3 所示为圆柱体后的卡门涡街照片。

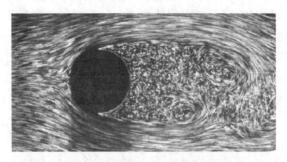

图 5.3　圆柱体后的卡门涡街

5.1.5　空气泡法

空气泡法是利用含气水流所形成的空气泡为示踪介质的一种流动显示方法。这一方法可用作流动的定性观察和某些定量测量。该方法采用窄缝过水流道等方法产生负压,吸入适量的空气。微小空气泡随水流运动形成一条条流线,在灯光的照射下清晰可见,从而稳定地显示流动状态。

图 5.4 是壁挂式自循环流动演示仪,演示的是用空气泡法显示的文丘里流量计流动图形,闸墩、圆柱后的卡门涡街。其基本原理是由平面过流道为显示面,利用水泵吸入含气水流所形成的空气泡为示踪介质,自循环供水的一种教学实验仪器。能演示各种边界条件下的流动图谱。由显示屏、水泵、可控硅无级调速器、掺气装置、供水箱、电光源、掺气量调节机构等组成。

图 5.4　壁挂式自循环流动演示仪

5.1.6　氢气泡法

氢气泡法是在水洞、水槽中利用细小的气泡作为示踪粒子显示流动的一种方法。这一方法可用作流动的定性观察、某些定量测量及非定常流动和湍流脉动的显示,具有容易操作、无污染、对流场影响小的优点。

在水中产生气泡的最简单方法是在水槽中放入合适的电极直接电解水溶液,在负极上产生氢气泡,在正极上产生氧气泡。由于生成的氢气泡的尺寸比氧气泡小得多,所以只利用氢气泡作为示踪粒子来显示流动。

用细导线作为阴极放在需要观察水流的地方，从观察到的氢气泡的运动，便可了解水流的运动情况。阳极则可采用任意形状放在远处水中。

图 5.5 给出了氢气泡法流动显示的原理示意图。用作阴极的细导线可用铂丝、钨丝或不锈钢线制作，直径为 0.01～0.05mm，工作电压为 10～100V。将铂丝置于水槽内，与

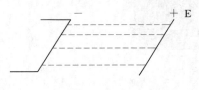

图 5.5　氢气泡流动显示原理示意图

直流电源的负极相接，它的正极可用铜板或碳棒，置于水槽试验段的下游某一位置上。试验时，在两个电极之间加上直流电压，则在铂丝上就会形成细小的氢气泡。其直径约为金属丝直径的一半。氢气泡随水流一起运动，这些细小氢气泡便清晰地显示流动状态，且流谱很稳定。这时如果水槽外的光源将氢气泡区域照亮，则可更清晰地观察到水流中氢气泡的绕流图像，并可照相记录。

如果使金属丝垂直于流动方向，引入周期性的脉冲电压，这样沿金属丝便周期性地产生一排一排的氢气泡，如图 5.6 所示。

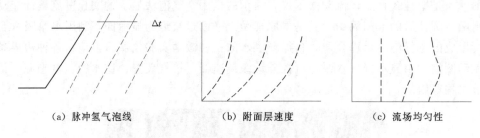

（a）脉冲氢气泡线　　　　　　　（b）附面层速度　　　　　　（c）流场均匀性

图 5.6　脉冲氢气泡法及其应用

每排氢气泡间隔宽度由脉冲间隔决定，而氢气泡线的粗细由脉冲宽度所决定，这种方法可以方便地显示局部速度剖面或附面层的速度型，也可以用来观察流场是否均匀，并看出均匀的位置和大小。

利用氢气泡流动显示方法可以方便地对各种复杂流动进行定性的观察或定量的测量。图 5.7 是利用氢气泡法显示的漩涡。

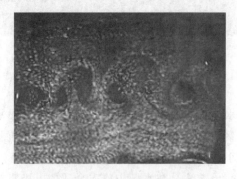

图 5.7　利用氢气泡法显示的漩涡

5.2　低速气流显示方法

进行空气动力学研究的实验方法通常有三种：测力、测压和流动显示。测力实验得到的是流场的综合结果，不能分析产生气动力的原因。测压比测力深入了一步，能够了解物体表面的压强分布和速度分布，但流动图形仍然不清楚，特别是三元流动问题。要了解流态，取得流谱，如分离流场中分离区的分布、如何分离等，只有依靠流动显示。有些空气动力学问题，可在水洞或水池中进行低速水流的流动显示取得流谱，对于气动布局设计仍然有很大的意义。当然对于低速气流，要在风洞中取得流谱还是比较容易的。而对于高速气流，要直接取得流谱却是不容易的。

在低速气流中显示流动的常用方法有以下几种。

5.2.1　烟流法

用烟线显示气体的运动是显示气体流场的手段之一。在气流中引入煤烟或有色气体，就可观察到气流的流动图形，引入烟流的速度在大小和方向上均应和当地气流一致。这一技术已成为风洞试验中的一种标准方法。1953 年，诺特丹大学（University of Notre Dame）的布朗（Brown）系统地研究了烟发生办法和适用的风洞的性能，后来称这种风洞为烟风洞。

术语"烟"的定义应按广义来使用，烟并不限于燃烧产物，如用电炉将煤油加热，或者燃烧木材、卫生香、烟草等。它还包括水蒸气、气溶胶、雾以及示踪粒子等；也可以引入碘气、氯气等有色气体。或用四氯化钛或四氯化锡液体，这两种氯化物在室温下是液体，但是暴露在空气中就会和空气中的水蒸气起化学作用，产生包括氧化盐、盐酸和水的小雾点，悬挂在空气中，就可以观察到顺气流的一条白线，放烟时间可维持数分钟之久。

烟流法可显示物体绕流、尾迹流、卡门涡街、自由射流、爆炸流场等。在风洞中对汽车模型喷射烟柱是观察汽车尾部分离区流动的常用方法。在研究物体表面附近流谱时，则可将液体涂在物体表面。

在特制的烟风洞中取得流谱，这是低速流场中最完善的显示方法。烟风洞是一个低速风洞，它主要用于形象地显示绕流物体的流动图形或拍摄流谱照片。烟风洞一般由风洞本体、发烟器、风扇电动机和照明装置等部件组成，图 5.8 为小型烟风洞的构造，它用特制的烟管发出的平行细烟流，显示气流绕物体的流谱。

发烟器产生的烟从梳状导管流出后就形成一组有一定间隔距离的平行细流线，代表均匀来流，当遇到模型就形成绕流流场流谱。

使用表面装有放烟小孔的特制模型，还可以观察附面层从层流到湍流的过渡状态和确定转捩点的位置。

图 5.9 所示是在烟风洞中所拍摄的翼型绕流的流谱。在图中可以看到，流动图形的特点是：气流绕过翼型时，烟流变密，流速

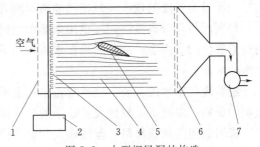

图 5.8　小型烟风洞的构造

1—整流网；2—发烟器；3—梳状导管；4—烟线；

5—模型；6—整流网；7—抽风机

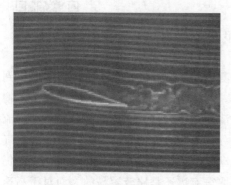

图 5.9　烟线显示的翼型流谱

加大。根据伯努利方程，上面的压强小于下面，产生向上的合力，这就是升力。翼型前部烟流分叉的地方是驻点，在该处流速等于 0。在翼型尾部某一区域，烟流被冲散，反映流动极不规则，这里是旋涡区。攻角越大，上下翼面烟流的稀密程度相差越大，压力差越大，因而产生的升力也越大。当冲角增加时，后部的旋涡区也扩大。当攻角大于某一角度时，气流从翼型前缘就开始分离，旋涡区过于扩大，这时升力迅速降低，阻力急剧增加，这种现象称为"失速"。此时的攻角称为"失速冲角"，低速翼型的失速攻角一般为 $15°\sim20°$。

烟线流动显示技术不仅能显示定常流动，也能显示非定常流动。烟线流动显示技术已广泛应用于边界层结构、分离流动和旋涡流动的机理研究中。图 5.10 是烟线显示的汽车绕流图形，用于研究车辆外形空气阻力的改善。

产生烟线的另一种方法是在涂油的金属丝上通电流加热而释放烟粒子来显示绕流图画。在试验段模型上游适当位置安装用来产生烟线的细金属电阻丝，在电阻丝表面涂上石蜡油、甘油或煤油。由于油的表面张力，这些油在电阻丝上会形成一系列的小油珠。当电阻丝通过电加热时，油滴因受热汽化而变成油蒸汽，随气流离开电阻丝后立即在常温的气流中又凝结成十分细小的油雾滴，这些雾微粒随气流流

图 5.10　烟线显示的汽车绕流图形

动而显示出可见的绕流形态。如果配置适当的光源，就可对流动进行照相，获得烟线的绕流流谱。

5.2.2　丝线法

丝线法是风洞试验中常用的流动显示方法之一，该方法是在试验模型的观察表面区域内贴一簇适当长度的丝线，每根丝线指示所在位置的点流向。可以观察边界层内的流动情况，判别附体与分离流动，也可用来显示空间集中涡。如将这些短纤维丝贴在泵和水轮机的过流部件的表面上，这些纤维在水流作用下，就能准确地指示出流动的方向，以及液流分离的区域。

随着现代技术的发展，这种最古老的显示方法也有了某些发展，例如为了减少丝线对流动的影响，发展了一种比发丝还细的荧光微丝技术。

根据选用的丝线材料、丝线形式和它在空间布置方法的不同，丝线显示技术有一些不同的方法。例如常规丝线法与荧光微丝法、流动锥法、丝线格网法等。可根据试验要求选择不同的方法。

1. 常规丝线法

通常将轻而柔软的纤维如羊毛、针织纱线、缝纫线、丝线或尼龙丝等的一端挂在气流中或黏附在物体表面上,另一端可以自由活动。这样不仅可以观察到气流方向,还可以根据丝线有无摆动,以及摆动是否剧烈来判断物体上什么地方产生分离、旋涡的位置及其扰动程度、流线的大致形状等。用这种方法可以在风洞中观察气流是如何流过模型表面的。例如,借助这些丝线带可画出机翼失速图形。

当风速较低时可用尼龙丝,但风速不能低于 $1\sim2$ m/s,否则尼龙丝的刚性和重力作用会影响效果。当风速在 30m/s 以上时,可以用普通的棉纱线。丝线一般用透明胶纸带贴附在模型表面上,或者先把丝线按一定间隔黏在胶带纸上,然后整条纸带贴在模型表面上。模型不需要丝线时,取去纸带后,可用汽油洗净纸带遗留的痕迹。

丝线法可有效地用于低速风洞常规实验中,光源选用高亮度白光碘钨灯。就能实时观察流谱,而且还便于拍照记录流谱。因此,丝线法是低速气流中观察物体表面附近流谱的最简单而且最常用的显示方法。图 5.11 为丝线法显示的绕三角翼的流动情况(α 为攻角)。

(a) $\alpha=0°$　　　　　　　　　　(b) $\alpha=8°$

图 5.11　丝线法显示三角翼流动

为了减小刚度的影响,丝线应有一定的长度,保证刚性小并容易弯曲变形。丝线长度选择与很多因素有关,例如丝线材料、试验条件、模型表面情况等。根据经验,低速风洞中建议:丝线直径分别为 0.2mm、0.15mm、0.05mm,最小长度分别约为 10mm、15mm、20mm。

为了避免丝线纠缠在一起,根据经验,丝线之间的间隔距离约为丝线长度的 0.5~1.0 倍。这距离决定了丝线法的空间分辨能力,因此不能显示小尺度的流动。当用于旋转部件时,例如螺旋桨,为了减小丝线质量的惯性力,应选用直径 0.02mm 荧光微丝做这类试验。

2. 荧光微丝法

常规丝线法由于使用较粗的丝线,当表面布置大量丝线时对流动干扰很大。荧光微丝法可克服这一缺点。它利用丝线中荧光物质的光学增亮原理,从而大大提高了丝线的可观察性。例如,本来细到肉眼很难看到的 0.02mm 直径的荧光微丝,在被激发荧光以后变成了直径近似 1mm 的"光"线,大大增强了可观察性并便于照相记录。

荧光微丝是在尼龙或涤纶粒子原料抽丝熔化过程中加入液态颜料和荧光增白剂而制成

的，目前有绿色、蓝色、黄色三种荧光丝。为了减小静电效应，荧光微丝在使用前要进行防静电处理。

荧光微丝在紫外光（波长 337～365nm）激光照射下才能产生荧光色，因此要使用连续紫外光源，通常选用于荧光检测的商用黑光灯。荧光微丝照相记录时，要选用紫外滤光片阻挡紫外光进入相机。为了减小可见光背景噪声，还需选用合适的滤光片透过所选荧光信号。

由于荧光微丝尺度极小，在高低速风洞中完成的多个不同类型模型测力对比实验研究表明，合理使用荧光微丝法可使测力与流动显示同时进行，对测力结果无明显影响。

3. 流动锥显示法

流动锥显示法是丝线法的发展，它以流动锥代替丝线法中的附着在物体表面上的丝线，用它显示表面气流的方向。其目的是克服丝线在特定条件下在非分离区产生的抖动现象。流动锥的另一个优点是它的表面积大，并可在表面采取某些措施增加反光，提高其可观察性。

流动锥的基本结构是在一柔性线绳或短链子上附着一小的刚性锥体，线绳保证锥体自由运动，同时使它固定在物体表面。流动锥的外形是长细比约为 5～7 的圆锥体，它是用轻质塑料经注塑工艺制成，选用不同密度塑料可得到不同质量的流动锥。

由于流动锥在分离流动中不一定出现抖动，因此在分离区的流动锥不会产生锥体图像模糊的现象，可通过流动锥方向的随机性和指向严重散布特征来判别气流的分离区。

4. 丝线格网法

用于观察流场空间某一截面上的流动图形。在风洞试验中，在模型的某个空间位置放置一框架平面，在框架平面内布置一系列很细的钢丝，在钢丝上有规律地粘贴很多一定长度的丝线或荧光微丝组成丝线网格，通过记录该平面内丝线的流谱来分析该平面内的流动。该方法主要用于低速风洞中显示空间旋涡结构。

5.2.3　油膜法

油膜法是在过流部件表面上涂上油性涂料，当气流流过时便能显示气流的流动情况。观察流体流过涂料时所留下的痕迹，从而研究表面附近流动状态的一种显示方法。这和从雪地或沙地上的条纹来推断风的流动情况一样。

油膜显示法的优点是：适用的流速范围广，不干扰流动，并可获得物体表面的全部情况。特别对于三元拐角区的流动图形研究具有独特优点，因为这些区域内几乎无法采用其他的无扰动方法。特别在流场内存在物体表面的分离区时，该方法还能观察到分离线和二次附着线。

油膜显示技术的局限性是：只能进行定性的流动观察，对于不稳定流动的图形不能进行正确显示，并且只能显示固体壁面的流向，不能显示空间流动情况。

油膜法是研究流体流动状态比较简单的方法，应用时注意下列几点：

(1) 油性涂料。对油膜涂料的要求不是很高，除了润滑油和氢化钛、氧化铅或铬酸铅等的组合物外，还可采用二硫化钼，或者印刷油墨、油画颜料、白色或其他颜色磁漆，甚至可以采用润滑脂调上石墨粉或红丹粉。但不能使用水溶性或透明的涂料。为了获得较高质量的摄影记录，所用涂料应能留下清晰的条纹图形。

（2）物体表面要求。涂油膜的物体表面必须有较低的表面粗糙度。如果要进行照相记录，表面最好先用与涂料颜色呈鲜明对比的油漆光滑地刷一遍，待油漆完全干结后，再涂上不溶化上层油漆的油性涂料。

（3）油膜涂法。在经过上述处理后的物体表面，仅需涂上一薄层稠度适宜的油性涂料，但必须注意涂层表面不许有纹状痕迹，否则会与液体流动冲出的痕迹混淆不清，从而干扰正确结果，所以最好用喷涂的方法。无喷涂条件的，可通过尼龙纱等一类细网向壁面上涂料，涂完后揭下纱布，壁面所留下的是没有方向的点状涂层。

（4）实验时间。为使油膜上留下清晰的流动痕迹，掌握适当的实验时间较为重要，时间太长，会把涂料冲掉；时间太短，涂料上还未冲出痕迹。为此，往往要做几次预备试验，再确定适当的试验时间。试验时间的长短与物体表面的粗糙度有关，表面粗糙度较小时，试验时间要长些，反之要短些。试验时间还与流经油膜的液流速度有关。流速大时，时间可短些，反之时间要长些。

图 5.12 是一螺旋离心泵叶轮在设计流量时油膜实验痕迹的照片。

另外，也可以在物体表面涂上氢氧化铝等化学涂料，在气流中混以硫化氢。气体沿物体表面流过时引起化学作用，因而在物体表面会出现一些由棕色斑点所组成的流动图形。用这种方法可以鉴别物体表面绕流的流态是层流还是湍流。因

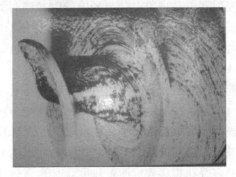

图 5.12　螺旋离心泵叶轮的油膜实验痕迹

为湍流的气流中气体微团湍动速度大，化学反应快，从而使化学涂料在层流与湍流的分界处，产生明显的分界线，这就是附面层内层流变成湍流的转捩点。

例如在研究二元柱体的绕流时，可以在柱体的底部放置一块垂直于柱体的水平的黑色薄钢板，然后在上面撒上石松子粉末。这些粉末被流过的气流吹动，便沿顺风方向形成一条条的线条。也可以将物体漆成白色，用渗有烟黑的煤油涂在物体表面。气流吹动油料，使混合液沿流线扩散，于是在物体表面上便会出现可见的流动图形。在风洞停车之后，流谱被保存下来，并可复制出很好的流谱图形。

5.3　流动显示新技术简介

显示流动的新方法有激光诱发荧光法、激光分子测速技术和压敏涂层测压技术等，这些方法的出现得益于光学技术、传感技术和计算技术的飞速进步，同时这些方法的出现无疑对复杂流动的研究提供很好的促进。

5.3.1　激光诱发荧光法

激光诱发荧光技术（LIF）是利用某些物质分子或原子在激光照射下能激发荧光的特性来显示和测量流动参数的技术。它可以测定气流的密度、温度、速度、压力和混合物的光分子数。该技术的关键是选择合适的物质与特定波长的激光光源相匹配，以产生足够强

度的荧光信号为探测器所接收。目前作为示踪粒子的如氢氧根（OH⁻）、碳氢根（HC⁻）、一氧化碳（CO）、氧分子（O_2）、氧原子（O）、丁二酮分子等，该技术用于液体中的流场显示时需要加入荧光染料。另外，不同物质需和不同波长的激光器相配合，如碘分子与氩离子激光器（波长为 514.5nm）相配合，而 O、CO 等与各种染料激光器相配合可以发出 YAG 激光，从而可作为泵的外激光器，不同染料会产生不同波长的紫外激光。

目前，激光诱导荧光技术在气体、液体和固体测量中已得到了广泛应用。根据应用需要，使用激光面光源可以进行二维定量成像测量。系统还可以和其他光学技术，如 PIV、瑞利散射或发射光谱来共同使用测得更多的信息。LIF 系统通常包括可调谐激光，增强型 CCD 相机以及相应的电路和软件。同时 LIF 测量方法也被广泛应用于燃烧、等离子体、喷射和流动现象中。与米氏散射、瑞利散射和拉曼散射不同，激光诱发荧光过程是一个波长的吸收和转化过程。照射光激发分子发出更长波长的光，不同分子发光光谱是不一样的。应用这一原理就可以根据分子的特征谱线来探测和鉴别不同分子。由于只有在照射光波长与被测分子的吸收能级匹配的时候，才能产生荧光信号，所以根据不同应用，需要选择不同的激光器或使用可调谐激光器或者针对特定激光选择合适的示踪材料。

把某些示踪物（如碘、钠或荧光染料等）溶解混合于流体中，示踪粒子在特定波长的光线照射下吸收光子而受激发光。用脉冲激光片光照射，因运动粒子散射的多普勒频移光波带有速度的信息量，利用激光发出的光不仅能显示流动结构，又可利用吸收和发射谱线的多普勒频移效应测量速度，其光强是受激区气流密度、温度的函数，故在显示流动结构的同时，可测量密度、温度、速度、压力和浓度等参数。采用 LIF 方法，流场有较强的亮度，大大提高了测量与显示的信噪比，便于做瞬时显示。目前，LIF 定性显示流动结构可清晰地显示流场断面的流态，是非接触式瞬态流场较好的测量手段，特别适用于高速流和大速度梯度流。然而对于定量测量流动参数，仍处于研究阶段。

典型的平面激光诱导荧光（PLIF）实验系统由荧光物质及其施放装置、光源、光路系统、图像采集系统和图像处理系统组成。

严格地讲，分子示踪的提法尚不够确切，目前的技术水平还不能真正达到分子水平，大多还只能说是分子微团的示踪。可是从它所具有的发展潜力——做全尺度（从大涡结构尺度直至分子尺度）测量的唯一途径来看，必将是今后实现流体力学观测的最有发展前途和最理想的手段。

5.3.2　激光分子测速技术

粒子投放技术是激光多普勒测速中的关键之一，研究表明，即使是微米量级的动态粒子也可能给测量结果带来可观的误差，特别是在流场中存在激波的情况下。一般认为，由于一些与粒子滞后的相关难题，使得以粒子为基础的测速技术不能用于高速、低密度的流场中。因此，近年来以分子为基础的测速技术得以迅速发展。

激光分子测速技术的基本原理是通过流场中分子与激光场的相互作用，包括散射、吸收、色散、辐射、解离等过程，利用各种线性和非线性光学效应及光学成像技术把流场的物理参数转变为光学参数，通过光学处理而获得流场信息，它综合了线性和非线性激光光谱学、分子光谱学、激光多普勒效应、光学信息处理及图像处理等学科的知识，像瑞利散射法（RS）、滤波瑞利散射法（FRS）、线性和非线性喇曼光谱法、吸收光谱法以及上面的激光诱发荧光法都属于这一范畴。

激光分子测速的光谱技术依赖于被测流场中介质组分的吸收谱线频率或荧光发射或散射光谱中的多普勒频移，由于这种方法直接从分子运动中获得速度，从而避免了由于投放粒子带来的弊病。激光分子流场检测技术目前没有严格的分类，主要研究的有：瑞利散射法及滤波瑞利散射法、线性和非线性喇曼光谱法、激光诱发荧光法、吸收光谱法以及分子标记示踪法等。

激光分子测速技术与其他光学流场测量技术根本不同点在于它是分子水平的检测，可以最大限度地获取真实流场信息，适合于许多瞬态和微观过程的研究。利用激光进行分子水平的检测，不仅获得流场中空间点的速度、密度、温度、压力、物质的组成、某种物质浓度等参数以及随时间的变化，还可用于对整个流场的二维和三维结构及各点参数的研究，有很高的灵敏度和精确性。

激光分子流场检测技术属于非接触测量，不破坏流场结构，一般不需要粒子注入，测量范围广、信息量大、精度高，不仅可用于一般流场测量，还可以用于燃烧及化工等领域的研究，因此目前发展迅速。但其设备昂贵，往往令人望而生畏。

5.3.3　压敏涂层测压技术

物体表面压力测量是一项重要的内容。压力敏感涂料测压是新发展起来的一种测压技术，它利用光学特性测量物体表面的压力分布，即将一种特殊的压力敏感涂料覆盖在模型表面上，在紫外线光或其他给定波长光的照射下，涂层发出可见波长的荧光，其亮度与作用在涂层表面空气或任何含氧气体的绝对压力成反比，用摄像机记录模型表面的图像，并通过计算机处理，可以给出模型表面的压力分布。

这一技术的特点一是可以测量连续变化的压力场，获得流场大量信息，因为只要涂料进入的地方都能感应出压力的变化。另一特点是风洞试验模型不再需要开设大量的测压孔和相连接的硬件设施，避免了通常模型设计、加工所需的成本和时间。测力试验和测压试验可同时进行，降低了风洞试验成本，缩短了风洞试验时间。

目前，该项技术主要用于跨、超声速。用于低速时信噪比低，因此压力测量的精度较低。此外，这一技术对测压环境（例如灰尘、振动等）要求很高，长时间工作时稳定性较差，温度影响修正也是一大难题。

5.3.4　流动显示技术的发展趋势

1. 多种流动显示技术的综合使用

流动显示方法很多，这些方法各有所长，又各有一定的使用条件和流速范围。在一个研究项目中往往把多种流动显示方法综合使用，相互补充，相互验证，以获得丰富、可信的复杂流动信息。例如在航天飞机气动设计中，就用油流、升华、液晶、荧光微丝、红外热像等多种方法显示表面流动和热状态，用烟流、蒸汽屏、阴影、纹影、全息干涉等多种方法显示和测量空间流态。

2. 以瞬时、定量、三维流动显示为目标发展多种新的流动显示技术

粒子图像测速、激光诱发荧光技术、压敏涂层测压技术是三种流动显示新技术。粒子

图像测速技术已得到广泛应用，激光诱发荧光技术既能定性地显示流场，又能定量地测量速度、温度和密度等参数，既可用于低速，又可用于高速流动，是一种很有发展前途的流动显示技术。压敏涂层测压技术在国外已用于型号试验，并不断向低马赫数使用范围扩展，由于它具有能连续获得压力场信息，可大量节省模型制造费和风洞试验费等明显优点，因此备受人们关注。

激光分子流场检测技术方兴未艾，它是通过流场中分子与激光场的相互作用（散射、吸收、色斑、辐射、解离等），利用光学效应和光学成像技术把流场参数转变为光学参数，通过光学处理获得流场信息。由于它一般不需要粒子，测量信息量大、精度高，因而受到重视。

3. 流动显示技术与计算机结合

在近代流动显示技术中，计算机主要用于对流动显示系统实施控制、图像处理和数据处理，把二维图像进行三维重建，获得空间的流动结构和定量结果。

4. 流动显示与计算流体力学相结合

用各种流动显示方法提供必要的边界条件和物理模型，例如涡核的位置、边界层转捩位置、分离点和分离区、激波位置等，以提高数值模拟的准确度。同时，数值计算的结果又有助于对流动图像的分析。

5.4　计算流动显示技术

计算流动显示（CFI）是流动显示技术的一个新领域，也是流体力学领域出现的一个新的研究方向，这一技术已越来越多地得到应用。计算流动显示技术有两个分支，一是将光学流动显示技术得到的结果通过计算技术进行判读、图像分析等在计算机上得到相应的数字图像，如可以表示流场的光学流动的干涉图、纹影图及阴影图。这一分支与其他的数据显示方法不同的是，它模拟的是真实的流动图像，得到的结果与实验结果是严格对应的，具有可比性。另一分支是利用计算流体力学的计算数据，将计算的结果以各种形式展示在计算机屏幕上，将抽象的流动信息以图像及动画的形式体现出来，使计算的结果更加直观化、生动化。总体来说计算流动显示技术是计算流体力学、实验流体力学和计算可视化多个领域的结合，从而可对复杂流动现象做出更加深入的分析。

国外于 20 世纪 70 年代中就开展 CFI 的研究，由于当时计算机技术受到限制，没有能够得到高分辨率的数字图像，CFI 仅仅是沿着干涉条纹中心画的线段或流场的等值线，没有得到广泛的应用，直到 20 世纪 90 年代初，将高分辨率数字图像处理技术引入 CFI，得到了可以与试验照片进行直接比较的数字图像，CFI 才开始进入实际应用。CFI 技术涉及计算流体力学、并行计算、计算光学、高精度数字图像处理技术及实验流体力学、激光全息光学实验、光学层析技术等多个研究领域。

5.4.1　光学流动显示方法

光学流动显示是实验流场可视化的一种有效方法，它是通过光学仪器获得实验流场的干涉图、纹影图及阴影图。根据这些图像不仅可得到流场的定性属性，而且可以定量地计算流场的数据值，当计算流体力学的数值解用于计算流动显示时，生成的干涉图、阴影图和纹影图与实验生成的光学图像是一一对应的。这一方法的计算流动显示数据直接利用实验流体力学的测量数据或实验获取的光学图像中定量计算出的数据，这样在计算机中生成的图像应与实验图像一致，通过对比可以验证 CFI 算法的正确性。

流场中流体密度的变化是光学流动显示方法的关键。由于流体的密度是流动介质折射率的函数，因而可以借助某些光学方法使可压缩流动显示出来。光学方法是建立在光波和流体流动相互作用的基础上，光线由于这种相互作用而发生了变化，并反映出有关流动状态的信息。

阴影法记录的是偏折位置差，反映的是折射率梯度的变化。纹影法记录的是偏折角度差，反映的是折射率的梯度。干涉法记录的是光波相位差，反映的是折射率本身。在干涉仪中照相板上形成的干涉条纹是由于两束光波产生干涉后光强度的变化造成的。首先计算出干涉图上每个点的光强度，然后点的物理坐标映射为显示器的像素坐标，点的光强度按比例转换为像素亮度，就可以在显示器上得到计算干涉图像。把干涉图上的一个点的光强度转化为显示器上一个像素的亮度值的过程并不复杂，关键是如何得到干涉图上某点的光强度值。

以前验证数值计算的方法一般是用单点的测量信息（如压力、温度等），这种方法不能对全流场进行验证。只有通过计算流动显示技术，在 CFD 的计算结果基础上，仿真试验流动显示的光学原理，生成与试验照片进行直接比较的计算流动图像，才能全面验证 CFD 的计算结果。

图 5.13（a）、（b）分别给出自然对流情况下的 CFI 重构无磁场干涉图和 CFI 重构有磁场干涉图。

 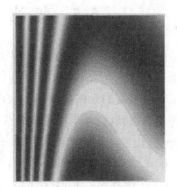

（a）CFI 重构无磁场　　　　　　　　　（b）CFI 重构有磁场

图 5.13　自然对流情况下的流场干涉图

5.4.2　计算流体力学结果的计算流动显示方法

对于另一个计算流动显示技术的分支，用编程的方法可以将计算流体力学的结果以多种方式（如 xy 散点图、矢量图、等值线图、云图、流线图等）显示到计算机屏幕上，给出对流场生动而又准确的描述。

在这种流动显示技术的实现过程中，需要注意的是流动的信息与空间位置的对应关系，也就是说，根据计算流体力学的数据，首先要确定要显示的哪些点上的信息，或哪些面上的（有可能是自定义的面元），甚至是哪一部分体积上的信息。这一关键问题如果不能很好地把握，最后显示的结果便无从解释。另外在选择以何种形式进行显示时要遵循一定的原则，既要把流动的信息充分体现，又要节约内存。

计算流动显示技术是新的技术，它的出现和发展是多学科知识的结合，并且也需要在多学科内得到很好的应用。单就流体力学领域来说，这一技术已表现出它的优点和作用，相信这一技术的发展一定会对复杂流动机理的深入研究提供帮助。图 5.14 为用计算流体力学显示的离心泵叶轮内流体的相对速度图。

图 5.14　离心泵叶轮内流体的相对速度

5.5　高 速 摄 影 技 术

高速摄影是把高速运动过程或高速变化过程的空间信息和时间信息联系在一起进行图像记录的一种摄影方法。

利用高速摄影可以克服人眼的缺陷。人眼能够觉察影像模糊的最小值，取决于眼睛的空间鉴别率，即人眼能够区分两个相邻物点的能力，一般定为在明视距离（250mm）上观看 0.1mm 的一段距离。这就是人眼模糊量的极限。人眼对运动物体分辨最小时间间隔内的变化能力，决定于眼睛的时间鉴别率。在正常照明情况下，视觉暂留时间为 0.1s，即在 0.1s 时间内发生的现象，它们在视觉上是重叠起来的。综上所述，人眼能够看清楚的运动物体，其速度受到眼睛的时间鉴别率和空间鉴别率的限制只能很低，在明视距离处只有 1mm/s 左右。

为了观察非定常流场和高速运动流场的每一瞬时的流动图像及变化过程，高速摄影技术是必不可少的手段。高速摄影是采用"快摄慢放"技术将快速变化的流动过程放慢到人眼的视觉暂留时间（约 0.1s）可分辨的程度。高速摄影的拍摄频率（帧/s）必须与流动变化速率同步，变化越快的流动要求的拍摄频率越高。普通摄影机的拍摄频率最多达 100帧/s，高速摄影机的拍摄频率达每秒数千帧，甚至每秒数万、数亿帧。

人们通过摄影照片可进行直观的定性和定量的分析。由于它能将瞬变及高速过程连续记录下来，这就给研究者留下了直观、生动可靠的结果，并可进行长期分析和作为资料保存。它能解决其他仪器不能解决的测试问题。目前在工业、农业、国防和科学技术的各个领域有着重要的应用。

高速摄影技术使人们大大提高了眼睛感受高速现象的能力。例如，曝光时间为 1/1000s 的照片，就是从高速运动的过程中，"切割"出了 1/1000s 长的一段历程，把它冻结下来，观察这张照片，就等于把人眼的时间鉴别率提高了 100 倍。

5.5.1 常用高速摄影机简介

现代高速摄影仪器的工作原理和结构都极不相同，它们各适用于一定范围。高速摄影机的主要技术指标是：曝光时间、摄影频率（每秒画幅数）或扫描速度（每秒拍摄长度）、底片尺寸、画幅尺寸、分辨能力、拍摄总长度等。而曝光时间和摄影频率则是区分摄影速度的主要标志。现代摄影频率分类如下：

单张（静片）：低速（普通摄影机）低于 100 幅/s，快速 0~1000 幅/s，次高速 1000~4 万幅/s，高速和超高速 4 万~100 万亿幅/s。

1. 补偿式高速摄影机

该摄影机采用输片齿轮系统使底片连续运动的方法，使摄影频率达万幅/s。它的结构特点是采用了折射式或反射式光学补偿装置，以获得清晰的图像。这种摄影机所拍得的画幅可以是标准画幅，能够直接放映。也可以是缩小尺寸的画幅，这时底片不能直接放映，而高速摄影机则作为时间放大器使用。补偿式高速摄影机是世界上生产和使用得最多的一类高速摄影机。

2. 鼓轮式高速摄影机

限制上述补偿式高速摄影机拍摄频率进一步提高的因素是胶片的强度。为突破这一限制，设计了鼓轮式高速摄影机。在这种摄影机里，只用不长的一段胶片，把它接成一个环形，固定在旋转鼓轮的外（或内）表面上，鼓轮带着这段胶片高速旋转，从而减轻了胶片所受的拉力。这类摄影机的频率可达 10 亿幅/s 的数量级。

鼓轮式高速摄影机的缺点是胶片长度受到鼓轮圆周的限制，每转仅能提供约 200 张照片。因此，在拍摄汽蚀流动中气泡溃灭的随机现象时，摄影机对此无法同步，只能提供历时极短的取样。

3. 转镜式高速摄影机

转镜式高速摄影机的特点是底片固定不动，采用高速旋转的反射镜使成像光束以极高速度沿底片扫描成像。它的摄影频率不再受鼓轮材料强度的影响，而取决于转镜的转速。转镜用高速电机、空气或氦气涡轮机带动，摄影频率可达 100 万~1000 万幅/s 以上。但其胶片容量大都在 1m 以下。

4. 高速数码摄像机

高速数码摄像机在科学研究中具有广泛的应用。在动力机械及工程和流体机械及工程学科，可以研究瞬态流动。在物理学中，可以用来研究光的散射光强变化。在材料学科方面，可以研究材料的瞬态变形、断裂过程等。

高速数码摄像机用于快速发生事件的图像拍摄，可用于燃烧过程、高速运动部件、高速碰撞过程等现象的拍摄分析。

　　某一高速数码摄像机性能指标为：最高拍摄速度为 10000 帧/s，拍摄速度还可以设置为：25 帧/s、30 帧/s、50 帧/s、60 帧/s、125 帧/s、250 帧/s、500 帧/s、1000 帧/s、2000 帧/s、3000 帧/s、5000 帧/s、10000 帧/s，同样拍摄速度下还可以设置不同的电子快门速度。拍摄图像的像素最大为 1280×1024，并可以根据不同拍摄速度予以调节。同时具有多种触发方式以满足不同拍摄条件，配有 MiDAS 图像分析处理软件。

5.5.2　高速单次拍摄

　　为了解在高速流动过程中某一瞬时的流动图像，只要拍摄该时刻的单张照片就可以了。如果流动过程是定常的，拍摄任一时刻的照片就能反映该流动的特点。通常流场本身并不发光，利用历程时间极短的一次闪光，用普通摄像机就可以完成对高速流动的单次拍摄。电火花照明是适用于这种拍摄的常用光源，放电时间一般为微秒级，甚至于可短至毫微秒级（10^{-9}s）。最普通的电火花光源是用储能电容接高电压，使气体电极放电产生闪光。闪光时间由放电线路的电容率决定，闪光能量与气体性质有关，稀有气体（如氩、氦、氙等）放电时产生的能量比空气放电更高一个数量级。另一种闪光光源是脉冲式激光光源，可获得强度高、持续时间短的单色瞬时闪光。用某种装置（如闸流管等）控制光源按一定频率间歇性闪光，称为频闪光源。将闪光频率调整到与作周期性运动的流场频率一致，可拍摄流场在一个周期内某一时刻的重复图像。图 5.15 为在空化实验水洞中用频闪光源拍摄到的高速旋转螺旋桨空化现象的照片，从照片中可看到在螺旋桨叶梢上产生的空泡形成的螺旋线。

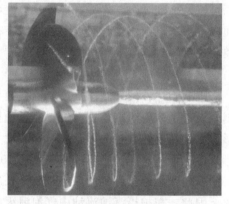

图 5.15　高速旋转螺旋桨的空化现象照片

5.5.3　高速连续拍摄

　　在普通电影摄影机中胶片在棘轮机构的控制下作间歇性移动，频率是 24 幅/s。这种方式不能满足高速摄影的要求。高速摄影机广泛采用胶片连续移动和频闪曝光相结合的方式，拍摄频率可达每秒数千至数万帧。为了得到清晰的照片，必须解决物像与胶片同步移动的问题，称为像移光学补偿技术。目前已开发了多种类型的像移补偿器，如旋转反射镜和旋转棱镜系统，使物像与胶片以相同的速度运动。

　　高速摄影技术也可以运用到纹影仪中，拍摄高速流动的纹影照片。图 5.16 为激波风洞中拍摄的流场纹影照片。在高速全息照相技术中采用高重复频率窄脉冲激光技术，拍摄频率取决于激光重复频率，可达到每秒数十万帧。利用空间延时线方法，拍摄频率更可高达 3 亿～4 亿帧/s。

　　高速摄影技术将使高速流动和非定常流动的显示技术发展到一个更新的阶段。

5.5.4　应用实例

　　高速摄影技术在流体机械的泥沙磨损及汽蚀现象的观察中的应用日趋广泛，并且已取得了一定的成果。在我国某高校水机实验室的小水洞试验台上，进行了含沙水中沙粒与汽蚀相互影响的高速摄影观察。水洞工作段断面尺寸为 20mm×60mm，在工作段的两壁和上盖设置有机玻璃观察窗。用矩形凸块、翼型模型和圆柱等二维物体作为汽蚀源。

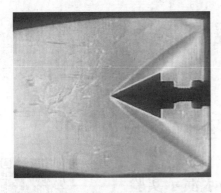

图 5.16　激波风洞中拍摄的流场纹影照片

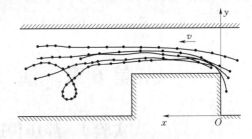

图 5.17　沙粒运动轨迹

　　实验中所采用的是纳卡 16mm 高速摄影机，其拍摄频率范围为 100～32000 幅/s。在这次实验观察中，所用频率为 2000～4000 幅/s。时间标记自动记录在电影胶片的边上，精确度达 0.1ms。照明光源采用碘钨灯，光源强度视拍摄频率而定。在以矩形凸块为汽蚀源的实验中，让灯光透过工作段进行高速摄影。

　　拍摄后的胶片在放大倍数为 24 倍的阅读器上进行阅读分析。通过选取有特征的沙粒，根据其在胶片上不同片幅中的位置，可以直观地描绘出沙粒的运动轨迹并根据胶片提供的位置信息和时间分辨率，可精确地确定沙粒运动的速度。图 5.17 为通过逐幅分析记录绘制的沙粒运动轨迹图。该图与凸块后水流情况相比较可知，未进旋涡区的沙粒，其运动轨迹接近于水流质点的轨迹，即与流道边壁大致平行，但并不完全一致。观察结果也表明，沙粒本身在运动过程中几乎没有转动。

第2篇 水力学（工程流体力学）实验

第6章 演 示 类 实 验

实验1 静压传递扬水演示实验

1. 演示目的

（1）了解仪器的结构和工作原理。

（2）演示液体静压传递、能量转换与自动扬水的现象。

（3）掌握静水压力的传递特性、传递过程和传递方式，建立静水压力传递的概念；掌握"静压奇观"的工作原理及其产生条件以及虹吸原理等。

2. 演示原理

参见图6.1，上集水箱8中的液体经下水管9流入下密封水箱11，下密封水箱内水位上升，使下密封水箱内表面压力增大；由于气体能进行压力的等压传递，因而下密封水箱中增大的表面压力可由压力传递管4传递到上密封水箱5中的静止液体表面，使上密封水箱表面气体压力增加，从而通过通大气的扬水管6与喷头产生扬水景观。随着下密封水箱11内水位逐渐上升，液体表面气压加大，当下密封水箱内的水位满顶后，水压继续上升，直到虹吸现象发生，虹吸管10工作，下密封水箱11内的水体排入循环蓄水箱12。由于上、下密封水箱的表面压强同时降低，逆止阀7自动开启，水自上集水箱8流入上密封水箱5，这时上集水箱8中的水位低于下水管9的进口。当下密封水箱11中的水体排完以后，上集水箱8中的水体在水泵的供给下，逐渐漫过下水管9的进口处，于是第二次扬水循环接着开始。如此周而复始，形成了循环式静压传递自动扬水的"静压奇观"。供水泵的作用仅仅是补给上集水箱消耗的水量，在扬水发生时，即使关闭水泵，扬水过程仍然继续，直至虹吸发生。

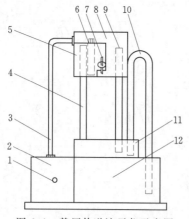

图6.1 静压传递演示仪示意图

1—无级调速电源开关；2—水泵（室）；3—供水管；4—压力传递管；5—上（可）密封水箱；6—扬水管；7—逆止阀；8—上集（进）水箱；9—下水管；10—虹吸管；11—下密封水箱；12—循环蓄水箱

3. 演示设备

实验设备主要由水流循环用水泵、虹吸管、扬水管、逆止阀、蓄水水箱和演示用上、下密封水箱等组成（图 6.1），设备具有虹吸式自动排水、逆止阀式自动补水装置，可自动连续工作。

4. 演示步骤

（1）给循环蓄水箱 12 内加进适量水，将电源插头插进 220V 电源插座，打开电源开关 1 并调节，使供水管 3 内出水量大小适宜（以上集水箱 8 不溢水为宜），再给自循环蓄水箱 12 内补进适量水，保证仪器用水能循环运转。

（2）注意水流运动路径，观察上（可）密封水箱 5 的扬水现象、逆止阀 7 的启闭、虹吸管 10 的虹吸现象等，掌握其机理，了解其成因。

（3）观察两密封水箱 5 与水箱 11 的静水压力传递过程，进一步理解扬水管 6 的扬水机理。

（4）关闭电源，结束实验。

5. 思考题

（1）实验中仪器上为什么会产生间歇性扬水景观？其能量来源于何处？

（2）上密封水箱中的逆止阀在什么情况下开启？什么情况下关闭？

（3）实验中虹吸现象产生的条件是什么？

（4）下密封水箱的虹吸过程在什么情况下被破坏？

实验 2 水流流动形态及绕流现象演示实验

1. 演示目的

（1）演示流体在多种不同形状流道中的非定常流动现象，观察液体通过各种几何边界条件时产生的旋涡现象，了解漩涡产生的原因与条件。

（2）通过对各种边界下漩涡强弱的观察，分析比较局部损失的大小。

（3）观察绕流现象、边界层分离、驻点及卡门涡街等现象。

（4）加深对边界层分离现象的认识，充分认识流体在实际工程中的流动现象。

2. 演示原理

流经固体边界的水流达到一定雷诺数时，由于固体边界的形状和大小突然发生变化，在惯性的作用下，就会出现主流与边界分离而产生漩涡的现象，如突然缩小、突然扩大、孔板边界处。水流在这些突变的边界处形成局部水流阻力，能量损失较大。在旋涡范围内，水流常表现为高度紊乱并伴随有剧烈摩擦、分裂和撞击作用，部分水流运动的连续性遭受破坏，出现明显的主流与固体边界脱离，从而导致大尺度旋涡的产生。

水流绕物体（如闸墩、圆柱等）的流动称为绕流。在绕流中有两种阻力作用于物体上，一是摩擦阻力 τ，它由水流的黏滞性而产生；二是形状阻力 P，它由物体前后压差形成。图 6.2

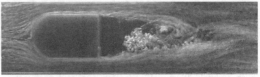

图 6.2 圆柱绕流及圆头方尾闸墩绕流动平面图

为圆柱绕流及圆头方尾闸墩绕流。由于绕流时边界层发生分离，在圆柱后面产生漩涡，并产生分离点，边界层分离点的位置随物体形状、表面粗糙度及流速大小而变。漩涡的产生，使绕流物体后部压力小于前部压力，形成前后压差，增加了水流对物体的作用力。绕流阻力的大小用下式表示：

$$F_D = C_D A \rho \frac{u_0^2}{2}$$

式中：C_D 为绕流阻力系数（被绕流物体的形状和水流状况的函数，由实验测定）；A 为被绕物体垂直水流方向的投影面积；u_0 为水流未受绕流影响以前的速度；ρ 为水的密度。

流动演示装置见图 6.3，演示采用气泡示踪法。当工作液体由水泵驱动到显示面，通过两边的回水流道流入到供水箱中，水流中掺入了空气，掺气后的水流再经水泵驱动到流动显示面时，形成的无数小气泡随水流流动，在仪器内灯光的照射和显示面底板的衬托下，小气泡发出明亮的折射光，可以把流动中的流线、边界层分离现象以及旋涡发生的区域和强弱等流动图像清晰地显示出来。

3. 演示设备

流动显示实验装置如图 6.3 所示。该装置通过在水流中掺气的方法，利用日光灯的照射，可以清楚地演示不同边界条件下的多种水流现象。该仪器用有机玻璃制成，是以狭缝流道为显示屏面，水为工作流体，空气泡为示踪介质，主要由显示屏、水泵、可控硅无级调速器、掺气装置、供水箱、电光源等组成。壁挂式流动演示仪有 7 种型号，每个型号都是几何边界不同的独立装置，可以单独演示，也可以同时演示，涵盖了工程中常见的流场。流速大小由可控硅装置无级调节；掺气量及气泡大小由掺气装置无级调节。该装置采用自循环供水方式，只要在仪器内加进适量的水，接通 220V 电源，即可进行演示。

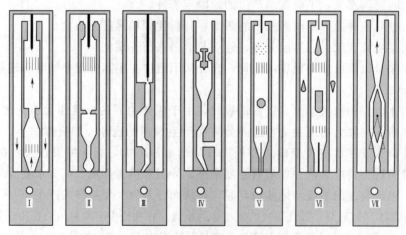

图 6.3　流动显示实验装置简图

Ⅰ型：显示逐渐扩散、逐渐收缩、突然扩大、突然收缩、壁面冲击、直角弯道等平面上的流动图像，模拟串联管道纵剖面图谱。通过漩涡的强弱，可比较不同边界下局部损失的大小。

Ⅱ型：主要显示以文丘里流量计、孔板流量计、圆弧进口管嘴及壁面冲击，圆弧弯道为主要特征的流动图像。

Ⅲ型：显示 30°弯头、直角圆弧弯头、直角弯头，45°弯头以及非自由射流等流段纵剖面上的流动图像。

Ⅳ型：显示 30°弯头、分流、合流、45°弯头、YF 溢流阀、蝶阀等流段纵剖面上的流动图谱。

Ⅴ型：主要显示明渠逐渐扩散、单圆柱绕流、多圆柱绕流及直角弯道的流动状态。能清晰显示边界层分离，分离点位置及卡门涡街的产生与发展过程。

Ⅵ型：主要显示明渠扩散、圆头方尾的桥墩（或闸墩）钝体绕流、流线体绕流、直角弯道和正、反流线体绕流等流段上的流动现象。

Ⅶ型：这是一只"双稳放大射流阀"流动原理显示仪，可显示射流附壁现象，即"附壁效应"。该装置既是一个射流阀，又是一个双稳射流控制元件。

4. 演示步骤

(1) 熟悉各型设备，接通电源。

(2) 打开电源开关，调节调速开关（掺气阀处于关闭状态），将进水量开大，使显示面两侧水道充满水。

(3) 旋转掺气量调节阀，缓慢调节掺气量的大小，使演示达到最佳效果。

(4) 演示不同形状流道中的流动现象。

(5) 观察漩涡的变化情况，观察绕流现象、各边界上分离点的位置变动及卡门涡街等现象。

(6) 演示结束后，关闭电源开关。

5. 注意事项

(1) 打开或关闭进水阀门的过程要慢，不要突开、突关。

(2) 有些单元典型流谱只会出现在合适的进水流量情况下，进水过多或过少均不适宜。

(3) 操作中应注意开机后需停 1~2min，待流道气体排净后再实验。

(4) 掺气量不宜太大，否则会阻断水流，或产生剧烈噪声。

(5) 水泵不能在低速下长时间工作，更不允许在通电情况下（日光灯亮）长时间处于停转状态，只有日光灯熄灭才是真正关机，否则水泵易烧坏。

(6) 调速器旋钮的固定螺丝松动时，应及时拧紧，以防止内部电线短路。

6. 思考题

(1) 为什么进水量越大漩涡越强烈？漩涡强度的大小与能量损失有什么关系？

(2) 在逐渐收缩段，有无漩涡产生？

(3) 边界层分离现象发生在什么区域？

(4) 绕流阻力是怎样产生的？研究绕流阻力的意义何在？

(5) 卡门涡街具有什么特性？

实验 3　流 线 演 示 实 验

1. 演示目的

(1) 通过演示机翼绕流、圆柱绕流、孔板、渐缩和突然扩大、突然缩小等流段纵剖面上的定常流动，进一步理解液体流动的流线及流线的基本特征。

（2）运用电化学法显示流场，观察液体流经不同固体边界时的流动现象。

2. 演示原理

流场中液体质点的运动状态可以用流线或迹线来描述。流线是在某一瞬时由无数液体质点组成的一条光滑曲线，这条曲线上所有液体质点的流速矢量都和该曲线相切。迹线是某一质点在某一时段内运动的轨迹线。在流谱仪中，借助电极对化学液体的作用，用酚兰显示液显示出不同颜色液体。通过狭缝式流道组成流场，展示出液体质点的运动状态，这些色线显示了同一瞬时内无数有色液体质点的流动方向，整个流场内的"流线谱"形象地描绘了液流的流动趋势，当这些色线经过各种形状的固体边界时，可以清晰地反映出流线的特征及性质。

3. 演示设备

流道循环过程示意如图 6.4 所示。该演示设备是以狭缝流道为显示屏面，用电化学法显示流（迹）线，由显示屏、小水泵、供水箱、电器、电光源等组成。流线、迹线由电控染色显示，经显示屏后，能自动消色，工作液不必经常更换。演示设备由三个独立流动通道组成，每个通道分别显示某一特定边界条件下的流动图谱。

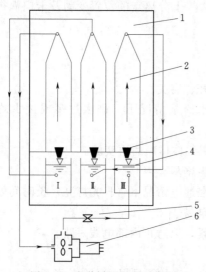

图 6.4　流道循环过程示意图

1—显示板；2—狭缝式流道；3—橡皮塞；
4—显示液；5—止水夹；6—小水泵

Ⅰ型为单流道，可显示圆柱绕流的流谱；Ⅱ型为单流道，可清晰地显示机翼绕流的流线分布情况；Ⅲ型为双流道，由孔板、渐缩和突然扩大等流段组成，可演示这些流段纵截面上的流动形态。

整个流场流动过程采取封闭自循环形式，循环过程如图 6.4 所示，只要将事先配制好的显示液按一定步骤（略）装满水箱并充入狭缝通道中，接通电源便可开始工作。

4. 演示步骤

（1）熟悉演示设备后，将电源插头接入 220V 电源，此时灯光亮，水泵启动并驱动狭缝流道内的液体流动。

（2）调节控制水夹，改变流速以达到最佳显示效果。

（3）待整个显示流谱稳定后，观察分析流场内流动情况及流线特征。

（4）演示结束，切断电源，拔下电源插头。

5. 思考题

（1）什么情况下流线与迹线重合？流线的形状与流场边界线有何关系？

（2）从仪器中看到的染色线是流线还是迹线？

（3）据演示观察到的机翼绕流情况，结合流线的性质及能量方程，请说明机翼是如何受到升力作用的？

实验 4　水击现象演示实验

1. 演示目的

（1）演示水击波传播、水击扬水、调压筒消减水击等工况。

（2）观察有压管道上水击的发生及水击发生时的现象，加深对水击的理解。

（3）了解水击压强的测量、水击扬水的原理和调压筒消除水击危害的原理。

2. 演示原理

（1）基本原理。有压管中运动着的液体，由于阀门或水泵突然关闭，使得液体速度和动量发生急剧变化，从而引起液体压强的骤然变化。由水击而产生的压强增加可能达到管中原来正常压强的几十倍甚至几百倍，而且增压和减压交替频率很高，危害性很大。

（2）水击的产生和传播。参见图 6.5，水泵室 7 能把集水箱 14 中的水送入恒压供水箱 1 中，恒压供水箱 1 设有溢流板和回水管，能使水箱中的水位保持恒定。工作水流自恒压供水箱 1 经供水管 9 和水击室 13，再通过水击发生阀 11 的阀孔流出，回到集水箱 14。

实验时，全关阀 10 和阀 4，触发水击发生阀 11。当水流通过阀 11 时，水的冲击力使阀 11 向上运动而瞬时关闭截止水流，因而在供水管 9 的末端首先产生最大的水击升压，并使水击室 13 同时达到这一水击压强。水击升压以水击波的形式迅速沿着压力管道向上游传播，到达进口以后，由进口反射回来一个减压波，使管 9 末端和水击室 13 内发生负的水击压强。

通过阀 11 和阀 12 的运动过程观察到水击波的来回传播变化现象，即阀 11 关闭，产生水击升压，使逆止阀 12 克服压力室 5 的压力而瞬时开启，水也随即注入压力室 5 内，并可看到气压表 3 随着产生压力波动。然后，在进口传来的负水击作用下，水击室 13 的压强低于压力室 5，使逆止阀 12 关闭，同时水击阀 11 在负水击和阀体自重的共同作用下，向下运动而自动开启。这一动作既能观察到水击波的传播变化现象，又可以使该实验仪器保持往复的自动工作状态，即阀 11 再次开启，水又自阀孔流出，回到这一动作的初始状态，这样周而复始，阀 11 不断地启闭，水击现象也就不断地重复发生。

（3）水击压强的定量观测。通过逆止阀 12、压力室 5 和气压表 3 组成水击压强的定量观察装置，随水击的每次升压，通过逆止阀 12 都向压力室 5 注入一定的水流，而压力室 5 是密闭的，这样就可从与压力室 5 相连的气压表 3 上测量压力室 5 空腔中的压强，压力室内的压力随着水量的增加而不断累加，一直到其值达到与最大水击压强相等时，逆止阀 12 才打不开，所以逆止阀 12 不开启时的压强就是产生的最大水击压强值。

（4）水击的利用——水击扬水原理。水击的利用是由图 6.5 中 1、9、11、12、13、5、4、2 等组成的水击扬水机来演示的。当打开阀 4 时，由于压力室 5 内的空腔气压大于大气压，在水击升降压作用下，通过逆止阀 12 向压力室注水后形成的压力室空腔气压的作用，水流经水击扬水机出水管 2 流出，这样就可利用水击实现扬水。本扬水机扬水高度为 37 cm，超过恒压供水箱的液面达 1.5 倍的作用水头。

（5）水击危害的消除——调压筒工作原理。水击有可利用的一面，但更多的是它对工程具有危害性的一面。为了消除水击的危害，常在阀门附近设置减压阀或调压筒（井）、气压室等设施。本实验通过调压筒（井）的开启可以消除水击的危害，当阀 11 全开下的恒定流动时，调压筒中维持低于库水位的固定自由水面。当阀 11 突然关闭时，供水管 9 中的水流因惯性作用继续向下流动，流入调压筒，使其水位上升，一直上升到高于库水位的某一高度后才停止上升，这时全管流速等于 0，流动处于暂时停止状态，此时调压筒中水位达到最高点，由于调压筒最高水位高于库水位，水体做反向流动，从调压筒流向水箱，调压筒中水位逐渐下降，直到反向流速等于 0 为止，此时调压筒中水位降到最低点。此后，供水管中的水流又开始流向调压筒，调压筒中水位回升，这样通过调压筒中水位往返上下波动，以及供水管、调压管的内摩擦阻力作用，水击波逐渐衰减，直至最后调压筒水位稳定在恒压供水箱水位，从而消除水击的危害。

设置调压筒以后，在管道水流的流量急剧改变时仍会有水击发生，但调压筒的设置在相当大程度上限制或完全制止了水击向上游的传播。同时水击波的传播距离因设置调压筒而大为缩短，这样既能避免直接水击的发生，又加快了减压波返回，因而使水击压强峰值大为降低，这就是利用调压筒消减水击危害的原理。

3. 演示设备

自循环水击演示仪如图 6.5 所示。本实验仪器主要由恒压供水箱、供水管、调压筒、压力室、水击室、气压表、扬水机出水管、水击发生阀、水泵、可控硅无级调速器及集水箱等组成。

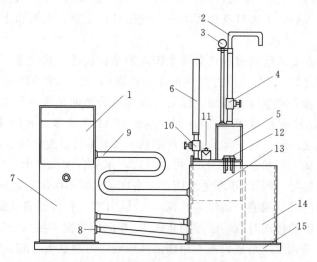

图 6.5 自循环水击演示仪示意图

1—恒压供水箱；2—水击扬水机出水管；3—气压表；4—扬水机截止阀；5—压力室；6—调压筒；

7—水泵室；8—水泵吸水管；9—供水管；10—调压筒截止阀；11—水击发生阀；

12—逆止阀；13—水击室；14—集水箱；15—底座

4. 演示步骤

（1）接通电源，打开可调级电源开关（顺时针方向逐渐减小），调节开关，使恒压供水箱内水面平稳。

（2）关闭阀 10 和阀 4，用手触开水击发生阀 11，观察水击现象。

（3）打开阀 4，观察扬水机工作情况。

（4）关闭阀 4，打开阀 10，然后手动控制阀 11 的开与闭，观察调压筒消除水击的情况。

（5）逆时针方向关闭电源开关。

5. 注意事项

（1）注意电源开关的开启、关闭的方向。

（2）注意水源的清洁，保护逆止阀。

（3）注意一定要排净供水管、压力室和阀 10 下部调压中的滞留空气，否则，可能使水击压强达不到额定值。

6. 思考题

（1）水击波与波浪有何区别？

（2）水击发生阀为何能不停地上下跳动？

（3）扬水机是怎样扬水的？

（4）为什么间接水击比直接水击危害小？

（5）水击在有压管道中会造成什么样的危害？在哪些情况下会发生水击？怎样预防和消除？

实验 5　虹 吸 原 理 演 示 实 验

1. 演示目的

（1）观察虹吸的形成和破坏，以及虹吸管上各点测压管水头的变化情况。

（2）测量虹吸管真空度，确定最大真空域。

（3）定性分析虹吸管流动的能量转换特性。

（4）观察虹吸原理在虹吸式出水流道中的应用情况，分析其优缺点。

（5）观察泵站的虹吸式出水流道边界条件下产生的流动及旋涡现象。

（6）通过对旋涡的观察，分析旋涡产生的原因与条件及虹吸式出水流道局部损失的机理。

（7）讨论减小虹吸式出水流道局部损失的方法。

2. 演示设备

演示设备有虹吸原理演示仪（图 6.6）和二维虹吸式流道流场演示仪（图 6.7）。

虹吸原理演示仪由虹吸管、高位水箱、低位水箱、测压计、可控硅无级调速器、水泵等组成。图 6.6 中 1～8 对应于 8 根测压管的接点。

3. 演示原理

虹吸原理演示仪（图 6.6）通过虹吸的形成过程以及虹吸形成后沿程压力分布情况

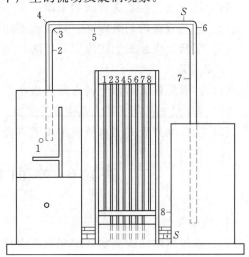

图 6.6　虹吸原理演示仪示意图

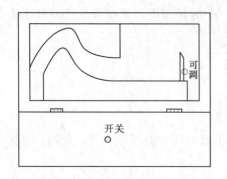

图 6.7　二维虹吸式流道流场演示仪示意图

展示虹吸形成的机理。通过虹吸管中的水流运动，可以观察到各种能量之间的相互转换。急变流过水断面上由于离心惯性力的作用，不同的点上动水压强不符合静水压强分布，即测压管水头不相等。并通过虹吸的破坏，说明虹吸应用中的注意点。并结合泵站虹吸式出水流道说明虹吸原理在工程中的应用。

图 6.7 所示流动演示模拟了泵站的虹吸式出水流道的几何边界，并采有气泡示踪法，把流动中的流线、边界层分离现象以及漩涡发生的区域和强弱等流动图像清晰地显示出来。本装置显示水泵站的虹吸式出水流道纵剖面上的流动图像。通过流线及漩涡的显示情况，可比较分析虹吸式出水流道边界的合理性，尤其是虹吸式出水流道出口下方的漩涡，说明虹吸式出水流道过驼峰后下降坡度不宜太陡。

流动演示装置采用自循环供水方式，只要接通水源和 220V 电源，即可进行演示。

4. 演示步骤

(1) 熟悉设备，接通电源。

(2) 打开虹吸原理演示仪的电源开关，调节调速开关至最大，观察虹吸形成的过程。

(3) 观察虹吸管沿程测压管水头的变化，分析其原因，并拔开最高处的测压管，观察虹吸破坏情况。

(4) 打开泵站虹吸式出水流道演示仪的电源开关，调节调速开关，将进水量开大或关小，观察虹吸式出水流道纵剖面上流动的变化情况。

(5) 观察虹吸式出水流道出口下方边界上分离点的位置变动情况。

(6) 演示结束后，关闭各仪器开关，切断电源。

5. 注意事项

(1) 抽气孔设在了高管段的末端。

(2) 注意观察均匀流断面、急变流断面测压管水头的变化。

(3) 实验结束后盖上防尘罩，以防尘埃落入。

6. 思考题

(1) 虹吸原理演示仪上何点压强最小？为什么？

(2) 理论上虹吸管的最大真空度为多少？实际上虹吸管的最大安装高程不得大于多少？

(3) 为什么虹吸式出水流道出口下方会出现旋涡？如何消除？

实验 6　水面曲线演示实验

1. 演示目的

(1) 通过水面曲线演示，加深和巩固对棱柱体明渠恒定渐变流的 12 条水面曲线的感性认识，理解它们的特点及发生条件。

(2) 观察变底坡情况下水面曲线衔接情况。

2. 实验原理及设备

（1）实验原理。河渠水面线的推算是水力学的经典问题，是堤防整治规划设计中的重要内容。在防洪减灾体系中，设计水面线是江河堤防设计的重要依据，它直接关系到堤防的规模与防洪安全，因此，水面线的正确计算非常重要。

在可变坡的矩形有机玻璃水槽中，放置某一模拟的水工建筑物，改变不同底坡时，在受边界条件变化的影响范围内，都会导致原有水流运动状态改变而形成非均匀流动。非均匀流动既可以是渐变流，也可以是急变流，而恒定渐变流的问题研究主要归结为水面曲线分析和计算，其分析的微分方程式为

$$\frac{\mathrm{d}h}{\mathrm{d}s}=\frac{i-\dfrac{Q^2}{K^2}\left(1-\dfrac{aC^2R\alpha A}{gA}\dfrac{}{aS}\right)}{1-F_r^2}$$

式中：h 为水深；s 为流程；K 为流量模数，F_r 为不同流态明渠流的特性；i 为不同明渠底坡的特性；Q 为流量；C 为谢才系数；A 为横截面积；R 为水力半径；α 为动能修正系数。

对棱柱体明渠 $\dfrac{\mathrm{d}h}{\mathrm{d}s}=0$ 则上式可变换为棱柱形明渠恒定渐变流微分方程式：

$$\frac{\mathrm{d}h}{\mathrm{d}s}=\frac{1-\left(\dfrac{k_0}{k}\right)^2}{1-F_r^2}$$

1）临界水深的确定。

定义：流量及断面形状尺寸一定的条件下，相应的断面能量最小时的水深就是临界水深。

矩形断面临界水深：

$$h_k=\left(\frac{\alpha q^2}{g}\right)^{1/3}$$

2）临界底坡的确定。

定义：明渠均匀流正常水深 h_0 与临界水深 h_k 相等时的底坡。

对于宽浅明渠：

$$i_k=\frac{gP_k}{\alpha C_k^2B_k}\approx\frac{n^2g}{\alpha h_k^{1/3}}$$

式中：B_k 为槽宽；C_k 为临界流时的谢才系数；P_k 为临界流时湿周；h 为水深；n 为粗糙系数；α 为动能修正系数。

临界底坡确定后，保持流量不变，改变渠槽底坡，形成陡坡（$i>i_c$）、缓坡（$0<i<i_c$）、平坡（$i=0$）和逆坡（$i<0$），分别在不同坡度下调节闸板开度，则可清楚地显示出 12 条水面曲线。水面线及其连接如图 6.8 所示。

a. 正坡：

（a）陡坡（$i>i_k$）上只能产生均匀急流；

（b）临界坡（$i=i_k$）上只能产生均匀临界流；

（c）缓坡（$0<i<i_k$）上只能产生均匀缓流。

b. 平坡（$i=0$）：

c. 逆坡（$i<0$）。

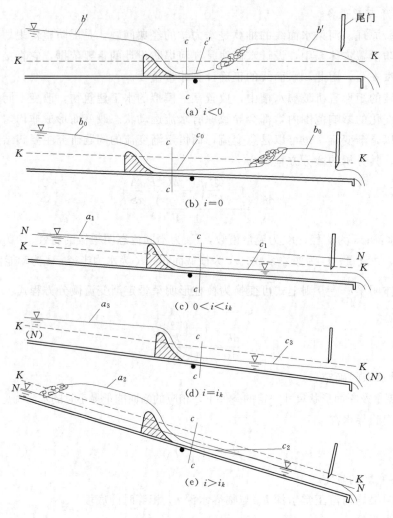

图 6.8　水面线及其连接

其中，$N-N$ 为正常水深控制线；$K-K$ 为临界水深控制线。

（2）实验设备。图 6.9、图 6.10 所示为演示装置图，实验段是由两段可以调节各自底坡的有机玻璃水槽组成。坡度的改变，主要由两个升降电机和坐标尺控制，流量由尾部出口用称重法测定，当在槽中放置各种模拟的水工建筑物和改变底坡，就可以观察到各种水面曲线及其连接。

也可用单变坡的微型水槽演示 12 条水面曲线。

3. 演示步骤

（1）在有机玻璃水槽上游段的某一适当位置放入一模拟的曲线型实用堰（或用闸门控制）。

（2）打开进水阀，使恒压稳水箱内水位稳定，并用称重法在下游测出流量，此时据流量算出临界水深 h_k 及临界底坡 i_k。

（3）以临界底坡 i_k 为准，通过升降电机及坐标尺，调节控制所需的底坡，观察各种形式的水面曲线。据经验按下面顺序观察较方便：

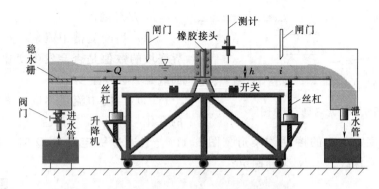

图 6.9 双变坡水面曲线演示水槽

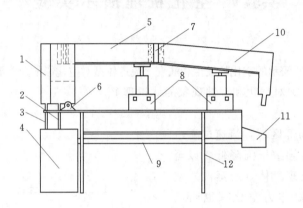

图 6.10 自循环微型电控双变坡水面曲线演示水槽

1—稳水箱；2—供水管；3—回水管；4—水泵与水箱；5—上游变坡槽；6—转轴与支架；

7—连接铰；8—升降电机；9—回水管；10—下游变坡槽；

11—接水器；12—实验桌

1）将整个底坡调成负坡（$i<0$），观察 b'、c' 型水面曲线。

2）将整个底坡调成平坡（$i=0$），观察 b_0、c_0 型水面曲线。

3）将整个底坡调成缓坡（$0<i<i_k$），观察 a_1、c_1 型水面曲线。

4）将整个底坡调成临界坡（$i=i_k$），观察 a_3、c_3 型水面曲线。

5）将整个底坡调成陡坡（$i>i_k$）（底坡调节到曲线反映比较明显为止），观察 a_2、c_2 型水面曲线。

6）将实用堰模型拿出（或启出闸门），并将槽身上游段底坡调成缓坡（$i<i_k$），下游段调成陡坡（$i>i_k$），观察 b_1、b_2 型水面曲线。

上述各种底坡上的水面曲线如图 6.8 所示。

4. 注意事项

（1）在用电动机构调节槽底坡度时，应注意电机的旋转方向，否则会损坏机械。

（2）量测水深时，应注意精度，在水深变化较大处，所取断面间距不宜过大。

（3）水槽及闸门均用有机玻璃板制作，在调节闸门开度时，不宜用力过大，以免损伤设备。

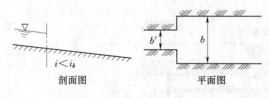

剖面图　　　　　平面图

图 6.11　思考题（3）图

5. 思考题

（1）当改变槽中流量，临界水深及临界底坡的数值是否会发生变化？槽中水面曲线是否会发生变化？

（2）当槽中流量不变，槽中水面曲线的变化与什么因素有关？

（3）有一底宽改变的棱柱体渠道（图 6.11），当通过一定流量 Q 时，临界水深线 $K-K$ 及正常水深线 $N-N$ 怎样确定？

实验 7　空化机理演示实验

1. 演示目的

（1）观察由仪器所演示的空化的发生和演变、流道体型对空化影响及常温下水的沸腾现象。

（2）通过演示加深对空化和空蚀现象的认识理解。

2. 演示原理

在液体流动的局部区域，流速过高，或边界层分离，均会导致压强降低，以至于降低到液体内部出现气体（或蒸汽）空泡或空穴，这种现象称为空化（也叫气穴）。空化现象发生后，液流的连续性遭到了破坏。气体空泡随液体一起向下游运动，当压强增加一定程度时，液体会以极高的速度向空泡内运动，气泡溃灭从而引起附近的固体边界的剥蚀破坏（称作空蚀或气蚀），并产生噪声，结构振动、机械效率降低等。本实验利用高速水流通过流道改变的区域时将产生压强变化的原理来演示空化现象。

3. 演示设备

空化机理实验仪如图 6.12 所示。

4. 实验步骤

（1）接通电源，打开阀门 10。

（2）空化现象的演示：在流道①、②、③、④内观察水流运动现象，可看到在流道①、②的喉部和流道③的闸门槽处出现乳白色雾状空云，这就是空化现象，同时还可听到气泡溃灭的噪声。空化区的负压相当大，其真空度可由真空表 13（与

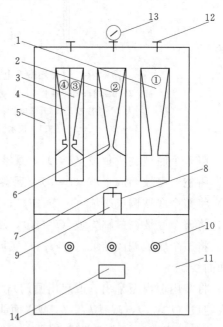

图 6.12　空化机理实验仪示意图

1—流道①文氏型空化示意面；2—流道②渐缩空化显示面；3—流道③矩形闸门槽空化显示面；4—流道④流线型闸门槽空化流动显示面；5—流道显示柜；6—测压点；7—连接短管；8—管嘴；9—空化杯；10—阀门①、②、③；11—自循环供水箱；12—气塞；13—真空表；14—标牌

流道②的喉颈处测压点相连）读出。在流道①、②喉颈中部所形成的带游移状空化云，为游移型空化；在喉道出口处两边形成的附着于转角两边较稳定的空化云，为附体空化；而发生于流道⑧中闸门槽（凹口内）旋涡区的空化云，则为旋涡型空化。

（3）空化机理：流动液体（以水为例）在标准大气压下，当温度升高至 100℃ 时沸腾，水体内产生大小不一的气泡，这就是空化。而当压强小于水在此温度下的汽化压强时，水就要产生空化。先向空化杯 9 中注入半杯温水，压紧橡皮塞盖，然后与管嘴 8（杯两侧各 1 只）接通。在喉管负压作用下，空化杯内的空气被吸出。真空表读数随之增大。当真空度接近 10m 水柱时，杯中水就开始沸腾。这是常温水在低压下发生空化的现象。

（4）流道体型对空化的影响：从流道①、②的空化对比看出：在阀门开关相同的条件下，流道①的空化比流道②严重。从两种体型闸槽的空化看出：流道③、④分别设有矩形槽和下游具有斜坡的流线形槽。在同等流量下，前者空化程度大于后者。

（5）实验结束，打开气塞 12，将流道内水放空，防止流道内结垢。

5. 注意事项

（1）严格按照操作步骤进行实验。

（2）空化杯中的温水不能用冷开水或蒸馏水等，而只能用新鲜自来水，并在每次实验前更换新鲜水，以保证空化沸腾时的显示效果。

6. 思考题

（1）试述实际工程中所产生的空化和空蚀现象。

（2）为什么在每次实验时空化杯中要注入新鲜自来水？用冷开水或蒸馏水能否观察到空化沸腾现象？为什么？

实验 8 紊动机理演示实验

1. 演示目的

（1）演示紊动发生过程及异重流的流动过程。

（2）通过演示加深对水流运动结构的认识。

2. 实验原理

众所周知，液体流动时，存在着两种截然不同的流态，即层流和紊流。层流向紊流转化是一个十分复杂的问题。本实验应用两种不同颜色的液体相互混合的过程来演示紊流的发生过程和异重流的流动过程。

3. 演示设备

紊动机理实验仪结构如图 6.13 所示。

4. 演示步骤

（1）插上水泵电机电源、灯光电源。先关闭阀 5、9、15、16，打开调速器，水泵启动，流量最大。调节调速器旋钮，使流量减小，使得水箱水位不高于恒压水箱 7 中间隔板的顶高。此时仅由取水管 10 单独向流道 13 供水，使水体缓慢地充满下层流道，排除隔板下方滞留的气泡。如果一次操作不能排净气泡，则应反复操作。排净气泡后开大供水流量，并操作阀 14 与阀 15，排除流道上的气泡。

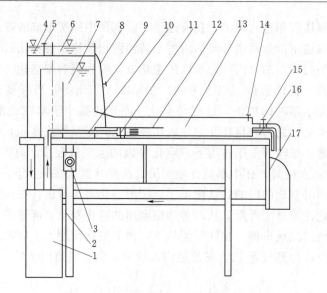

图 6.13　紊动机理实验仪结构示意图

1—自循环供水器；2—实验台；3—可控硅无级调速器；4—消色用丙种溶液容器；5—调节阀；
6—染色用甲种溶液容器；7—恒压水箱；8—染色液输液管；9—调节阀；10—取水管；
11—混合器；12—上下层隔板；13—剪切流道显示面；14—排气阀；
15—出水调节阀；16—分流管与调节阀；17—回水漏头

（2）加注染色药水：调节阀 9，向混合器 1 加注甲种溶液，与水混合即呈紫红色。

（3）加注消色药水：调节阀 5，滴下丙种溶液，以保持工作水体处于五色透明状态。

（4）紊动发生演示：①上下层界面呈平稳直线演示：将阀 16 全开，下层红色水流从此流出。调节阀 15，使上层无色水流流速与下层流速相接近。若界面直线不稳，可适当减小下层流速 u_2，方法是减小阀 16 开度，减小下层水流流速大小，并适当关小阀 15，使上下层流速相近。②波动形成与发展演示：调节阀 15，适当增大上层流速 u_1，界面有明显的速度差，于是开始发生微小波动。继续增大阀 15 的开度，则波动演示更加明显。③波动转变为旋涡紊动演示：将阀 15 开到足够大时，波动失稳，波峰翻转，旋涡形成，界面消失，涡体的旋转运动，使得上下层液体质点发生混掺，紊动发生。

（5）异重流实验：实验时在甲种溶液中加入一定比例的食盐或白糖来提高下层液体的密度，即可用来研究异重流的稳定性。

（6）实验完毕，关机，切断电源。

5. 注意事项

（1）严格按照操作步骤进行操作。

（2）实验时，流入水中的甲种溶液一定要适当，否则，演示效果不好。

（3）隔板下方的气泡要排净。如一次排不净，则应反复操作，直到排干净为止。

6. 思考题

（1）紊流产生的两个必不可少的条件是什么？

（2）液体运动的流态与哪些因素有关？

（3）试叙述实际工程中所遇到的异重流运动现象。

实验9 势流叠加演示实验

1. 演示目的

（1）观察液体作平行流运动的迹线和流线。

（2）观察各种简单势流以及各种势流叠加后所形成的流动图像，加深对势流运动的理解。

2. 演示原理

在势流中，存在平行流、点源和点汇等几种基本的流动形式。根据势流叠加原理，可把已知的简单势流叠加起来，得到一个比较复杂的势流。如把源和均匀流叠加，可得到一个二维钝头流线体的绕流流线图形；如把源与汇叠加，可形成偶极子等。

3. 演示设备

图6.14为一势流叠加实验台，它由进水管、可视实验台、支架、颜料水瓶、红水开关，以及源旋钮、汇旋钮、进水开关、上下游水箱等组成。实验台上设置源汇孔及注红水针头。

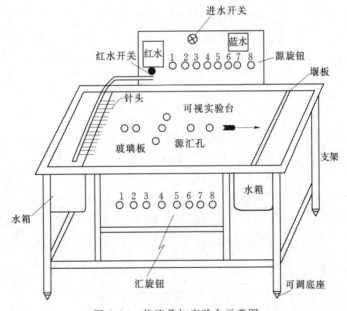

图 6.14 势流叠加实验台示意图

4. 实验步骤

（1）打开进水开关，放水入实验台，调整下游堰板使之溢流。

（2）上下拉动实验台上玻璃板，排除实验台上水流气泡。

（3）打开红水开关，将各针头的红水注入实验台流动的清水内，可观察平行流的流线。

（4）开其中一个源的旋钮放入蓝色水，可观察二维钝头流线体的绕流流线。

（5）可打开一个源的旋钮，一个汇的旋钮以观察偶极子。

（6）同时打开二并行的源的旋钮，可叠加成一直线图。

5. 注意事项

（1）调节阀门旋钮要慢慢地开和关。

（2）在放水时，调节下游堰板，使水位适中。

6. 思考题

（1）请给出源和平行流叠加所形成的二维钝头流线体的流函数和势函数表达式。

（2）什么是平面势流的叠加原理？有何意义？

（3）简单的平面势流有哪几种？每一种的流函数和势函数的表达式是什么？

（4）本实验中所演示的源和汇的叠加是否是真正意义上的偶极子？为什么？

第7章 操作验证类实验

实验1 静水压强实验

1. 实验目的

(1) 通过实验进一步理解静水压强基本方程的物理意义和几何意义，验证不可压缩流体静力学基本方程。

(2) 测量当 $p_0 > p_a$ 和 $p_0 < p_a$ 时，静止液体中 A、B 两点压强的大小，掌握静水压强的测量方法，分析测压管水头的变化，加深对等压面、绝对压强、相对压强和真空度的理解。

(3) 学习利用 U 形管测量液体密度的方法。

(4) 掌握 U 形管和连通管的测压原理以及运用等压面概念分析问题的方法。

2. 实验原理

如图 7.1 所示，实验仪器上的 1 号管和 2 号管构成 U 形管，其中 1 号管与密封容器上部连通，2 号管上部与大气相通，从 U 形管可以看到压差产生。利用活动蓄水桶的升降及气阀的启闭，调节压力容器内静止液体的表面压强 p_0，表面压强的变化会等值的传递到静止液体中各点。设 h_i 表示各测压管及压力容器内液面标高读数，根据在重力作用下的不可压缩液体的静水压强基本方程 $z + p/\rho g = C$ 或 $p = p_0 + \rho g h$ 可知。

(1) 容器中任意点压强的测量。

A 点压强：

$$p'_A = p_a + \rho g h = p_a + \rho g (h_5 - h_A) \qquad （绝对压强）$$
$$p_A = \rho g h = \rho g (h_5 - h_A) \qquad （相对压强）$$

同理，B 点压强：

$$p'_B = p_a + \rho g h = p_a + \rho g (h_4 - h_B) \qquad （绝对压强）$$
$$p_B = \rho g h = \rho g (h_4 - h_B) \qquad （相对压强）$$

(2) 密闭容器内液面压强。

根据测压管液面标高 h_3 与 h_4，高差 $\Delta h = h_4 - h_3$，可求得容器内液面压强 p_0：

$$p'_0 = p_a + \rho g \Delta h \qquad （绝对压强）$$
$$p_0 = \rho g \Delta h \qquad （相对压强）$$

(3) 待测液体的密度。

据等压面和连通器原理，计算测压管 1 和 2 中有色液体的密度 ρ_x。

由 $p_0 = \rho g (h_4 - h_3)$ 和 $p_0 = \rho_x g / (h_2 - h_1)$，可求出待求液体的密度，即 $\rho_x = \dfrac{\rho (h_4 - h_3)}{h_2 - h_1}$。

3. 实验设备

静水压强实验仪（图 7.1）由可密封的盛水容器、气阀、活动蓄水桶和测压管组成的测压架构成。可密封的盛水容器和活动蓄水桶用来形成验证的前提条件 $p_0 > p_a$ 和 $p_0 < p_a$ 两种状态。

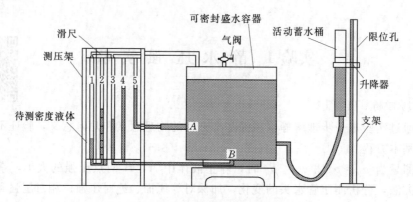

图 7.1　静水压强实验仪示意图

4. 实验步骤

（1）熟悉仪器，记录相关常数。

（2）首先将密封容器顶部气阀打开，再将升降器移到升降杆的最下面的孔位，待等压面齐平后，轻轻关闭气阀。然后向上移动升降器，使之上升两孔位，此时各测压管液面将出现高差，$p_0 > p_a$。等测压管液面稳定后，移动测压板上部的标尺，依次测读 1～5 号测压管液面标高，并做记录。

（3）将升降器继续上移（每次上移一个孔位），再做两次实验，测读 1～5 号测压管内液面标高，并记录数据。

（4）打开气阀，待等压面齐平后关闭气阀。（此时不要移动升降器）。

（5）将升降器向下移动两个孔位（此时 $p_0 < p_a$），同样等液面静止后，用标尺测读各测压管液面标高，并做记录。向相反的方向重复步骤（3），记录数据。

（6）实验完毕后将仪器恢复原状。

（7）列表计算实验成果。

5. 注意事项

（1）读取测压管液面标高时，一定要等液面稳定后再读，并注意使视线与液面最低处处于同一水平面上，尽量减小误差。

（2）升降器只能在最上孔和最下孔之间轻缓移动，切忌动作过猛或超出上下孔位移动，以免损坏仪器。

（3）如发现测压管中水位不断改变，说明容器或测压管漏气，此时应采取止漏措施。

（4）开关气阀时，切忌在水平面转动气阀。

（5）读数时，注意测压管标号和记录表中要对应。

6. 思考题

（1）实验设备中，哪几根测压管内液面始终和活动蓄水筒内液面保持同高，为什么？

（2）当 $p_0 < p_a$ 时，哪几根测压管能测出 p_0 的大小？

（3）升高或降低蓄水筒为什么能改变密闭盛水容器液面的压强 p_0？

（4）U 形管中的压差 Δh 与液面压强 p_0 的变化有什么关系？

（5）若再备一根直尺，如何采用最简便的方法测定 ρ_x？

（6）如何减少在毛细管现象影响下测压管的读数误差？

实验 2　静水总压力实验

1. 实验目的

（1）测定矩形平面上的静水总压力。

（2）验证垂直平面上静水总压力的计算理论。

2. 实验原理

（1）用解析法求作用于任意形状平面上的静水总压力，P 等于该平面形心点的压强与平面面积 A 的乘积，即 $P = p_c A$。

（2）用图解法求解矩形平面上的静水总压力，P 等于压强分布图的体积，即 $P = V = Sb$。

对于静水压强为三角形分布时（图 7.2）：

静水总压力　　　　　　　　　　$P = \dfrac{1}{2}\rho g H^2 b$

合力作用点距底的距离　　　　　$e = \dfrac{1}{3}H$

对于静水压强为梯形分布时（图 7.3）：

静水总压力　　　　$P = \dfrac{1}{2}\rho g (H_1 + H_2)(H_2 - H_1) b$

合力作用点距底的距离　　$e = \dfrac{H_2 - H_1}{3} \dfrac{2H_1 + H_2}{H_1 + H_2}$

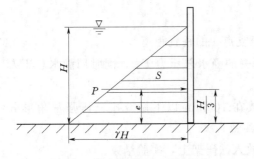

图 7.2　静水压强为三角形分布

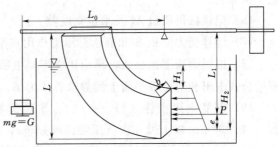

图 7.3　静水压强为梯形分布

（3）由力矩平衡：

$$GL_0 = P_力 L_1$$

其中　　　　　　　　　　　　$L_1 = L - e$

3. 实验设备

静水总压力实验仪器如图 7.4 所示。一个 1/4 圆环体连接在杠杆上，再以支点连接的方式放置在容器顶部刀口上，杠杆上一端装有平衡砣，另一端装有砝码架，用于调节杠杆的平衡和测量。容器中进水后，1/4 圆环体浸没在水中，由于支点位于 1/4 圆环体圆弧面所在圆的圆心，除了矩形垂直端面上的静水压力之外，其他各侧面上的静水压力对支点的力矩都为 0。利用砝码测出力矩，可推算矩形面上的静水总压力。

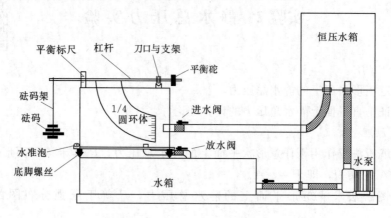

图 7.4　静水总压力实验仪器示意图

4. 实验步骤

（1）熟悉仪器，记录有关常数（如砝码架臂距离 L_0、1/4 圆环体垂直距离 L、1/4 圆环体宽 b 等）。

（2）调整底脚螺丝，使水准泡居中。

（3）取下全部砝码，挂上砝码架，调整平衡砣，使平衡杠杆处于水平状态（杆下缘与中刻度线齐平），此时 1/4 圆环体的矩形端面处于铅垂位置。

（4）打开进水阀门，放水进入水箱，待水流上升到适宜的高度，关闭进水阀。

（5）加砝码到砝码架上，使平衡杠杆恢复到水平状态。如有微差，则通过加水或放水至平衡为止。

（6）记录砝码质量 M 及水位刻度数。

（7）计算受力面积 S 和静水总压力作用点至支点 o 的垂直距离 L_1。

（8）根据力矩平衡公式，求出铅垂平面上所受的静水总压力 $P_力$；同时用静水总压力理论公式求出相应铅垂平面上的静水总压力 $P_理$。

（9）重复上述步骤（4）～（8），水位读数在 100mm 以下做 3 次（压强三角形分布），在 100mm 以上做 3 次（压强梯形分布），共做 6 次。

（10）打开放水阀门，将水排净，并将砝码放入砝码架上，实验结束。

5. 注意事项

（1）调整平衡杆时，进水或放水速度要慢，要注意观察杠杆所处的状态。

（2）砝码每套专用，测读砝码要看清其所注克数。

（3）测读数据时一定要等平衡杆稳定后再读。

6. 思考题

(1) 仔细观察刀口位置，与 1/4 圆环体有何关系，并说明为何要放在该位置？

(2) 如将 1/4 圆环体换成正方体能否进行本试验？为什么？

实验 3 流 量 测 量 实 验

1. 实验目的

(1) 了解文丘里流量计测流量的原理及其构造，掌握使用文丘里流量计测流量的方法。

(2) 实测并绘制文丘里流量计的压差和流量的关系曲线 $Q - \Delta h$。

(3) 率定文丘里流量计的流量系数 μ 值。

(4) 掌握体积法测量流量的方法，并比较其与文丘里流量计测流量的精度。

2. 实验原理

文丘里流量计是一种常用的量测有压管道流量的仪器。它由收缩段、喉道、扩散段三部分组成。

测流原理：文丘里管前 1—1 断面和喉道处 2—2 断面分别与四管压差计管 1 和管 4 相连。因为喉道断面收缩，断面平均流速加大，动能变大，势能减小，所以喉道的测压管水头与收缩段进口处的测压管水头不同，产生了水头差 Δh，该水头差 Δh 与通过的流量存在着一个正比关系：$Q_{理} = k \sqrt{\Delta h}$。故只需测出 Δh，就可计算出理论流量 Q，再经修正得到实际流量，$Q_{实} = \mu k \sqrt{\Delta h}$。

据能量方程式和连续性方程式，可得不计阻力作用时的文丘里过水能力关系式：

$$Q_{理} = \frac{\pi}{4} d_1^2 \times \frac{\sqrt{2g}}{\sqrt{\left(\frac{d_1}{d_2}\right)^4 - 1}} \times \sqrt{\left(z_1 + \frac{p_1}{\rho g}\right) - \left(z_2 + \frac{p_2}{\rho g}\right)} = k \sqrt{\Delta h}$$

其中

$$k = \frac{\pi}{4} d_2^2 \times \frac{\sqrt{2g}}{\sqrt{1 - \left(\frac{d_2}{d_1}\right)^4}}, \quad \Delta h = \left(z_1 + \frac{p_1}{\rho g}\right) - \left(z_2 + \frac{p_2}{\rho g}\right)$$

另由水静力学基本方程可得气—水多管压差计的 Δh 为

$$\Delta h = h_1 - h_2 + h_3 - h_4$$

实际流量 $Q_{实}$ 用体积法测定：

$$Q_{实} = \frac{V}{t}$$

式中：V 为 t 时间内水流由管道流入量筒内的体积；t 为接水时间。

实际上由于阻力的存在，通过的实际流量 $Q_{实}$ 恒小于 $Q_{理}$，所以引入一无因次数 $\mu = \dfrac{Q_{实}}{Q_{理}}$（$\mu$ 为流量系数），对计算所得的流量值进行修正，即 $Q_{实} = \mu Q_{理} = \mu k \sqrt{\Delta h}$。通过改变流量测得不同流量下的 μ 值。

3. 实验设备

实验设备由装有文丘里流量计的小型自循环系统，四管连续压差计，秒表、量筒组成（图 7.5）。在文丘里流量计的两个测量断面上，分别有 4 个测压孔与相应的均压环连通，经均压环均压后的断面压强由气一水多管压差计测量（亦可用电测仪量测）。

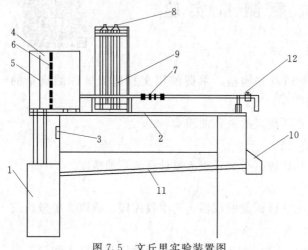

图 7.5　文丘里实验装置图

1—自循环供水器；2—实验台；3—可控硅无级调速器；
4—恒压水箱；5—溢流板；6—稳水孔板；
7—文丘里实验管段；8—测压计气阀；
9—四管测压计；10—接水器；
11—回水管；12—流量调节阀

4. 实验步骤

（1）测记有关常数，并检查在出水阀全关时，检核测管液面读数 $h_1 - h_2 + h_3 - h_4$ 是否为 0，不为 0 时，旋开测压计气阀，使 1、4 号和 3、2 号测压管同高，然后同时关闭气阀（注意旋紧，否则实验过程中会漏气，影响实验数据的准确性）。

（2）打开流量调节阀，使测压管最高和最低液面在滑尺范围内差值最大，待水流稳定后，读取各测压管水面读数 h_1、h_2、h_3、h_4，并用秒表、量筒测量流量。

（3）逐次略关小调节阀（以其中一根测压管的水位变化 $0.5 \sim 1$cm 为宜），改变流量，按上述步骤重复 $4 \sim 6$ 次，每次调节阀门应缓慢。

（4）按逐次测出数值顺序，记录在实验记录表格内，并进行有关计算。

（5）如测压管内液面波动，应测时均值。

（6）实验结束，需按步骤（1）校核压差计是否回零。

（7）整理实验结果。

5. 注意事项

（1）在溢流板有溢流时方能进行实验。

（2）实验要求改变几次流量，为便于调节，先从大流量开始做；每次改变流量应等水流稳定后再测读数据，否则影响测量精度。

（3）每次调节出水阀门应缓慢，并同时注意测压管中液面高差的控制。

（4）实验结束后，关闭电源开关、拔掉电源插头。

（5）每次体积法测流量，量筒里的水要倒进接水器，不要倒在其他地方，以免循环用水不够。

6. 思考题

（1）假如通过文丘里流量计的液体是理想液体，当流量不变时，压差 Δh 比通过实际液体时的大还是小？为什么？

（2）为什么 $Q_理$ 与 $Q_实$ 不相等？两种测流量方法哪个精度高？

（3）实验时，若将文丘里流量计倾斜放置，各测压管内液面高度差是否会变化？

（4）本实验中，影响文丘里管流量系数大小的参数及因素有哪些？哪个参数最敏感？对本实验的管道而言，若因加工精度影响，误将 $(d_2-0.01)$ cm 值取代上述 d_2 值时，本实验在最大流量下的 μ 值将为多少？并计算与原 μ 值的百分误差。

实验 4 流速测量实验

方法 1 光电流速仪测定明槽垂线流速

1. 实验目的

（1）了解光电流速仪测流速的基本原理与光电传感器的简单构造。

（2）掌握用光电流速仪测定点流速的方法；观察垂线流速分布情况。

2. 实验原理及设备

本实验采用光电式旋桨流速仪。

光电式旋桨流速仪的工作原理是将旋桨传感器放入水流测点处，在水流作用下旋桨轻巧转动，流速越大，旋桨转动越快。由于旋桨传感器一片或两片叶轮叶片边缘上镀有反光标记（见照片），发射光产生的反射光便经传感器中的光导纤维传送给光敏三极管，并转换成电脉冲信号，送入二次数字仪表中，转换后的电脉冲信号经放大整形，由计数器计数。叶轮每转一周，便产生一个脉冲信号，周而复始，在选定的采样时间 T 内，叶轮不断转动，就不断有电脉冲信号输入二次仪表中，通过仪器的计数处理，显示出 T 时间内叶轮的累积转次 N，换算成流速值，流速计算公式为

$$V=KN/T+C$$

式中：V 为流速，cm/s；K 为传感器率定系数；C 为传感器率定系数；T 为设定的采样时间，s；N 为采样时间内的传感器旋桨转数（对单反光面旋桨而言，若是双反光面旋桨，N 应除以 2 才为采样时间内的传感器旋桨转数）。

实验时将旋桨传感器叶轮置于水流中不同的位置，就可测出各测点的时均流速。下面介绍两种型号的光电式旋桨流速仪（其他型号按说明书操作）：

（1）CSY 型光电流速仪（图 7.6）。

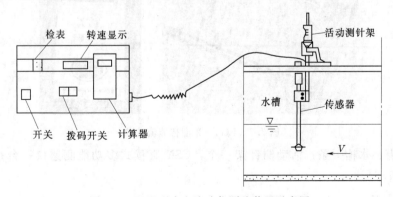

图 7.6 CSY 型光电流速仪测速装置示意图

CSY 型光电流速仪流速与叶轮转速之间存在如下关系式：

$$V = an + b = \frac{Na}{T} + b$$

式中：V 为流速；n 为单位时间内叶轮转数；T 为采样时间；N 为采样时间内的叶轮总转数；a、b 为率定系数。

编制步骤：

依次按 $\boxed{\text{ON/C}}$ $\boxed{\text{F}}$ $\boxed{\text{COMP}}$ $\boxed{\text{F}}$ $\boxed{\text{K}_1}$ $\boxed{a}$ $\boxed{\div}$ $\boxed{\text{T}}$ $\boxed{\times}$ $\boxed{\text{K}_1}$ $\boxed{+}$ $\boxed{b}$ $\boxed{=}$ $\boxed{\text{F}}$ $\boxed{\text{COMP}}$，若要计算器的运算结果保留小数点后一位，可接着按 $\boxed{\text{F}}$ $\boxed{\text{F-E}}$ $\boxed{1}$，但这条程序在关机后无记忆作用，每次开机需重编。

编程结束后，必须进行检测，现以率定关系式 $V = \frac{Na}{T} + b$ 为例，设：采样时间 $T = 30\text{s}$，率定系数 $a = 4.2$；$b = 2.5$。

检验：若按 $N = \boxed{30}$，接着按 $\boxed{\text{COMP}}$，则显示 $V = \boxed{6.7\text{cm/s}}$。

若按 $N = \boxed{60}$，接着按 $\boxed{\text{COMP}}$，则显示 $V = \boxed{10.9\text{cm/s}}$。

说明程序正确可以进行施测。否则，重新编程。关于编程，由于有些仪器的按钮设置不一，具体参见各仪器使用说明书。

（2）LGY-Ⅱ型智能流速仪（图 7.7）。LGY-Ⅱ型智能流速仪配置了 4 键式触摸键盘，背光液晶显示器，具有自动存储记忆功能：设置的 K、C、A、T、N 值会自动保存；测量好的流速等数据若未记录，可通过用触摸键盘上的"↑"或"↓"键依次读出来。$\phi15\text{mm}$ 的新型流速旋桨传感器 $K = 2.88$，$C = 1.00$；$\phi12\text{mm}$ 的 $K = 1.85$，$C = 1.00$（高精度试验前要率定）。流速测量范围：$1 \sim 300\text{cm/s}$；采样时间：$1 \sim 99\text{s}$ 任选；流速计算公式：

$$V = A(KN/T + C)$$

式中：V 为流速，cm/s；A 为流速比尺（如不需要可设置为 1）；K、C 为流速旋桨传感器率定系数；T 为设定的采样时间，s；N 为采样时间内的传感器旋桨脉冲数（单反光面旋桨的脉冲数即为旋桨转数，双反光面旋桨的脉冲数除以 2 才为旋桨转数）。

图 7.7　LGY-Ⅱ型智能流速仪

设备共有：水槽一条；活动测针架一个，CSY 直读式多功能测速仪一台；光电传感器一支（图 7.6）。

3. 实验步骤

（1）CSY 型光电流速仪。

1）将仪器连接好，接通电源，开启电源开关。

2）首先将检测选择开关拨到"计数"位置，此时检测电表指示的是输出光源电压，调节光源电压电位器，使光源电压为 1.4～1.8V。

3）再将检测开关拨至"检测"位置，用手轻轻拨转叶轮，使电镀的反射面停留在光纤检查端前方的较佳位置，此时检测电表便指示出传感器的输出讯号强度。该讯号强度若大于 $40\mu A$，仪器保证正常工作。若输出讯号不足或过大，需进行检查，重新调试。

4）关闭电源，正确选择采样时间，将传感器的率定关系式输入到可编程序计算器。

5）在计算器上输入一个假设的传感器叶轮转数 N，验证编入程序是否正确，如不正确，应重新编程序，准备就绪后请教师检查，经同意后，方可施测。

6）启动水槽循环泵，使水槽内水流循环流动，打开流速仪电源开关，将检测选择开关拨到"计算"位置，将传感器放入被测水流中，随叶轮转动，数码管开始累积计数，直到取样时间结束，此时，计算器将显示出此时段内的平均速度。随后数码管全数复零后重新计数。连续记录三个读数，取其平均值作为该点流速。

7）调节光电传感器的高度，分别将旋桨叶轮置于同一垂线上水面下不同深度，测读对应的点流速，并记录测针读数，在施测过程中不要随便触动叶轮。

8）据垂线上各测点的流速值，绘制垂线流速分布曲线图。

(2) LGY-Ⅱ型智能流速仪。

1）将仪器连接好，开机后，液晶显示器显示"WELCOM"欢迎字样，随后显示"SYSTEM FREE!"（系统等待命令!）。

2）按下"功能"键，显示设置的 K 值（SETTING K= *.**），K 取一位整数，两位小数，此时可用"↑"或"↓"键来修改 K 值（以下均可用"↑"或"↓"键来修改）；修改完成后，按"功能"键将 K 值存入内存，同时显示 C 值（SETTING C= *.**），C 取一位整数，两位小数；修改完成后，按"功能"键将 C 值存入内存，同时显示 A 值（SET A= **.***），A 可取两位整数，三位小数；修改完成后，按"功能"键将 A 值存入内存，同时显示 T 值（SETTING T= **s，s 为秒），T 取两位整数；修改完成后，再按"功能"键将 T 值存入内存，同时显示测量次数 N 值（SETTING N= *），N 取一位整数；修改完成后，再按"功能"键将 N 值存入内存，此时显示"SYSTEM FREE!"（系统等待命令!）。

3）仪器有自动存储和记忆功能，以前设置的 K、C、A、T、N 值会自动保存。

4）当液晶显示器显示"SYSTEM FREE!"（系统等待命令!）时，可以进行"功能"设置和"开始"测量。

5）按"开始"键开始测量，屏幕显示倒减的采样时钟，当采样时间一到，显示流速旋桨传感器在 T 时间内的采样脉冲数 N，稍停 3s 后显示计算好的流速 V1 值；过 3s 后，再依次显示第二次、第三次采样和计算好的 N2、V2、N3、V3 值，…，当三次或多次采样结束，显示三次或多次的平均流速 V。

6）测量结束后，如需要检查测量的数据，按"↑"或"↓"键，可逐次显示 N1、V1、N2、V2、N3、V3、…和平均流速 V。

7）调节光电传感器的高度，分别将旋桨叶轮置于同一垂线上水面下不同深度，测读对应的各点流速，并记录测针读数，在施测过程中不要随便触动叶轮。

8）据垂线上各测点的流速值，绘制垂线流速分布曲线图。

4. 注意事项

（1）测流速时旋桨轮的轴线一定与流速方向一致。

（2）旋桨轮放入水中，应离水面至少 3mm。

（3）不要随便触动叶轮。

（4）在测量过程中，同一测点的计数器读数不可能各次一样，为减少误差，每个测点多测几次再取其平均值。

5. 思考题

（1）直读式光电流速仪显示的流速值是质点的流速还是空间点流速？

（2）为什么每个测点要读三次读数，并取算术平均值？

（3）为什么在使用光电传感器时要避免振动？

（4）在明槽中垂线流速呈什么样分布规律？

方法 2　毕托管测速实验

1. 实验目的

（1）通过对管嘴淹没出流点流速及点流速系数的测量，掌握用毕托管测点流速的方法。

（2）通过了解毕托管构造、测流原理和适用范围，检验其量测精度，进一步明确毕托管的实际作用。

2. 实验原理

毕托管是根细弯管，其前端和侧面均开有小孔，当需要测量水中某点流速时，将弯管前端（动压管）置于该点并正对水流方向，侧面小孔（静压管）垂直于水流方向。前面小孔和侧面小孔分别由两个不同的通道接入两根测压管，测量时只需测出两根测压管的水面差，即可求出所测测点的流速。

$$u = c\sqrt{2g\,\Delta h} \tag{7.1}$$

式中：u 为毕托管测点处的点流速；c 为毕托管的校正系数；Δh 为毕托管静压孔、全压孔的测压管水柱高差。

$$u = \varphi'\sqrt{2g\,\Delta H} \tag{7.2}$$

式中：u 为测点处流速，由毕托管测定；φ' 为测点流速系数；ΔH 为管嘴的作用水头。

联解（1）、（2）两式得 $\varphi' = c\sqrt{\dfrac{\Delta h}{\Delta H}}$。

3. 实验设备

毕托管实验装置如图 7.8 所示。经淹没管嘴 6，将高低水箱水位差的位能转换成动能，并用毕托管测出其点流速值。测压计 10 的测压管 1、2 用来测量高、低水箱位置水头，测压管 3、4 用来测量毕托管的全压水头和静压水头，水位调节阀 4 用来改变测点的流速大小。

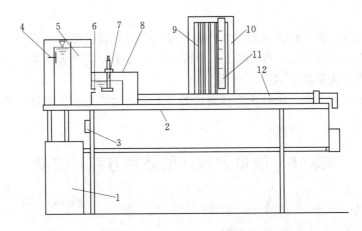

图 7.8　毕托管实验装置图

1—自循环供水器；2—实验台；3—可控硅无级调速器；4—水位调节阀；5—恒压水箱；6—管嘴；7—毕托管；
8—尾水箱与导轨；9—测压管；10—测压计；11—滑动测量尺（滑尺）；12—上回水管

4. 实验步骤

（1）准备：①熟悉实验装置各部分名称、作用性能，分解毕托管，搞清构造特征、实验原理；②用软塑管将上、下游水箱的测点分别与测压计中的测管 1、2 相连通；③将毕托管对准管嘴，距离管嘴出口处约 2～3cm，上紧固定螺丝。

（2）开启水泵：顺时针打开调速器开关 3，将流量调节到最大。

（3）排气：待上、下游溢流后，用吸气球（如医用洗耳球）放在测压管口部抽吸，排除毕托管及各连通管中的气体，可用静水匣罩住毕托管，检查测压计液面是否齐平，液面不齐平可能是空气没有排尽，必须重新排气。

（4）测记各有关常数和实验参数，填入实验表格。

（5）改变流速：操作调节阀 4 并相应的调节调速器 3，使溢流量适中，共可获得 3 个不同恒定水位与相应的不同流速。改变流速后，按上述方法重复测量。

（6）完成下述实验项目：

1）分别沿垂向和纵向改变测点的位置，观察管嘴淹没射流的流速分布。

2）在有压管道测量中，管道直径相对毕托管的直径在 6～10 倍以内时，误差在 5%～2% 以上，不宜使用。试将毕托管头部伸入到管嘴中，予以验证。

（7）实验结束时，按上述（3）的方法检查毕托管测压计是否齐平。

5. 注意事项

（1）实验前先对毕托管测压管排气。

（2）移动毕托管时要先松动固定螺丝，再移动。

（3）实验过程中，为防止进气，毕托管不得露出水面，否则应重新排气。

（4）实验结束后，用静水匣罩住毕托管，检查是否进气，若测压计液面不齐平，说明所测数据有误差，应重新冲水排气并重新进行测量。

（5）毕托管头部要对准来流方向，否则测量的可能不是来流的流速，而是流速的分量。

6. 思考题

（1）利用测压管测量点压强时，为什么要排气？怎样检验排净与否？

（2）毕托管的动压头 Δh 和管嘴上、下游水位差 ΔH 之间的大小关系怎样？为什么？

（3）所测的流速系数 φ' 说明了什么？

（4）为什么在光、声、电技术高度发展的今天，仍然常用毕托管这一传统的流体测速仪器？

实验 5 能量方程（伯努利方程）实验

1. 实验目的

（1）验证流体恒定总流的能量方程。

（2）通过对动水力学诸多水力现象的实验分析，进一步掌握有压管流中动水力学的能量转换特性。

（3）掌握流速、流量、压强等动水力学水力要素的实验量测技术，根据测试数据绘制一条测压管水头线和总水头线。

2. 实验设备

自循环伯努利实验装置如图 7.9 所示。实验流量用阀门调节，由体积法测流量。

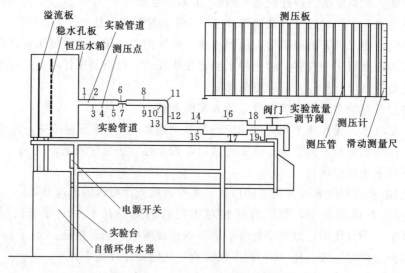

图 7.9 自循环伯努利实验装置图

本仪器测压管有两种：

（1）毕托管测压管，用以测读毕托管探头对准点的总水头 $H'(=Z+p/\rho g+u^2/2g)$，须注意一般情况下 H' 与断面总水头 $H(=Z+p/\rho g+v^2/2g)$ 不同（因一般 $u\neq v$），它的水头线只能定性表示总水头变化趋势。

（2）普通测压管，用以定量量测测压管水头。

3. 实验原理

在实验管路中沿管内水流流动方向取 n 个过水断面。可以列出进口断面（1）至另一断面（i）的能量方程式（$i=2$，3，$\cdots$，n）：

$$Z_1+p_1/\rho g+\alpha_1 v_1^2/2g=Z_i+p_i/\rho g+\alpha_i v_i^2/2g+h_{w1-i}$$

取 $\alpha_1=\alpha_2=\cdots=\alpha_n=1$，选好基准面，从已设置的各断面的测压管中读出 $Z_i+p_i/\rho g$ 值，测出通过管路的流量，即可计算出断面平均流速 v_i 及 $\alpha_i v_i^2/2g$，从而得到各断面测压管水头和总水头，绘制较大流量下的测压管水头和总水头线。

4. 实验步骤

（1）熟悉实验设备，分清哪些测管是普通测压管，哪些是毕托管测压管，以及两者功能的区别。

（2）打开电源开关启动循环水泵供水，待恒压水箱溢流后，检查调节阀关闭后所有测压管水面是否齐平。如不平则需查明故障原因（例如连通管受阻、漏气或夹气泡等）并加以排除，直至调平。

（3）打开阀门，观察思考：①测压管水头线和总水头线的变化趋势；②位置水头、压强水头之间的相互关系；③测点 2、3 测管水头是否相同？为什么？④测点 12、13 测管水头是否不同？为什么？⑤当流量增加或减少时测管水头如何变化？

（4）调节阀门开度，待流量稳定后，测记各测压管液面读数，同时测记实验流量（毕托管供演示用，不必测记读数）。

（5）改变流量 2 次，重复上述测量。其中一次阀门开度大到使测管液面最低点接近标尺零点。

5. 思考题

（1）测压管水头线和总水头线的变化趋势有何不同？为什么？

（2）流量增加，测压管水头线有何变化？为什么？

（3）测点 2、3 和测点 10、11 的测压管读数分别说明了什么问题？

（4）试问避免喉管（测点 7）处形成真空有哪几种技术措施？分析改变作用水头（如抬高或降低水箱的水位）对喉管压强的影响。

（5）毕托管所显示的总水头线与实测绘制的总水头线一般都略有差异，试分析其原因。

实验 6　动量方程验证实验

方法 1　活塞式动量方程仪

1. 实验目的

（1）验证不可压缩流体恒定流的动量方程；进一步理解动量方程的物理意义。

（2）通过对动量与流速、流量、出射角度、动量矩等因素间相关性的分析研究，进一步掌握流体动力学的动量守恒特性。

（3）了解活塞式动量方程实验仪原理、构造，进一步启发与培养同学创造性思维的能力。

2. 实验原理

（1）设备工作原理。图 7.12 自循环供水装置中 1 由离心式水泵和蓄水箱组合而成。开启水泵，水流经供水管供给恒压水箱，工作水流经管嘴 6 形成射流，射流冲击到带活塞和翼片的抗冲平板 9 上，并通过与入射角成 90°的方向离开抗冲平板。带活塞的抗冲平板在射流冲击力和测压管 8 中的静水总压力作用下处于平衡状态。活塞形心水深 h_c 可由测压管 8 测知，由此可求得活塞一侧所受静水总压力，带翼片的活塞另一侧所受的射流冲击力，即动量力 F 可由管嘴射流速度据动量方程求得。冲击后落下的水经集水箱 7 汇集后，再经排水管 10 流出，在出口用体积法或称重法测流量。水流经接水器和回水管流回蓄水箱。

为了自动调节测压管内的水位，使带活塞的平板受力平衡，以及减小摩擦阻力对活塞的作用，本实验装置应用了自动控制的反馈原理和动摩擦减阻技术，具有如下结构：

带活塞和翼片的抗冲平板 9 和带活塞套的测压管 8 如图 7.10 所示，该图是活塞退出活塞套时的分部件示意图。活塞中心设有一细导水管 a，进口端位于平板中心，出口端转向 90°向下。在平板上设有翼片 b，活塞套管上设有溢流孔 c。

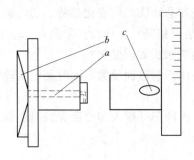

图 7.10 活塞和测压管示意图

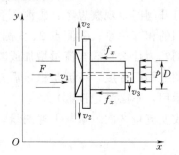

图 7.11 活塞受力分析图

工作时，在射流冲击力作用下，水流经导水管 a 向测压管内加水。当射流冲击力大于测压管内水柱对活塞的静水总压力时，活塞内移，溢流孔 c 关小，水流外溢减少，使测压管内水位上升，水压力增大；反之，活塞外移，溢流孔开大，水流外溢增多，测压管内水位降低，水压力减小。在恒定射流冲击下，经过短时间的自动调整，即可达到射流冲击力和水压力的平衡状态。这时活塞处在半进半出，溢流孔部分开启的位置上，过导水管 a 流进测压管的水量和过溢流孔 c 外溢的水量相等。由于平板上设有导流方向翼片 b，在水流冲击下，平板带动活塞旋转，因而克服了活塞在沿轴向滑移时的静摩擦力。

为验证本装置的灵敏度，只要在实验中的恒定流受力平衡状态下，人为地增减测压管中的液位高度，可发现即使改变量不足总液柱高度的 $\pm 5‰$（约 $0.5 \sim 1\ \text{mm}$），活塞在旋转下亦能有效地克服动摩擦力而作轴向位移，开大或减小溢流孔 c，使过高的水位降低或过低的水位提高，恢复到原来的平衡状态。这表明该装置的灵敏度高达 0.5%，亦即活塞轴向动摩擦力不足总动量力的 $5‰$，在实验中可以忽略不计。

（2）实验理论原理。恒定总流动量方程为

$$F = \rho Q(\beta_2 v_2 - \beta_1 v_1)$$

活塞受力分析如图 7.11 所示，因滑动摩擦阻力水平分力 $f_x < 0.5\% F_x$，可忽略不计，故 x 方向的动量方程化简为

$$F_x = -p_c A = -\rho g h_c \pi D^2/4 = \rho Q(0 - \beta_1 v_{1x})$$

即

$$\beta_1 \rho Q v_{1x} - \rho g h_c \pi D^2/4 = 0$$

式中：h_c 为作用在活塞形心处的水深；D 为活塞的直径；Q 为射流流量；v_{1x} 为射流速度；β_1 为动量修正系数。

实验中，在平衡状态下，只要测得流量 Q 和活塞形心水深 h_c，由给定的管嘴直径 d 和活塞直径 D 代入上式，便可验证动量方程，并可率定射流的动量修正系数 β_1 值。其中，测压管的标尺零点已固定在活塞的圆心处，因此液面标尺读数，即为作用在活塞圆心处的水深。

3. 实验设备

本实验装置如图 7.12 所示。

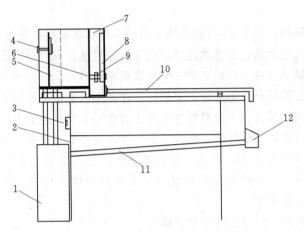

图 7.12　动量定律实验装置图

1—自循环供水器；2—实验台；3—无级调速开关；4—水位调节阀；5—恒压水箱；6—管嘴；7—集水箱；
8—带活塞套的测压管；9—带活塞和翼片的抗冲平板；10—上回水管；11—下回水管；12—接水器

4. 实验步骤

（1）熟悉仪器，并记录有关常数。

（2）打开仪器电源开关，水泵启动向恒压水箱供水。

（3）待恒压水箱溢流后，松开测压管固定螺丝，调整方向，要求测压管垂直。螺丝对准十字中心，使活塞转动轻快，然后固定好螺丝。

（4）标尺零点已固定在活塞的圆心处。当测压管内液面稳定后，记下测压管液面标尺读数，即 h_c 值。

（5）利用体积法或称重法测流量（接水时间尽可能长些）。

（6）调节水位调节阀，改变溢水高程，从而改变作用水头；等水头稳定后，按（3）～（5）步骤重复进行试验。

5. 思考题

（1）利用实验数据计算动量修正系数 β_1，并与公认值（$\beta_1 = 1.02 \sim 1.05$）比较，如不相符，分析原因。

（2）带翼片的平板在射流作用下获得力矩，这对沿 X 轴方向的动量力有无影响？为什么？

（3）活塞上的细导水管出流角度对实验有无影响？为什么？

方法 2　杠杆式动量方程实验仪

1. 实验目的

（1）验证不可压缩流体恒定流的动量方程；进一步理解动量方程的物理意义。

（2）通过杠杆平衡原理求出抗冲平板所受的管嘴喷射水流冲击力，与动量方程计算出的管嘴喷射水流的冲击力相比较分析，进一步掌握流体动力学的动量守恒特性。

（3）了解杠杆式动量方程实验仪原理、构造，进一步启发与培养同学们创造性思维的能力。

2. 实验原理

（1）设备工作原理。图 7.13 自循环供水器中 1 由水泵和蓄水箱组合而成。开启水泵，水流经蓄水箱供给恒压水箱，工作水流经管嘴 6 形成射流，射流冲击到抗冲平板 8 上，抗冲平板 8 通过支点轴承（或刀口）支承在恒压水箱两边壁上，抗冲平板中间一侧装有平衡调节砣，另一侧装有挂砝码架的悬臂支架杠杆，在其上有平衡指示用水准泡。实验前将抗冲平板通过平衡砣调节平衡，实验时在射流冲击力作用下平板会失去原有平衡状态，这时通过在砝码架上增加砝码调节到原有平衡状态。这样抗冲平板上的水流冲击力可由杠杆平衡原理测知；管嘴喷射水流的动量力 F 可由管嘴射流速度据动量方程求得。冲击后落下的水经集水箱 7 汇集后，再经排水管 10 流出，在出口用体积法或称重法测流量。水流经接水器和回水管流回蓄水箱。

（2）实验理论原理。恒定总流动量方程为

$$F = \rho Q(\beta_2 v_2 - \beta_1 v_1)$$

取恒压水箱水面和管嘴出流断面及箱体包围的水体为脱离体，列在 x 轴方向的动量方程为

$$F_x = \rho Q(0 - \beta_1 v_{1x}) = -\beta_1 \rho Q v_{1x}$$

即

$$\beta_1 \rho Q v_{1x} - mgL_{码}/L_{嘴} = 0$$

式中：$L_码$ 为砝码对支点产生的力臂；$L_嘴$ 为管嘴喷射水流对支点产生的力臂；Q 为射流流量；v_{1x} 为射流速度；β_1 为动量修正系数。

实验中，在平衡状态下，只要测得流量 Q 和砝码质量 m，由给定的管嘴直径 d 和相应的力臂 $L_码$、$L_嘴$ 代入上式，便可验证动量方程，并可率定射流的动量修正系数 β_1 值。

3. 实验设备

杠杆动量定律实验装置如图 7.13 所示。

4. 实验步骤

（1）熟悉仪器，并记录有关常数。

（2）取下砝码，挂上砝码架，将抗冲平板通过平衡砣调节平衡。

（3）打开仪器电源开关，水泵启动向恒压水箱供水，待恒压水箱溢流后，通过增加砝码调节平衡板使其再次平衡（微量调节通过水位调节阀调节）。

（4）记下砝码质量，利用体积法或称重法测流量（接水时间尽可能长些）。

（5）调节水位调节阀，改变溢水高程位置，从而改变作用水头；等水头稳定后，按步骤（3）～（4）重复进行试验。

5. 思考题

（1）利用实验数据计算动量修正系数 β_1，并与公认值（$\beta_1 = 1.02 \sim 1.05$）比较，如

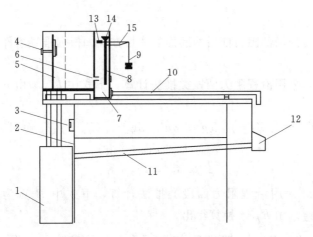

图 7.13　杠杆动量定律实验装置图

1—自循环供水器；2—实验台；3—电源开关；4—水位调节阀；5—恒压水箱；6—管嘴；

7—集水箱；8—抗冲平板；9—带砝码的砝码架；10—上回水管；11—下回水管；

12—接水器；13—平衡砣；14—支点；15—杠杆

不相符，分析原因。

（2）平衡板在射流作用下产生水流反射，水流反射角度对平衡板平衡有无影响？为什么？

实验 7　管道突扩、突缩局部阻力系数的测定实验

1．实验目的

（1）掌握管路中用类推法测沿程阻力损失进而测定局部阻力系数的测定方法，把所测的局部阻力系数 $\xi_{扩}$、$\xi_{缩}$ 与经验公式计算数值进行比较分析。

（2）进一步了解管径突然变化，在突变断面前后测压管水头线的变化规律，加深对局部阻力损失机理的理解。

2．实验装置

局部阻力系数测定实验装置如图 7.14 所示。

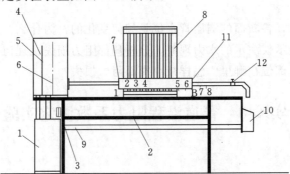

图 7.14　局部阻力系数测定实验装置图

1—自循环供水器；2—实验台；3—可控硅无级调速器；4—恒压水箱；5—溢流板；6—稳水孔板；7—突然扩大

实验管段；8—测压计；9—回水管；10—接水器；11—突然收缩实验管段；12—实验流量调节阀

3. 实验原理

写出沿水流方向的局部阻力前后两断面的能量方程，根据推导条件，扣除沿程水头损失可得：

(1) 突然扩大，采用沿程阻力两段类推法计算，下式中 h_{f1-3} 由 h_{f3-5} 按流长比例换算得出。

实测值：$\quad h_{j扩} = [(Z_1 + p_1/\rho g) + \alpha v_1^2[/2g] - [(Z_3 + p_3/\rho g) + \alpha v_3^2/2g] - h_{f1-3}$

$$\xi_{扩} = h_{j扩}/(\alpha v_1^2/2g)$$

理论公式值：$\quad\quad\quad\quad\quad\quad \xi'_{扩} = (1 - A_1/A_3)^2$

(2) 突然缩小，采用沿程阻力四段类推法计算，下式中 B 点为突缩点，h_{f6-B} 由 h_{f5-6} 换算得出，h_{fB-7} 由 h_{f7-8} 换算得出。

实测值：$h_{j缩} = [(Z_6 + p_6/\rho g) + \alpha v_6^2/2g] - [(Z_7 + p_7/\rho g) + \alpha v_7^2/2g] - h_{f6-B} - h_{fB-7}$

$$\xi_{缩} = h_{j缩}/(\alpha v_7^2/2g)$$

经验公式值：$\quad\quad\quad\quad\quad\quad \xi'_{缩} = 0.5(1 - A_7/A_6)$

4. 实验步骤

(1) 测记实验有关常数。

(2) 打开电源开关，使恒压水箱充水，排除实验管道中的滞留气体。待水箱溢流后，检查泄水阀全关时，各测压管液面是否齐平，若不平，则需排气调平。

(3) 打开泄水阀至最大开度，待流量稳定后，测记测压管读数，同时用体积法或称重法测记流量。

(4) 逐渐关小泄水阀开度 3～4 次（每次测压管高度改变 5～10 mm 即可），分别测记测压管读数及流量。

(5) 实验完成后关闭泄水阀，检查测压管液面齐平后再关闭电源开关。

5. 注意事项

(1) 每次测量时，流量不宜调节得过小，以免造成较大误差。

(2) 每次改变流量后，等测压管水位稳定后，再测读。

(3) 注意突扩后的断面应选在何位置。

6. 思考题

(1) 局部扩大后，各断面的测压管水位是如何变化的？为什么？

(2) 结合流动显示仪演示的水力现象，分析局部阻力损失机理何在？产生突扩与突缩局部阻力损失的主要部位在哪里？怎样减小局部阻力损失？

实验 8　管道沿程阻力系数测定实验

1. 实验目的

(1) 掌握管道沿程阻力系数的量测技术和应用气—水压差计及电压差计测量压差的方法。

(2) 加深理解圆管层流和紊流的沿程损失随平均流速变化的规律。

（3）掌握测定管道沿程摩阻系数 λ 的方法。测绘 $\lambda\text{-}Re$ 曲线并与莫迪图对比，分析实验所在区域及其合理性，进一步提高对实验成果的分析能力。

2. 实验原理

沿程水头损失是指单位质量的液体从一个断面流到另一个断面，由于克服摩擦阻力消耗能量而损失的水头。这种损失的大小与流体的流动状态有密切的关系，随流程的增加而增加，且在单位长度上的损失率相同。

在图 7.15 所示实验设备中，对断面 1—1 和断面 2—2 列能量方程得

$$z_1+\frac{p_1}{\rho g}+\frac{a_1 v_1^2}{2g}=z_2+\frac{p_2}{\rho g}+\frac{a_2 v_2^2}{2g}+h_f$$

因为管径不变 $v_1=v_2$，所以

$$h_f=\left(z_1+\frac{p_1}{\rho g}\right)-\left(z_2+\frac{p_2}{\rho g}\right)=\Delta h$$

由 D－W 公式（达西—魏斯巴赫公式）：

$$h_f=\lambda\,\frac{l}{d}\frac{v^2}{2g}$$

由上式解得

$$\lambda=\frac{2gdh_f}{lv^2}=K\,\frac{h_f}{Q^2}$$

其中

$$K=\frac{g\pi^2 d^5}{8l}\quad（对于特定的管路 K 为常数，可简化计算）$$

式中：h_f 为试验段两断面间管道沿程水头损失；d 为试验管道直径；l 为试验管道两断面间长度；λ 为沿程摩阻系数。

雷诺数

$$Re=\frac{vd}{\nu}$$

式中：Re 为雷诺数；v 为断面平均流速；ν 为液体运动黏度。

据公式 $\nu=0.01775/(1+0.0337t+0.000221t^2)$ 计算 ν 值或查表，式中 t 为水温，以 ℃ 计；运动黏度 ν 以 cm^2/s 计。

一般认为 λ 与相对粗糙度 $\dfrac{\Delta}{d}$ 及雷诺数 Re 有关，即 $\lambda=f\left(\dfrac{\Delta}{d},Re\right)$。

3. 实验装置

自循环沿程水头损失实验装置如图 7.15 所示。对于两种测量压差的方法：低压差用气—水压差计量测；高压差用电子量测仪量测。

4. 实验步骤

（1）准备。熟悉仪器各组成部件的名称、作用及工作原理。检查蓄水箱水位并记录有关实验常数。

（2）排气。首先确保全开分流阀门 12、11 和 10 情况下，启动水泵，排除实验管道中的气体，然后关闭阀门 10，分别打开连通水压差计的止水夹 F_1、F_2，排除测压计中的气体。这时应先关闭阀门 11，微开阀门 10，旋塞 F_3 旋开取下，使水压差计的液面降至测量尺的零点以下，旋紧旋塞 F_3 即可。最后关闭阀门 10，全开阀 11，检查水压差计内液面是否齐平及电压差计的压差显示器数值是否为 0（接通显示器电源，调节调零旋钮），

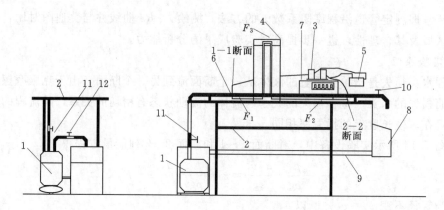

图 7.15　自循环沿程水头损失实验装置图

1—自循环高压恒定全自动供水器；2—实验台；3—调压器；4—水压差计；5—压力转换器；
6—实验管道；7—电压差显示器；8—接水器；9—回水管；10—实验流量调节阀；
11—供水管与供水阀；12—分流管与分流阀

否则按上述步骤重新排气。

（3）供水装置有自动启闭功能，接上电源以后，打开阀门，水泵能自动开关机供水，关掉阀门，水泵会随之断电停机。若水泵连续运转，则供水压力恒定，但在供水流量很小时（如层流实验），水泵会时转时停，供水压力波动很大。分流阀门 12 的作用是为了小流量时用分流来增加水泵的出水量，以避免时转时停造成的压力波动现象。

（4）不允许水压差计上的止水夹没有夹紧时，用电压差计进行大流量实验，否则会使测压管内的气体进入连通管里，而且测压点上的静水压能有部分转换成流速动能，造成实测压差严重失真。一旦出现这种情况，必须再次排气，方可继续实验。

（5）确保全开阀 11 和 12 后调节阀 10，由小到大逐次进行，当调节阀 10 全开时（此时流量可能较小），则通过逐次关闭分流阀 12，使实验流量达到最大。

（6）每次调节流量后，稳定 2～3min，然后用滑尺测量各测压管液面值，并用体积法或称重法测定流量。每次测量流量的时间应尽可能长些。

（7）要求测量 9 次以上，其中层流区（Δh 约在 3～4 cmH$_2$O 以下）测量 3～5 次。

（8）由于水泵运转过程中水温有变化，要求每次实验均需测水温一次。

（9）实验结束先关闭调节阀 10，检查水压差计两测压管液面是否齐平或电压差计是否回零，（否则表明压差计已进气，需重做实验）。

（10）切断电源。

5. 注意事项

（1）每次调节阀门改变流量后，要等水流稳定后再测读数据，在测量小流量时，水流的稳定时间相对较长一些，以保证实验结果的准确。

（2）由于水流紊动原因，用水压差计测量压差时，压差计液面有微小波动，当流速较大时，尤为显著。需待水流稳定时，读取上下波动范围的平均值。

（3）在测量过程中，当压差较大时，用电子量测仪测量压差；压差较小时，用水压差计测量压差。

（4）记录水温时，应将温度计探头放在水中读数。

（5）电压差计调零后，不要旋动其主机上任何旋钮，可直接使用。

6. 思考题

（1）为什么压差计的水柱差就是沿程水头损失？实验管道安装向下倾斜，是否影响实验结果？

（2）影响沿程阻力系数 λ 的因数有哪些？随着管道使用年限的增加，$\lambda - Re$ 关系曲线将有什么变化？

（3）实际工作中的钢管中的流动，大多为光滑紊流或紊流过渡区，而水电站泄洪洞的流动，大多为紊流阻力平方区，其原因何在？

（4）管道的当量粗糙度如何测得？

（5）本次实验结果与莫迪图吻合与否？试分析其原因。

实验 9　雷　诺　实　验

1. 实验目的

（1）观察液体流动时的层流和紊流现象。区分两种不同流态的特征，了解两种流态产生的条件。分析圆管流态转化的规律，加深对雷诺数的理解。

（2）测定下临界雷诺数，掌握圆管流态的判别准则。

（3）通过对颜色水在管中的不同状态的分析，加深对管流不同流态的了解。学习古典流体力学中应用无量纲参数进行实验研究的方法，并了解其实用意义。

（4）（根据仪器选做）测定圆管恒定流动沿程水头损失，绘制沿程水头损失和断面平均流速的关系曲线，验证不同流态下沿程水头损失的不同规律。进一步掌握层流、紊流两种流态的运动学特性与动力学特性。

2. 实验原理

（1）实际液体在运动时，存在着两种不同的形态：层流和紊流。当液体流速较小时，惯性力较小，黏滞力占主导地位，各流层的液体质点有条不紊地运动，互不混杂，这种形态的流动叫作层流；当液体流速逐渐增大，质点惯性力也逐渐增大，黏滞力对质点的控制逐渐减弱，惯性力占主导地位，当流速达到一定程度时，各流层的液体形成涡体并能脱离原流层，液流质点互相混掺，杂乱无章，这种形态的流动叫作紊流。这种从层流到紊流的运动状态，反映了液流内部结构从量变到质变的一个变化过程。

液体运动的层流和紊流两种形态，首先由英国物理学家雷诺进行了定性与定量的证实，并根据研究结果，提出液流形态可用下列无量纲数——雷诺数来判断：

$$Re = \frac{vd}{\nu}$$

液流形态开始变化时的雷诺数叫作临界雷诺数。

在雷诺实验装置中，通过有色液体的质点运动，可以将两种流态的区别清晰地反映出来。在层流中，有色液体与水互不混掺，呈直线运动状态，在紊流中，有大小不等的涡体振荡于各流层之间，有色液体与水混掺。

（2）雷诺实验还证实了层流和紊流的沿程水头损失规律不同。如图 7.17 所示的实验设备中的试验管道上选取一实验段，加装两测压管并连接差压计。取 1—1，2—2 两测压断面为计算断面，由恒定总流的能量方程知：

$$z_1 + \frac{p_1}{\rho g} + \frac{a_1 v_1^2}{2g} = z_2 + \frac{p_2}{\rho g} + \frac{a_2 v_2^2}{2g} + h_f$$

因为管径不变 $v_1 = v_2$，所以

$$h_f = \left(z_1 + \frac{p_1}{\rho g}\right) - \left(z_2 + \frac{p_2}{\rho g}\right) = \Delta h$$

所以，压差计两测压管水面高差 Δh 即为 1—1 和 2—2 两断面间的沿程水头损失，用称重法或体积法测出流量，并由实测的流量值求得断面平均流速 $v = \dfrac{Q}{A}$，作 $\lg h_f$ 和 $\lg v$ 关系曲线，如图 7.16 所示，曲线上 EC 段和 BD 段均可用直线关系式表示，由斜截式方程得

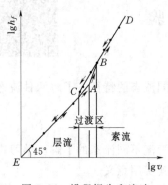

图 7.16　沿程损失和流速
对数关系曲线

$$\lg h_f = \lg k + m \lg v$$

即　　　　　$h_f = k v^m$（m 为直线的斜率）

其中　　　　　$m = \tan\theta = \dfrac{\lg h_{f_2} - \lg h_{f_1}}{\lg v_2 - \lg v_1}$

实验结果表明 EC 段为层流区，$m=1$，$\theta = 45°$，说明沿程水头损失与流速的一次方成正比。BD 段为紊流区，沿程水头损失与流速的 $1.75 \sim 2.0$ 次方成正比，即 $m = 1.75 \sim 2.0$，其中 AB 段为层流向紊流转变的过渡区，BC 段为紊流向层流转变的过渡区。C 点为紊流向层流转变的临界点，C 点所对应流速为下临界流速，对应的雷诺数为下临界雷诺数。A 点为层流向紊流转变的临界点，A 点所对应流速为上临界流速，对应的雷诺数为上临界雷诺数。

此方法可定量测定临界雷诺数，也可测定实验管道沿程阻力系数。

3. 实验设备

雷诺实验装置如图 7.17 所示。它由恒压水箱、实验管道、颜色水容器及颜色水管等部分组成。实验时，只要调节流量调节阀，并打开颜色水管上阀门，颜色液体即可流入圆管中，显示出层流或紊流的状态。

供水流量由无级调速器调控，使恒压水箱 4 始终保持微溢流的程度，以提高进口前水体稳定度。本恒压水箱设有稳水隔板，可使稳水时间缩短到 $3 \sim 5\min$。颜色水经水管 5 注入实验管道 8，可根据颜色水状态判别流态。为防止自循环水污染，颜色指示水可采用自行消色的专用有色水。

4. 实验步骤

（1）观察两种流态：

1）开启电源开关向水箱充水，使水箱保持溢流，使水位恒定。

2）打开流量调节阀至最大，排出实验管道中气泡。关闭流量调节阀，排出压差计中气泡。

3）微开流量调节阀，待水流稳定后，打开颜色水出水阀，使颜色液体流入管中。调

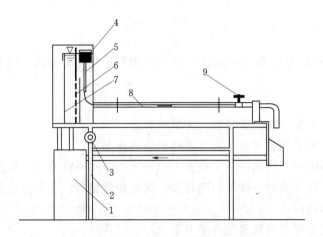

图 7.17　雷诺实验装置图

1—自循环供水器；2—实验台；3—可控硅无级调速器；4—恒压水箱；5—有色水水管；

6—稳水孔板；7—溢流板；8—实验管道；9—实验流量调节阀

节流量调节阀，当颜色水在实验管道中呈一条直线，此时水流即为层流。用体积法测定管中过流量。

4）逐渐开大流量调节阀，观察颜色液体的变化，在某一开度时，颜色液体由直线变得弯曲、动荡，呈波状形，此时流态由层流向紊流过渡。用体积法测定管中过流量。

5）继续开大流量调节阀，使颜色液体由波状形变成断续状态，并逐渐扩散，当微小涡体扩散到整个管内时，此时管中即为紊流流态。用体积法测定管中过流量。

6）以相反顺序，即流量调节阀开度由大逐渐关小，再观察管中流态的变化现象。并用体积法测定管中过流量。

（2）测定下临界雷诺数（选做）：

1）将调节阀打开，使管中呈完全紊流，再逐步关小调节阀使流量减小。当流量调节到使颜色水在全管刚呈现出一稳定直线时，即为下临界状态。

2）待管中出现下临界状态时，用体积法测定流量，计算流速。

3）根据所测流量计算下临界雷诺数，并与公认值（2300）比较，偏离过大，需重测。

4）重新打开调节阀，使其形成完全紊流，按照上述步骤重复测量不少于 3 次。

5）同时用温度计测记水温，查表或计算水的运动黏度 ν。

（3）测定上临界雷诺数（选做）：

逐渐开启调节阀，使管中水流从层流过渡到紊流，当颜色水线刚开始散开时，即为上临界状态，测定上临界雷诺数 1～2 次。

（4）实验结束前关紧颜色水管上的阀门，然后关闭电源开关。

5．绘图分析（根据仪器选做）

在双对数纸上以 V 为横坐标，h_f 为纵坐标，绘制 $\lg V - \lg h_f$ 曲线，并在曲线上找上临界流速 $V_{k\perp}$ 或下临界流速 $V_{k\overline{\mathsf{F}}}$，计算上临界雷诺数 $Re_{k\perp} = \dfrac{V_{k\perp}\,d}{\nu}$ 或下临界雷诺数 $Re_{k\overline{\mathsf{F}}} = \dfrac{V_{k\overline{\mathsf{F}}}\,d}{\nu}$，并定出两段直线斜率 m_1，m_2。

$$m = \frac{\lg h_{f_2} - \lg h_{f_1}}{\lg v_2 - \lg v_1}$$

将从图 7.16 求得的 m 值与各流区 m 理论值进行比较，并分析不同流态下沿程水头损失的变化规律。

6. 注意事项

(1) 实验时一定要等水位恒定后，再量测数据。

(2) 调节流量调节阀要缓慢，尤其是达到临界状态时。

(3) 流量调节阀只允许向一个方向关小或开大，中间不许逆转，以免影响流态。

(4) 用体积法测流量时，接水时间越长，则流量越精确，尤其在小流量时，应该注意尽量有较长的接水时间。

(5) 注意实验过程中尽量避免外界对水流的任何扰动。

(6) 量测水温时，要把温度计放在水中来读数，不可将它拿出水面之外读数。

(7) 每次完成实验都必须把调速器调到关闭档，切勿调至流量最小处，否则长时间易烧坏调速器。

7. 思考题

(1) 液体流态与哪些因素有关？为什么外界干扰会影响液体流态的变化？

(2) 雷诺数的物理意义是什么？为什么雷诺数可以用来判别流态？

(3) 临界雷诺数与哪些因素有关？为什么下临界雷诺数稳定，而上临界雷诺数不稳定？

(4) 流态判据为何采用无量纲参数，而不采用临界流速？

(5) 分析层流和紊流在动力学特性和运动学特性方面各有何差异？

(6) 在圆管流动中水和油两种液体的下临界雷诺数是否相同？值为多少？

(7) 本实验所量测的一些流量和水头损失较小，尤其层流状态问题更加突出，如何提高测量精度？

(8) 为何认为上临界雷诺数无实际意义，而采用下临界雷诺数作为层紊流的判据？本实验中如在相同条件下（环境、温度、仪器设备等）测出下临界雷诺数与所测上临界雷诺数有何异同？为什么？

实验 10　孔口与管嘴出流实验

1. 实验目的

(1) 掌握测定薄壁孔口与管嘴自由出流的断面收缩系数 ε、流量系数 μ、流速系数 φ、局部阻力系数 ξ 的测量方法。

(2) 观察各种典型管嘴及孔口自由出流的水力现象，圆柱形管嘴内的局部真空现象。

(3) 通过对不同管嘴与孔口的流量系数测量分析，了解进口形状对过流能力的影响，及相关水力要素对孔口出流能力的影响。

2. 实验原理

在盛有液体的容器侧壁上开一小孔，液体质点在一定水头作用下，从各个方向流向孔口，并以射流状态流出，由于水流惯性作用，在流经孔口后，断面发生收缩现象，在距孔

口 $d/2$ 处达到最小值，流线趋于平行，形成收缩断面。

若在孔口上装一段 $L=(3-4)d$ 的短管，此时水流的出流现象便为典型的管嘴出流。当液流经过管嘴时，在管嘴进口处，液流仍有收缩现象，使收缩断面的流速大于出口流速。因此管嘴收缩断面处的动水压强必小于大气压强，在管嘴内形成真空，其真空度约为 $p_v=0.75H_0$，真空度的存在相当于增大了管嘴的作用水头。在相同的作用水头下，同样断面管嘴的过流能力是孔口过流能力的 1.32 倍。

在恒定流条件下，应用能量方程可得自由出流时孔口与管嘴的方程：

（1）孔口出流。

孔口收缩断面流速：$v=\dfrac{1}{\sqrt{1+\zeta}}\sqrt{2gH_0}=\varphi\sqrt{2gH_0}=\varphi\sqrt{2gH}$

出流流量：$\qquad Q=\varepsilon\varphi A\sqrt{2gH_0}=\mu A\sqrt{2gH_0}=\mu A\sqrt{2gH}$

上式中：$H_0=H+\dfrac{v_0^2}{2g}$，由于 v_0 很小，速度水头 $\dfrac{v_0^2}{2g}$ 可忽略不计。

收缩系数：$\qquad\qquad\qquad\varepsilon=\dfrac{A_c}{A}$

流量系数：$\qquad\qquad\qquad\mu=\dfrac{Q}{A\sqrt{2gH_0}}$

流速系数：$\qquad\qquad\qquad\varphi=\dfrac{v_c}{\sqrt{2gH_0}}=\dfrac{\mu}{\varepsilon}=\dfrac{1}{\sqrt{1+\zeta}}$

阻力系数：$\qquad\qquad\qquad\zeta=\dfrac{1}{\varphi^2}-1$

（2）圆柱形管嘴出流。

管嘴出口流速：$\quad v=\dfrac{1}{\sqrt{1+\zeta_n}}\sqrt{2gH_0}=\varphi_n\sqrt{2gH_0}=\varphi_n\sqrt{2gH}$

出流流量：$\quad Q=\varphi_n A\sqrt{2gH_0}=\mu_n A\sqrt{2gH_0}=\mu A\sqrt{2gH}$（此出流形态下 $\varphi_n=\mu_n$）

流量系数：$\qquad\qquad\qquad\mu_n=\dfrac{Q}{A\sqrt{2gH_0}}$

流速系数：$\qquad\qquad\qquad\varphi_n=\dfrac{1}{\sqrt{1+\zeta_n}}$

阻力系数：$\qquad\qquad\qquad\zeta_n=\dfrac{1}{\varphi^2}-1$

3. 实验装置

孔口与管嘴实验装置如图 7.18 所示。测压管 12 和标尺 11 用于测量水箱水位、孔口管嘴的位置高程及 2 号直角进口管嘴的真空度。防溅旋板 8 用于管嘴的转换操作，当某一管嘴实验结束时，将旋板旋至进口截断水流，再用橡皮塞封口；当需开启时，先用旋板挡水，再打开橡皮塞。这样可防止水花四溅。移动触头 9 位于射流收缩断面上，可水平向伸缩，当两个触块分别调节至射流两侧外缘时，将螺丝固定，然后用游标卡尺测量两触块的间距，即为射流收缩断面直径。

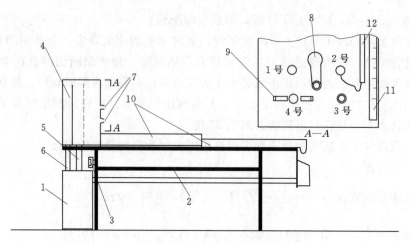

图 7.18　孔口与管嘴实验装置图

1—自循环供水器；2—实验台；3—可控硅无级调速器；4—恒压水箱；5—供水管；6—回水管；7—孔口与管嘴；
（A—A 图中 1 号为喇叭进口圆柱形管嘴，2 号为直角进口圆柱形管嘴，3 号为圆锥形外管嘴，4 号为孔口）；
8—防溅旋板；9—测量孔口射流收缩直径的移动触头；10—上回水槽；11—标尺；12—测压管

4．实验步骤

（1）记录实验常数，各孔口管嘴用橡皮塞塞紧。

（2）打开电源开关和调速器开关，使恒压水箱充水，至溢流后，再打开 1 号喇叭进口管嘴（先旋转旋板挡住 1 号管嘴，然后拔掉橡皮塞，最后再旋开旋板），待水面稳定后，测定水箱水面高程标尺读数 H_1，用体积法（或称重法）测定流量 Q（要求重复测量 3 次，时间尽量长些以减小误差）。测量完毕，先旋转水箱内的旋板，将 1 号管嘴进口盖好，再塞紧橡皮塞。

（3）依照上述打开 1 号管嘴步骤，打开 2 号管嘴，测记水箱水面高程标尺读数 H_1 及流量 Q，观察和量测直角进口管嘴出流时的真空情况。

（4）依次打开 3 号圆锥形管嘴，测量 H_1 及 Q。

（5）打开 4 号孔口，观察孔口出流现象，测量 H_1 及 Q，并按下述注意事项（2）的方法测记孔口收缩断面的直径（重复测量 3 次）。然后改变孔口出流的作用水头（可减少进口流量），观察孔口收缩断面直径随水头变化的情况。

（6）用卡尺量测收缩断面直径：可用孔口两边的移动触头，首先松动螺丝，再移动一边触头将其与水股切向接触，并旋紧螺丝，然后移动另一边触头，使之切向接触，并旋紧螺丝，再将旋板开关顺时针方向关上孔口，用卡尺测量触头间距，即为射流直径。

（7）实验完毕后，排空水箱，清理实验桌面及场地。

5．注意事项

（1）实验次序先管嘴后孔口，每次堵橡皮塞前，先用旋板将进口盖住，以免水花溅开。

（2）实验中将旋板置于不工作的孔口（或管嘴）上，尽量减少旋板对工作孔口、管嘴的干扰。

（3）实验时，注意观察各出流的流股形态，并作好记录。

6．思考题

（1）结合观测不同类型管嘴与孔口出流的流股特征，分析流量系数不同的原因及增大过流能力的途径。

（2）观察 $d/H > 0.1$ 时，孔口出流的侧收缩率较 $d/H < 0.1$ 时有何不同？

（3）为什么要求圆柱形外管嘴长度 $L = (3\sim4)d$，当圆柱形外管嘴长度大于或小于 $(3\sim4)d$ 时将会出现什么情况？

实验 11　明 渠 糙 率 测 定 实 验

1. 实验目的

（1）掌握明渠均匀流糙率的测定方法，并将实验所测得的 $n_{测}$ 与已知材料的糙率 n 进行比较。

（2）通过实验加深对影响糙率 n 值因素的理解。

（3）绘制均匀流水深和糙率的关系曲线（即 h_0 - n 曲线）。

2. 实验原理

在长直的正坡棱柱体明渠中，若底坡和糙率沿程不变，当通过某一固定流量时，就会发生均匀流动，对于明渠均匀流，多属紊流粗糙区，流速可用谢才公式表示：

$$V = C\sqrt{RJ}$$

因为均匀流中：

$$i = J$$

则流量为

$$Q = AV = AC\sqrt{Ri}$$

谢才系数 C 以曼宁公式表示为 $C = \dfrac{1}{n}R^{1/6}$，则 $Q = \dfrac{1}{n}AR^{2/3}i^{1/2}$ 或 $n_{测} = \dfrac{1}{Q}AR^{2/3}i^{1/2}$。

在已知 Q、A、R、i 的情况下即可算出糙率 $n_{测}$ 的值。

3. 实验设备

可变底坡的自循环有机玻璃水槽一座，形式是首部高程固定，尾部可以升降，如图 7.19 所示，流量用设在下部的量水三角堰测量。

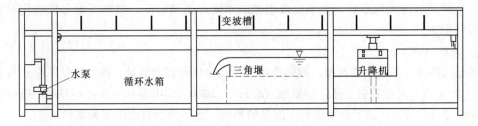

图 7.19　可变底坡的自循环有机玻璃水槽

4. 实验步骤

（1）将活动有机玻璃水槽调至一适当坡度（$i > 0$），使槽身底坡保持不变。

（2）打开水泵电源开关，使水进入上层水槽，待水流稳定后，在水槽中部选取一均匀流段（使其有一定的长度），用活动测针（或钢尺）沿该流段测取几个水深均近似相等时，此流段即为均匀流段，该水深即为均匀流水深。若相邻两断面的水深极为接近（不超过 2mm），也可视该流段为均匀流段，以两断面水深的平均值作为正常水深。计算出过水断

面面积 A 和水力半径 R。

（3）取固定铰处为上游断面、升降支点处为下游过水断面，测读上、下游两断面的槽底高程 $Z_上$、$Z_下$ 和两断面间的距离 L，计算底坡 $i = \dfrac{Z_上 - Z_下}{L}$。

（4）测量有机玻璃槽中流量，代入公式，算出有机玻璃的糙率 $n_测$ 值。查 n 值表，对比实测值和经验值二者之间的相对误差为多少。

（5）重复实验步骤（1）～（4），调节不同底坡或流量进行测量，共做 5 次观察糙率随水深的变化。绘出 h_0 - n 曲线。

5. 注意事项

（1）调节底坡后，有机玻璃水槽的底坡和水流应保持稳定，否则会影响均匀流的产生。

（2）注意计算单位的统一。

（3）调节流量时，要缓慢开启闸阀，不可全关阀门。

（4）调节底坡时，要缓慢进行，以免槽身升降得太快，难以调准。

6. 思考题

（1）测量糙率时，为什么要选取均匀流段？如果在非均匀流段，又如何测量明槽的糙率？

（2）试分析影响 n 值的因素。

（3）上述糙率测定方法及计算公式对水流流态有何要求？

实验 12　堰　流　实　验

1. 实验目的

（1）观察堰流现象，掌握堰流流量的测量方法。

（2）实测自由出流条件下实用堰（或无侧收缩宽顶堰）流量系数 m 值的大小，点绘流量系数 m 和堰上全水头 H_0 之间的关系曲线，加深对 m 值影响因素的理解。

（3）测定堰流淹没系数，观察淹没堰流的水流形态和特征，观察下游水位变化对堰过流能力的影响。

2. 实验原理

堰是既挡水又泄水的构筑物。堰的作用是抬高水位和宣泄流量。根据堰壁厚度 δ 与堰上水头 H 的比值不同而分成三种：薄壁堰（$\delta/H < 0.67$）、实用堰（$0.67 < \delta/H < 2.5$）、宽顶堰（$2.5 < \delta/H < 10$）。按下游水位对泄流量的影响，堰还分为自由出流和淹没出流。

（1）无侧收缩自由出流时堰流的基本公式。在明渠中，当设置某一堰型的建筑物后，水流的运动状态发生一有规则变化，根据能量方程导出在无侧收缩自由出流时堰流的基本公式是：

$$Q = mb\sqrt{2g}\,H_0^{3/2}$$

则

$$m = \frac{Q}{b\sqrt{2g}\,H_0^{3/2}}$$

式中：Q 为流量，可利用上游的薄壁堰来测量；b 为堰宽；H_0 为堰上全水头，$H_0 = H +$

$\dfrac{v_0^2}{2g}$；H 为堰上水头，在距离堰顶（3~4）H 处测量。

$$v_0 = \frac{Q}{A} = \frac{Q}{b\ (H+P_1)}$$

式中：P_1 为上游堰高。

（2）淹没出流状态下堰流公式：

$$Q = \sigma m b \sqrt{2g}\, H_0^{3/2}$$

则淹没系数
$$\sigma = \frac{Q}{mb\sqrt{2g}\,H_0^{3/2}} = \frac{q}{m\sqrt{2g}\,H_0^{3/2}}$$

式中：q 为单宽流量；m 为自由出流情况下实测的流量系数，可查 H_0-m 关系曲线得到；H_0 为淹没出流情况下的堰上全水头。

实验时，改变槽中不同的流量，即可测得相应于不同流量时的堰顶水头 H 值，然后计算出 H_0（含行近流速水头）。利用流量系数公式计算出相应于不同堰顶水头 H_0 的 m 值，从而可以点绘出 m 与水头 H_0 的关系曲线。

如用量水堰测量流量，只需读堰前测压管水头读数，然后代入有关公式计算或查图确定流量。

3. 实验设备

堰流实验设备如图 7.20 所示。设备由明渠水槽、测针、实用堰（WES 型）、宽顶堰、三角堰等组成。

实验采用自循环供水。实验时，由水泵向实验水槽供水，水流经三角堰量水槽，流回到蓄水箱中；水槽首部有稳水、消波装置，末端有多孔尾门及尾门升降机构。槽中可换装各种堰型。堰上下游水位用测针分别量测。

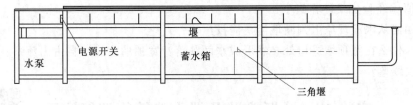

图 7.20　堰流实验设备图

4. 实验步骤

（1）熟悉实验设备，测记量水堰堰顶测针读数或上游堰高、实用堰堰宽等有关数据。

（2）启动水泵，放水进入槽中，并调节尾门，保持自由出流，待水流稳定后测量实用堰（3~4）H 处的水面测针读数或水深，并通过三角堰量测通过的流量。

（3）算出堰前行进流速，求出 H_0。

（4）计算流量系数 m。

（5）从小到大依次改变流量，重复以上步骤，共做 3~6 次。

（6）测定完自由出流后，调节尾门，抬高下游水位，使堰流从自由出流缓缓向淹没出流过渡，并注意观察堰上、下游水位变化情况，对宽顶堰，当 $\dfrac{h_s}{H_0} \geqslant 0.8$ 即为淹没出流，对 WES 剖面的实用堰，当 $\dfrac{h_s}{H_0}\geqslant 0.15$ 即为淹没出流（h_s 为下游水位超过堰顶的水深值）。

（7）当水流变成淹没出流时，读记该状态下堰上游水面针读数和堰下游水面测针读数或水深。列表计算，并点绘各种流量下的 $H_0 - m$ 关系曲线，分析 m 值随 H_0 的变化规律。

（8）在绘好的 $H_0 - m$ 关系曲线上，据淹没状态下 H_0 查 m 值，将淹没状态下的 m 和 H_0 代入式 $\sigma = Q/mb\sqrt{2g}H_0^{3/2}$ 中去，计算出 σ。

5. 注意事项

（1）量测堰上水头的断面要大致在堰前（3~4）H 处，可免除堰前水面自然降落的影响。

（2）实测堰流流量系数时应从小到大依次改变流量，每次的改变量不要太大，尽量使每次的改变量大致相同。

（3）每改变一次流量，都尽可能观察几分钟，待水流稳定后再测量。

（4）实测堰流流量系数时的最小流量，不宜太小，要保持量水堰水舌脱离堰板。

（5）实验时流量也不宜过大，若流量过大，水流容易外溅，且因强烈紊动而引起水面波动，使测针读数不准。

（6）实测堰流的淹没系数时，应在大流量的情况下保持来流固定，改变下游水深形成淹没。

（7）下游尾门在实验时切勿完全关闭，以免引起水流外溢。

（8）用测针测量水位，当针尖接触液面过多时，一定要将测针提出液面，重新旋动微调旋钮，使针尖再接触液面。实验过程中不允许旋动测针针头。

6. 回答思考题

（1）WES 实用堰的流量系数与堰上水头有何变化规律？

（2）根据本实验，分析影响堰流流量系数 m 值大小的因素有哪些？为什么流量系数 m 的实验值比经验公式计算值小？

（3）如何从水流现象上判断堰流是淹没出流？

（4）为什么在宽顶堰进口处必然形成水面跌落？宽顶堰水流（自由出流）在什么情况下会有二次跌落？

实验 13　水跃实验及泄水建筑物消能演示

1. 实验目的

（1）观察水跃现象，了解水跃的水流结构、水跃形成的条件。

（2）测定矩形平底明渠中完整水跃的共轭水深，验证水跃基本方程。

（3）测定水跃长度，验证完整水跃长度经验公式。

（4）观察下游水深的变化对水跃位置的影响。

（5）演示各种形式的水跃和泄水建筑物消能方式，分析各种形式水跃消能的差异。

2. 实验原理

（1）水跃分类。水跃是明渠水流由急流状态过渡到缓流状态时产生的一种水面突然跃起的局部水流现象。按水跃跃首所处的位置，将水跃分为临界式水跃（$h_c'' = h_t$）、远驱式水跃（$h_c'' > h_t$）和淹没式水跃（$h_c'' < h_t$）。

按跃前断面的弗劳德数可将水跃分为波状水跃（$1 < Fr_1 \leqslant 1.7$）、弱水跃（$1.7 < Fr_1 \leqslant 2.5$）、不稳定水跃（$2.5 < Fr_1 \leqslant 4.5$）、稳定水跃（$4.5 < Fr_1 \leqslant 9.0$）、强水跃（$Fr_1 > 9.0$）。

波状水跃无明显的表面水滚，完整水跃是一种常见的水跃形式，它发生在具有普通粗糙系数，有均一断面和坡度的渠道中，具有明显的主流和表面水滚。

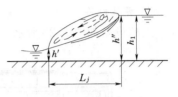

图 7.21　水跃结构简图

（2）水跃方程。图 7.21 是水跃结构简图，图中 h' 为跃前水深（第一共轭水深），h'' 为跃后水深（第二共轭水深），L_j 为水跃长度。

利用动量方程推导出平底棱柱形明渠水跃方程为

$$\frac{Q^2}{gA_1} + h_c'A_1 = \frac{Q^2}{gA_2} + h_c''A_2$$

代入矩形断面条件得出了水跃的共轭水深公式：

$$h'' = \frac{h'}{2}\left[\sqrt{1 + 8Fr_1^2} - 1\right]$$

令 $\dfrac{h''}{h'} = \eta_{理}$（共轭水深比是弗劳德数的函数），则 $\eta_{理} = \dfrac{1}{2}\left[\sqrt{1 + 8Fr_1^2} - 1\right]$；$Fr_1 = \dfrac{q}{\sqrt{gh'}} = \dfrac{v}{\sqrt{g\,(h')^3}}$。

在整个推导过程中应用了三个假设：①不计水跃段的边壁阻力；②跃前断面和跃后断面都是渐变流断面；③$\beta_1 = \beta_2 = 1$。上述三个假设是否成立，共轭水深公式是否合理，须用实验加以验证，验证的方法是：在不同流量下，实测共轭水深 h' 和 h''，用实测的 h' 计算 $Fr_1 = \dfrac{q}{\sqrt{gh'}}$，令 $\dfrac{h''}{h'} = \eta_{实}$，点绘实测的 $\eta_{实}$-Fr_1 和理论的 $\eta_{理}$-Fr_1 关系曲线，并比较两者有何异同。

（3）矩形断面水跃长度计算。水跃运动非常复杂，目前水跃长度的计算仍采用经验公式。以下是平底矩形断面明渠水跃长度的三个经验公式：

$$L_j = 6.1h''$$
$$L_j = 6.9(h'' - h')$$
$$L_j = 9.4(Fr_1 - 1)h'$$

前两个公式适用于 $4.5 < Fr_1 < 10$，后一个公式适用于 $Fr_1 < 4.5$。

（4）水跃消能。在水跃过程中水体剧烈旋转、掺混和充分的紊动，使水流内部摩擦加剧，因而损失了大量的机械能。在水利工程中常利用水跃消能，以达到保护下游河床免受冲刷的目的。常采用的消能方式有以下三种：

1）底流消能。通常是在泄水建筑物的下游建造消能池、消能坎、消能墩等建筑物，促使水流在池中形成水跃，利用水跃进行消能。

2）面流消能。设法把下泄水流的主流引向下游水面，不致直接冲刷下游河床表面，同时在主流与河床之间形成底部旋滚以消耗水流的能量。

3）挑流消能。利用下泄水流的巨大动能把高速水流抛入空中，使水流在空中扩散并与空气摩擦消耗部分动能，然后跌入下游水垫中与下游水流和河床碰撞、摩擦而消耗另一部分多余的动能。

3. 实验设备

实验设备如图 7.22 所示，由矩形（有机）玻璃水槽、薄壁量水堰等组成。

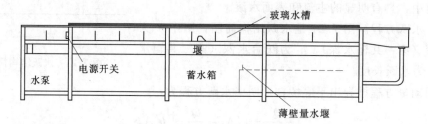

图 7.22　水跃实验及泄水建筑物消能演示设备简图

4. 实验步骤

（1）熟悉实验设备，记录玻璃水槽宽度和量水堰的堰顶标高或堰高。

（2）打开电源开关，放水入槽，调整尾门（水槽尾部流量水位控制用），使槽中泄水建筑物下游产生完整水跃，观察水跃，简绘水跃段水流流动图。

（3）待水流稳定后，测读量水堰水面测针读数或堰前水深，利用查图或计算求得流量。

（4）用活动测针或钢尺测水跃的共轭水深 h' 和 h''。

（5）用钢尺测量水跃长度。

（6）改变流量，重复以上步骤，读记以上数据 3～6 次。

（7）以 Fr_1 为横坐标，$\eta_{理}$ 为纵坐标，绘制 $\eta_{理}$-Fr_1 的理论关系曲线，然后列表计算并在同一图中点绘 $\eta_{实}$-Fr_1 实测关系曲线，并进行比较和分析讨论。

（8）用经验公式计算水跃长度 $l_{j理}$，并与实测水跃长度 $l_{j实}$ 进行比较。

（9）调节水槽尾门，在水槽中演示不同形式的水跃；更换消能装置演示不同形式的消能形式，并分析消能效果。

（10）实验完毕，关泵停水，整理好仪器设备。

5. 注意事项

（1）每次测量时水流一定要稳定，即在调节流量后等待一定时间，等水流稳定后方能测读数据。

（2）在水跃段由于水流紊动强度大，水跃位置前后摆动，跃前水深和跃后水深也随着紊动而变化，在测量时要观察一段时间，选取一适当水跃位置，同时用粉笔或水笔在水槽玻璃上记下跃前、跃后断面时均值水面点的位置，然后再从点位上量取 h'、h'' 和 l_j。

（3）由于水流极不稳定，特别是跃后断面水面波动较大，实测 h'、h'' 时要沿水槽的中心线位置量测，不要仅以靠近槽壁水面为测量对象。

6. 思考题

（1）你所观察的水跃水流结构如何？为什么水跃常作为泄水建筑物下游消能的一种形式？

（2）五种形态水跃中哪种水跃的消能效果较好？为什么实际工程中大多采用稳定水跃？

（3）流量一定，下游水深发生变化，水跃的位置是否也发生变化？为什么？

（4）尾门开度一定，改变流量，则水跃的共轭水深和跃长有无变化？为什么？

（5）泄水建筑物下泄水流具有什么特点？为什么要采取消能措施？你看到的消能形式中，你认为哪种消能效果较好，为什么？

（6）在远驱式水跃、临界式水跃、淹没式水跃中哪种能量损失小、冲刷距离长？

（7）弗劳德数的物理意义是什么？当 $Fr<1.0$ 时能不能发生水跃？

实验14　渗　流　实　验

方法1　渗透系数的测定实验

1. 实验目的

在实验室内测定土的渗透系数用的仪器类型很多，根据其原理大致可分为常水头和变水头两种。前者适用于透水性大（$K>10^{-3}$ cm/s）的土，后者适用于透水性小（$K<10^{-3}$ cm/s）的土。实验前制备好的土样：砂土可直接在仪器内浸水饱和，不易透水的黏性土则可采用真空饱和将试样充分饱和后装样，按操作步骤进行渗流实验，测定渗透系数。

2. 实验仪器设备（本实验以南-55型渗流仪为例）

图 7.23 和图 7.24 为变水头（常水头）渗流实验装置和渗流容器，此处还有切土器、

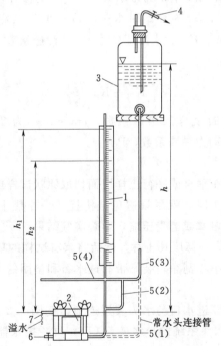

图 7.23　变水头（常水头）渗流实验装置

1—变水头管；2—渗流容器；3—供水瓶；容器 5000mL；4—接水器；

5（1）、5（2）、5（3）、5（4）—止水夹；6—排气管；7—出水管

100mL 量筒、秒表、温度计、削土刀、钢丝锯、凡士林等。

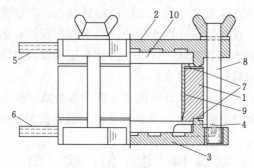

图 7.24　渗流容器图

1—套筒；2—上盖；3—下盖；4—进水管；5—出水管；6—排气管；
7—橡皮圈；8—螺栓；9—环刀；10—透水石

3. 实验原理

（1）变水头法：

$$K_T = 2.3 \frac{aL}{At} \lg \frac{h_1}{h_2}$$

（2）常水头法：

$$K_T = \frac{QL}{Aht}$$

式中：a 为变水头管截面积，cm^2；h 为常水头，cm；L 为渗径，等于试样高度，cm；Q 为时间 t 内的渗流水量，cm^3；h_1 为开始时水头，cm；A 为试样断面积（等于环刀面积），cm^2；h_2 为终止时水头，cm；K_T 为水温 T℃时试样的渗透系数，cm/s；t 为时间，s。

（3）按下式计算 K_{20}：

$$K_{20} = K_T \frac{\eta_T}{\eta_{20}}$$

式中：K_{20} 为水温为 20℃时试样的渗透系数，cm/s；η_T 为 T℃时水的动力黏滞系数，Pa·s；η_{20} 为 20℃时水的动力黏滞系数，Pa·s。

4. 实验方法与步骤

（1）根据需要用环刀在垂直或平行土样层面切取原状试样或制备成给定密度的扰动试样，并进行充水饱和。切土时，就尽量避免结构扰动，并禁止用修土刀反复涂抹试样表面，以免试样表面的孔隙堵塞或遭受压缩，影响实验结果。

（2）将容器套筒内壁涂一薄层凡士林，然后将盛有试样的环刀推入套筒并压入止水垫圈。把挤出的多余凡士林小心刮净，装好带有透水石和垫圈的上下盖，并用螺丝拧紧，不得漏气、漏水。

（3）把装好试样的容器进水口与水头装置连通，在图 7.23 中，关变水头系统的止水夹 5（2）、5（3）或关常水头系统的止水夹 5（1），再开接水器 4 向供水瓶 3 注水，关接水器 4，开止水夹 5（2）、5（3），关 5（4），使变水头管内充满水。

（4）把容器侧立，排气管 6 向上，并打开排气管止水夹。然后开进水口止水夹 5（1）充水排除容器底部的空气，直至水中无夹带气泡溢出为止。关闭排气管止水夹，平放好容器。

（5）在不大于 200cm 水头作用下，静置某一时间，待上出水口 7 有水溢出后，开始测定。

（6）当采用变水头时，将水头管充水至需要高度后，关止水夹 5（2），开动秒表，同时测记起始水头 h_1，经过时间 t 后，再测记终了水头 h_2，如此连续测记 2～3 次后，再使水头管水位回升至需要高度，再连续测记数次，前后需 6 次以上，实验终止，同时测记实验开始时与终止时的水温。

（7）开动秒表，同时用量筒测量出水口 7 处时间 t 的渗水量，并测记水头 h 及水温 T℃，如此重复测记 6 次以上，每次测定的水量应不少于 5.0cm^3。

5．注意事项

（1）允许误差范围，当 $K_{20} = A \times 10^{-n}$ 时，A 值最大与最小差值不大于 2。对于较硬的土或孔隙比较小的土，达到以上标准可能有困难，则可适当放宽一些。

（2）每次测定的水头差应大于 10cm，对较黏的试样或较密实的试样，测记时间可能较长。为避免测试过程中水温变化较大，影响实验结果，规定每测试一次，应在 3～4h 以内完成。如不能满足上述要求，可加大作用水头或改用负压法。测试时，如发现水流过快，应检查试样及容器有无漏水或试样集中渗流现象，有则应重新制作安装。

6．实验分析与讨论

（1）变水头与常水头法各适应什么条件的土样？

（2）渗透系数的测量结果与哪些因素有关？

方法 2　达西渗流实验

1．实验目的

（1）通过实验测定均质砂体的渗透系数 K。

（2）测定通过砂体的渗透流量与水头损失的关系，验证达西定律的使用范围。

2．实验装置

本实验采用达西渗流仪，如图 7.25 所示，联合使用仪器、秒表、温度计、玻璃量筒等。

3．实验原理

液体在孔隙介质中流动时，由于黏性作用，将产生能量损失。通过实验，达西总结得出渗流能量损失与渗流速度成一次方的线性规律。由于渗流流速很小，故流速水头可以忽略不计。因此总水头可以用测压管水头来表示，水头损失 h_w 可用测压管水头差来表示。

则水力坡度可表示为

$$J = \frac{h_w}{l} = \frac{H_1 - H_2}{l}$$

达西得到圆筒内渗流量 Q 与圆筒断面积 A 和水力坡度 J 成正比，并与土壤的透水性能有关，即

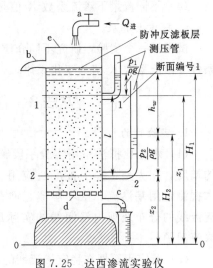

图 7.25　达西渗流实验仪

a—进水管；b—溢流管；c—排水管；d—滤板；

e—装有均质砂体的渗流仪

$$Q = KA \frac{h_w}{l} \quad (v = KJ)$$

式中：J 为断面 1 和断面 2 之间的平均水力坡度；v 为渗流断面平均速度；K 为渗透系数；l 为测孔间距。

层流渗流或紊流渗流可用渗流雷诺数来判别，渗流雷诺数常用下列经验公式：

$$R_e = \frac{v d_e}{v} \frac{1}{8.75n + 0.23}$$

式中：d_e 为砂样平均粒径；v 为渗流断面平均速度；n 为孔隙率。

4. 实验方法与步骤

（1）记录有关数据，包括渗流仪圆筒的面积 A、测压孔间距 L、孔隙率 n、砂样平均粒径 d_e 和水温 T 等。

（2）开进水管 A 注水于实验渗流仪内，打开底部控制阀，待水位稳定后即可量测第一次的流量（用体积法）及测压管水头。

逐渐关小阀门，减小流量，测渗流量及测压管水头，共测 3～5 次。

5. 注意事项

（1）渗透流量 $Q = 0$ 时，两测压管应保持水平，否则应该排气。

（2）实验时流量不能过大，以防沙土浮动。

（3）实验时要保持溢流管有溢流。

6. 成果分析及讨论

（1）如何通过实验判断达西定律的适用范围？

（2）如何提高该实验的精度？

（3）当渗透圆筒倾斜、水平放置或倒置时，测得的 K 值和 J 值及渗流断面平均速度和渗透流量是否一样？

（4）不同流量下渗流系数 K 值是否相同，为什么？

7. 探索与拓展

试设计一个实验，研究不同介质（如粗砂或细砂、黏土等），或同一介质非均质砂体条件下渗流系数 K 值的变化规律。

方法 3　渗流的水电比拟法实验

1. 实验目的

（1）水电比拟法是用实验手段解决渗流问题的一种方法，简单易行，并能保证一定的精度，在大型工程中被广泛应用。通过实验加深了解水电比拟法的实验原理，初步掌握测定闸基渗流、土坝渗流、堆石坝渗流等势线的方法；了解均质土坝等挡水时渗流流线的分布及坝内浸润线的实际形态，测定渗透流量，运用实验给出的流网，解决渗流问题。

（2）测定土石坝在稳定渗流期的等势线及渗流量。

（3）测定水闸闸基渗透压力的分布，要求根据测定的等势线绘制流网图，根据所绘制的流网及有关公式求渗透流速和渗流量及渗透总压力。

2. 实验设备

（1）闸基渗流导电液模型、均质土坝渗流导电液模型、均质土坝渗流模型、心墙土坝渗流模型、斜墙土坝渗流模型、闸基渗流模型。

（2）本实验运用势流比拟测试仪进行，以测等势线为例，设备简图如图 7.26 所示。

实验装置由实验盘、电信号发生器和毫伏表组成。其中实验盘安装有水工建筑物基础模型，在模型的上下游安有铜片，模型和其他边缘由有机玻璃制作。有机玻璃实验盘底部粘贴有坐标纸。实验盘中盛清水（1～2cm）。本仪器将电位划分为 10 等份，每转一档相当于 1/10V。

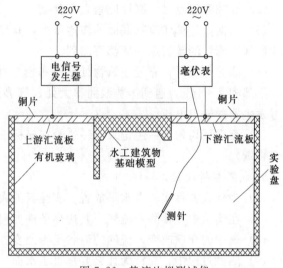

图 7.26　势流比拟测试仪

3. 实验原理

渗流场中的水力要素与电场中的相应物理量之间是相似的，在实验中以水为导电体，模拟渗流区，基础轮廓由不导电的有机玻璃制成，流场上下的边界等势线用铜条模拟，不透水边界用有机玻璃模拟，在几何条件相似、边界动力条件相似、模型本身的运动条件相似的情况下，可用电场中测得的等电位线代替渗流场中的等势线，从而绘制出渗流的流网。

4. 实验方法与步骤

（1）将闸基渗流导电液模型等实验盘调整为水平位置，盘中注入清水 1～2cm，并检查盘中有无漏水现象。

（2）将势流比拟测试仪接 220V 交流电源，打开电源开关，指示灯亮即电源可用，否则应检查电源。

（3）接线路：将测针插销插入测针插座。红色线插销插入输出插座，其红夹子夹在上游汇流板上，黑色线插销插入输入插座，其另一端夹在下游汇流板上，接线完毕，经教师检查无误后，方可开始实验。

（4）选好模型坐标图，用适当的比例尺（最好是 1：1）将模型坐标几何参数和测出的数据点绘在方格上。

（5）将旋钮开关旋至 "0" 档位，将测针接在下游汇流板上，调节调零电位器，使表头指零，在旋转旋钮开关至 "10" 档位，测针接在上游汇流板上，同样表头应指零，否则应降低灵敏性，从步骤（5）开始重新调整。

（6）本仪器将电位差划为 10 等份，每旋转一挡就用测针沿等势线的正方向（即流向零方向）寻找等势点。若表头指针向刻度的左侧偏离，测针就向右寻找等势点；反之，向左侧寻找。直到表头指针为零刻度，即为所找的等势点，读出其坐标值，点在已预备好的方格纸上，将所有的 1/10V 电压点连起来就得到一条等势线。

（7）全部等势点测定完后，将原透水边界与不透水边界互换，改变边界条件用上述方

161

法（6）、（7）步骤测得等势线，两组等势线叠加即为所求的流网。

5. 注意事项

（1）本实验所用的仪器是比较精密的电学仪器，实验时严格按操作规程进行，做完实验后立即拉掉电源，以免损伤仪器和出现其他事故。

（2）寻找等势点时，测针应垂直实验盘。

（3）为便于计算建筑物底面的渗透压力，宜多测些靠近建筑物底面上的电压分布值，对于底部轮廓线的转折点一般都要测到。

（4）测等势线时，靠近建筑物处测点布密一些，每根等势线测 5~6 点，在上部测 3点，下部测 2~3 点，遇到等势线曲率大处，等势点要密一些。测试过程中，不能调整电信号发生器的输出电压。

（5）测点要均匀，一边记录，一边绘在坐标纸上（学生自备一张尺寸为 37cm×10cm 的方格纸）。

6. 成果分析及讨论

（1）为什么要将实验盘水平放置？实验盘的大小对实验结果有无影响？

（2）在实验中直接测定流线，其边界条件如何模拟？

（3）盘中的介质改变，流网的形状是否改变？

（4）测试过程中，探针为什么要垂直于水面？

（5）绘制流网的原则是什么？用它来检查一下你所绘制的流网是否正确。

7. 探索与拓展

根据流网图进行计算：若已知 $K = 2.0\text{m/d}$，上游水深为 $h_1 = 30\text{m}$，下游水深 $h_2 = 20\text{m}$，计算渗透总压力，渗透流量及溢出点的渗流速度。

实验15　弯道水流实验

1. 实验目的

明渠和河道中一般都有弯道存在。水流通过弯道时，液体质点受到重力和离心惯性力的共同作用，使得弯道水流呈螺旋流运动，并引起弯道泥沙的横向输移，形成弯道凹岸冲刷、凸岸淤积的冲淤特性。弯道水流的研究成果在许多工程领域中，如河流治理、航道整治、引水防沙、桥墩及公路路基防护等，都得到了广泛的应用。由于弯道水流特性及影响因素的复杂性，目前实验研究仍是一种主要的研究手段。

弯道是由一个反向河湾与直段连接而成，弯道水流的运动特征与泥沙运动、河床演变等密切相关。本实验通过对不同弯曲半径的弯道上的水流现象、相关水力要素以及床面推移质运动情况的观测，增加对弯道水流泥沙运动的

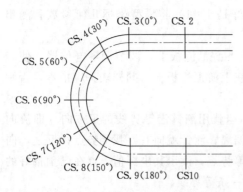

图 7.27　弯道水槽及测量断面平面布置

认识；了解弯道水流的纵、横向流速分布规律；了解弯道水面纵、横向比降及凹岸水面超高值的沿程变化规律。

2. 仪器设备

(1) 弯道水槽（图 7.27）。

(2) 流速仪、带刻度可测流向的活动测针架、水位测针以及钢卷尺。

(3) 模型沙、高锰酸钾，木屑等示踪剂。

3. 实验步骤

(1) 实验准备：

1) 用水准仪校核弯道水槽各测量断面处边壁顶部高程是否相同，若不相同，要采取措施修正，以确保测量水面高程时有统一的基准面。

2) 启动供水系统，调节进水流量及弯道水槽尾门水位，使实验段水流平稳，水深控制在 15～20cm 之间。

3) 布置测量断面及测点位置：在弯道内布设 0°、30°、60°、90°、120°、150°、180° 等 7 个测量断面，在弯道槽上、下游直段上分别布设一个测量断面。

4) 放好测架，安装好流速仪及水位测针。

(2) 在各个测量断面上两侧（测点距槽壁各 5cm）和中轴线上用水位测针测量水面高程。

(3) 使用流速仪以三点法测量弯道 0°、30°、60°、90°、120°、150°、180°等 7 个测量断面的垂线流速与流向。测量垂线的布置与测量水面高程时相同。

测量各点流向时，将流速仪测杆固定在带刻度可测流向的活动测针架上，并且使活动测针架测流向转盘上 0°刻线与测流断面垂直。在流速仪旋桨下缘横杆上系一根红色细线，测桨放至预定测点时，根据来流方向转动测杆，当红色细线与旋桨下缘横杆成一直线时，记录测流向转盘上左偏或右偏角度数，即为该点流向。

(4) 在水面及水底分别施放木屑和高锰酸钾等示踪剂、床面施放模型沙，观察弯道水流水面、水流内部水质点运动轨迹以及弯道床面推移质泥沙的运动情况。

4. 注意事项

(1) 弯道水流是典型的三维水流，实验室应注意观察水流及示踪剂、模型沙的运动情况。

(2) 测弯道不同断面流速时要及时调整，保持流速仪测桨轴向与测点水流流向一致。

(3) 若采用沿流程安装的固定水位测针测量水面高程时，应先按统一的基准面确定各测针零点高程。

5. 实验成果及要求

(1) 记录水面高程测量结果。

(2) 记录流速、流向测量结果 ［流速单位：cm/s；流向偏角单位：（°）］。

(3) 比降计算：

纵比降 $$J_z = \frac{\text{沿流程水面高程差}}{\text{流程长度}}$$

横比降 $$J_h = \frac{\text{沿横断面水面高程差}}{\text{断面宽度}}$$

注：断面宽度在这里应取凹、凸两边测量垂线之间的距离。

（4）分析纵、横比降的沿程变化与水流弯曲程度的关系；比较凹、凸两岸的两部分横比降。

（5）画出弯道各断面流速分布图，配合示踪剂及模型沙观察结果，分析测点流速的变化，说明水流进入弯道前后的变化情况。

6. 实验分析与讨论

（1）比较弯道断面流速分布与顺直段断面流速分布，说明弯道水流的流速分布特点。

（2）弯道不同位置（0°、30°、60°、90°、120°、150°、180°）流速分布有何不同？

（3）弯道水面纵比降的沿程变化与环流的关系以及弯道凸、凹岸的水面纵比降各有什么特点？

（4）弯道环流强度的沿程变化规律及对输沙的影响如何？

（5）弯道水面形态及超高值的沿程变化与来水及边界条件（如流量、水深、流速、弯曲程度）的关系如何？

（6）如何设计实验方案并进行实验？测量并分析弯道水流动力轴线的变化规律。

实验 16　波　浪　实　验

方法 1　波浪要素测量实验

1. 实验目的要求

波浪是水利工程中主要的动力因素，周期、波高、波长是波浪的三要素。因此测量波浪要素也成为水利工程实验中最基本的测量内容。通过实验，加深对波浪运动的感性认识的同时，要求学生能正确使用和率定水位测针及浪高仪，了解造波机的原理，掌握在实验室测定波浪三要素的方法，分析波高、波长的影响因素，采用弥散方程计算其理论值，并与实验值相比较。

2. 实验仪器设备

（1）水槽及造波机系统。

（2）浪高仪 2 套。

（3）数据采集系统。

（4）固定支架。

（5）水位测针 1 套。

3. 实验步骤

（1）实验准备：

1）预习实验仪器的使用方法。

2）浪高仪的安装及连接。

3）水槽灌水，水深约 40~50cm。

（2）波高仪的标定。测波高前，必须先对浪高仪进行标定，即求出比例系数 K。一般电阻式波高仪受温度影响较大，因此每次使用前都要标定。标定是在静水中进行的。先将浪高仪固定在测杆上，移动测杆调整浪高仪高度，使浪高仪中部处于水面位置，用数据采集系统采集零点，作为零水位线，然后依次下降测针 2cm，每次都用数据采集系统采集电压值，下降 8～10cm 后，再返回零水位处。按照上述方法再每次上提 2cm，每次都用数据采集系统采集电压值，直到上升 8～10cm。然后由采集到的电压值与相对移动距离进行线性回归得到比例系数 K。这里注意相对零点向下移动的距离计正值，相对零点向上移动的距离计负值。

(3) 调整造波机，使造出的波浪稳定，有光滑的波面。

(4) 测定波周期 T。调整造波机的推板往复运动的周期。目测：用秒表测量连续数十个波所用的时间，求出每一个波的平均周期 $T = \Delta T/(N-1)$。电脑采集分析：将波高仪置于测点上，通过采集仪和计算机记录波面过程线，并绘制波面-时间（$h-t$）图。若波面的采样间隔时间为 t，在 $h-t$ 图上获取连续 M 个波峰（或波谷）之间的采样次数 N，则波周期 T 为：$T = (N-1) \times t/(M-1)$。

(5) 波高的测定。开动生波机等待波浪稳定后，在水槽边壁上划线记录波峰和波谷位置，两者之差即为波高；同时用数据采集系统采集浪高仪数据记录波浪，根据标定系数 K，计算得到波高。

(6) 波长的测定。在同一波向上设置两台波高仪以分别记录两条波面过程线，用尺子测量它们之间的距离 ΔL，ΔL 一般小于半个波长，但不宜过小，以便分析和保证精度。波浪向前推进时，用秒表记录同一个波峰经过前后两支传感器的时间差为 Δt。采集波高数据后，在记录纸上画有两条波浪的过程线，波浪过程线上两波峰的时间跨度即为 Δt，如图 7.28 所示。

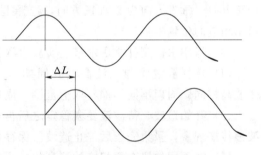

图 7.28 波浪传播过程线

两条波浪过程线中两个波峰时间之差是 Δt，则

$$\Delta L = C\Delta t$$

式中：C 为波速，$C = L/T$，其中 T 为周期，L 为波长，所以

$$L = \Delta L T/\Delta t$$

4. 实验注意事项

(1) 注意用电安全，并保护自己。

(2) 各种仪器、设备的电源开关不能反复开关或按压，以免造成损坏。

(3) 造波机为大型仪器设备，请严格按规程操作。

5. 实验分析与讨论

(1) 整理数据，填好上面的表格，求出波长的实测值与理论值。

(2) 将波长的实测值与理论值进行比较，两者的差别有多大，为什么？

(3) 分析整理数据采集结果，计算波高、周期、波长。

方法 2　波 浪 绕 射 实 验

1. 实验目的和要求

波浪绕射现象是近岸水域一种常见的现象，波浪在传播过程中，遇到建筑物或地形变化时，会发生绕射与折射，对波浪的传播、变形产生显著的影响。在港口海岸工程中，由于泊稳的需要，需要布置相应的防波建筑物以消除波浪对船舶工作的影响，因此，对建筑物前波浪绕射现象进行观测和模拟，对于港口规划与布置具有十分重要的理论意义和现实意义。本实验的目的在于加深学生对波浪运动尤其是波浪绕射的感性认识，观测波浪绕射的基本规律，推求其绕射系数，并思考建筑物的存在对波浪传播的影响。

2. 实验仪器设备

(1) 水槽及造波机系统。

(2) 浪高仪。

(3) 数据采集系统。

(4) 防波堤模型 1 座。

3. 实验内容和步骤

(1) 布置实验设备。

(2) 在报告上，绘出实验布置图，确定浪高仪位置。建立坐标系，波浪传播方向为 y 轴正方向，垂直方向为 x 轴正方向，选择坐标系原点。运用卷尺测量每个浪高仪的位置，得出相应的位置坐标。

(3) 运用水位测针测量水槽内实验水深。

(4) 选择造波参数（波高、波周期），参数分两组选取：①周期相同，波高不同；②波高相同，周期不同。推荐取值范围，周期：1.0~3.0s，波高：0.10~0.20m。

(5) 开始造波，待波浪要素稳定之后再开始采集数据，同时观察水质点的运动轨迹和波浪传播现象，采集完毕后停止造波。保存数据。

(6) 在不同位置布置相应的浪高仪，采集数据。

(7) 选取新的造波参数（波高、波周期），重新开始实验，至少进行 3 组实验。

4. 实验数据分析

(1) 波高和波周期计算。根据测量结果，计算出每组实验的波高和周期。

(2) 同一组次的不同测点的波高值进行对比，分析其规律。

(3) 对绕射系数进行计算。

(4) 分析不同来波条件情况下的波浪绕射规律。

(5) 思考堤前波浪的反射及二次反射规律。

5. 实验报告要求

实验报告应该包括如下几部分：

(1) 实验目的和意义。

(2) 实验概述（包括实验的时间、地点，实验设备介绍，坐标系如何建立，实验布置描述包括造波机位置、消浪设施、浪高仪布置等，绘制出实验布置图，给出浪高仪位置）。

(3) 实验内容和步骤（具体的实验步骤、每个步骤测量过程和内容描述）。

（4）实验现象描述（波浪的传播现象描述、水质点运动特性描述）。

（5）实验数据分析。

（6）实验结论（实验总结和主要的实验结论）。

（7）实验思考题。

6. 实验思考题

防波堤前波浪的反射及二次反射是如何产生的？有何办法消除二次反射的影响？

方法 3　波浪浅水变形实验

1. 实验目的

在近岸动力场中，海浪极富变化性，它们是施加在海岸建筑物上最重要的环境荷载，所以，掌握其在近岸水域里的演变规律，较之于外海水域，显得更为重要和急需。因此，对波浪浅水变形规律开展研究具有重要的理论意义和应用价值。

2. 实验仪器设备

（1）水槽及造波机系统。

（2）浪高仪 2 个。

（3）数据采集系统。

（4）防波堤模型 1 座。

波浪浅水变形实验布置如图 7.29 所示。实验在斜坡上进行，在水槽内布置 2 个浪高仪：斜坡前 1 个，测量入射波；斜坡上 1 个，测量波浪的浅水变形。

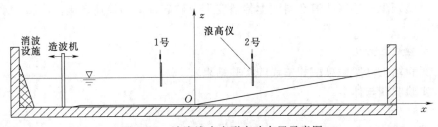

图 7.29　波浪浅水变形实验布置示意图

3. 实验内容和步骤

（1）布置实验设备，布置浪高仪。

（2）选择坐标系原点，波浪传播方向为 x 轴正方向，垂直方向为 z 轴正方向。运用卷尺测量 2 个浪高仪所在的位置，并且得出相应的位置坐标。绘出实验布置图，得出浪高仪位置表 1。

（3）运用水位测针测量实验水深 d。测量斜坡的坡度。

（4）开始造波，从造波机造出的前 4～5 个波一般为不稳定波，将其忽略掉后再开始采集数据。

（5）同时观察并记录水质点的运动轨迹

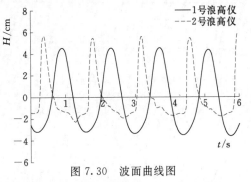

图 7.30　波面曲线图

和波浪在斜坡上传播变形以及破碎的现象，记录波浪的破碎类型，采集完毕后停止造波。保存数据。

（6）选取新的造波参数（波高、波周期），重新开始实验，至少进行 2 组实验。

4. 实验数据分析

（1）波面变化分析。根据测量数据，分别绘制出相应的波面曲线图（图 7.30），分析波浪传播至斜坡上时，波浪形态的变化规律。

（2）波高和波周期计算与分析。通过波面曲线图得出每组实验 2 个波高仪测得的波高和周期，分别计算出波长和波速。分析波浪在浅水变形过程中波高、波周期、波长、波速如何变化，得到其变化规律。

（3）浅水变形规律分析。根据实验水深、斜坡坡度和波高仪位置，推算 2 号波高仪测点相应的水深。分析波浪传播至斜坡上时，波浪浅水变形的规律。

（4）波浪的破碎类型分析。

5. 实验报告要求

实验报告应该包括如下几部分：

（1）实验目的和意义。

（2）实验概述（包括实验的时间、地点，实验设备介绍，坐标系如何建立，实验布置描述包括造波机位置、消浪设施、浪高仪布置、斜坡坡度等，绘制出实验布置图，给出浪高仪坐标位置表）。

（3）实验内容和步骤（具体的实验步骤、每个步骤测量过程和内容描述）。

（4）实验现象描述（波浪在斜坡上传播变形及破碎现象的描述、破波类型、水质点运动特性描述）。

（5）实验数据分析。

（6）实验结论（实验总结和主要的实验结果）。

（7）实验收获与体会。

第8章　综合、设计类实验

实验1　管道流量测量综合分析实验

1. 实验目的

（1）通过实验掌握电磁流量计、超声波流量计、涡轮流量计、文丘里流量计、转子流量计、称重法、弯管流量计等测流量的方法，了解其原理。

（2）用电磁流量计、超声波流量计、涡轮流量计、文丘里流量计、转子流量计、称重法、弯管流量计测定同一管道同一瞬时通过的流量，分析比较其精度。

（3）率定文丘里流量计、弯管流量计的系数，并与给定系数相比较，分析其不同之处。

2. 实验仪器设备

图8.1为管道流量综合测定实验仪示意图。

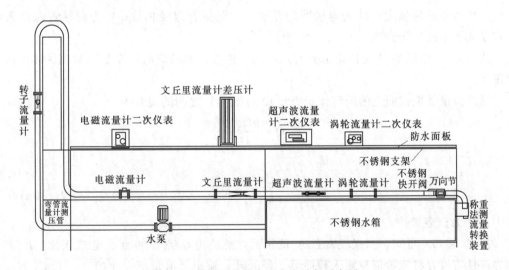

图8.1　管道流量综合测定实验仪示意图

3. 实验原理

（1）涡轮流量计工作原理。当被测流体流经传感器时，传感器内的叶轮借助于流体的动能而产生旋转，周期性地改变磁电感应转换系统中的磁阻值，使通过线圈的磁通量周期性地发生变化而产生电脉冲信号。在一定的流量范围下，叶轮转速与流体流量成正比，即电脉冲数量与流量成正比。该脉冲信号经放大器放大后送至二次仪表进行流量和总量的显示或计算。

在测量范围内，传感器的输出脉冲总数与流过传感器的体积总量成正比，其比值称为仪表常数，以 ξ（次/L）表示。每台传感器都经过实际标定测得仪表常数值。当测出脉冲信号的频率 f 和某一段时间内的脉冲总数 N 后，分别除以仪表常数 ξ（次/L）便可求得瞬时流量 q(L/s) 和累积流量 Q(L)。即

$$q = f/\xi \tag{8.1}$$

$$Q = N/\xi \tag{8.2}$$

注：仪表常数的符号 ξ 也可用 K 表示。

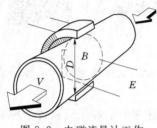

图 8.2　电磁流量计工作
原理示意图

注意：在产品合格证中记录了作为传感器使用的重要数据的仪表常数 ξ 和传感器的精确度，因此请妥善保管产品合格证。

（2）电磁流量计工作原理。传感器是根据法拉第电磁感应原理工作的，如图 8.2 所示。

当导电液体沿测量管在交变磁场中在与磁力线成垂直方向运动时，导电液体切割磁力线产生感应电势。在与测量管轴线和磁场磁力线相互垂直的管壁上安装了一对检测电极，将这个感应电势检出。

若感应电势为 E，则有

$$E = BVD \tag{8.3}$$

式中：B 为磁感应强度；D 为电极间的距离，与测量管内径相等；V 为测量管内被测流体在横截面上的平均流速。

式（8.3）中磁场 B 是恒定不变值，D 为一常数，则感应电动势 E 与被测液体流速 V 成正比。

通过测量管横截面上的瞬时体积流量 Q 与流速 V 之间的关系为

$$Q = \frac{\pi D^2}{4}V \tag{8.4}$$

将式（8.3）代入式（8.4）得

$$Q = \frac{\pi D}{4B}E = KE \tag{8.5}$$

式中：K 为仪表常数。

由式（8.5）可知，当仪表常数 K 确定后，感应电动势 E 与流量 Q 成正比。E 通常称为流量信号，将流量信号输入转换器，经处理，输出与流量成正比的 $0 \sim 10\mathrm{mA}$ 或 $4 \sim 20\mathrm{mA}$ 直流电信号。$1 \sim 5000\mathrm{Hz}$ 频率脉冲，对流量进行显示、记录、积算、调节等。

（3）超声波流量计工作原理。当超声波在液体中传播时，流体的流动将使传播时间产生微小变化，并且其传播时间的变化正比于液体的流速，由此可求出液体的流速。

如图 8.3 所示，在待测流量管道外表面上，按一定相对位置安装一对超声探头。安装方式分为 Z 法和 V 法。一个探头受电脉冲激励产生的超声脉冲，经管壁—流体—管壁为第二探头所接收。从发至收超声脉冲传播时间，依其顺逆流向分别为

$$T_{\mathrm{up}} = \frac{MD/\cos\theta}{C_0 + V\sin\theta} \tag{8.6}$$

$$T_{\text{down}} = \frac{MD/\cos\theta}{C_0 - V\sin\theta} \qquad (8.7)$$

式中：M 为声束在液体中的传播次数；D 为管道内径；θ 为超声波束入射角；C_0 为静止时流体声速；V 为管内流体沿管直径方向的平均流速；T_{up} 为声束在正方向上的传播时间；T_{down} 为声束在逆方向上的传播时间。

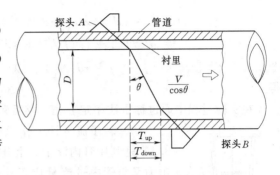

图 8.3　超声波流量计工作原理示意图

根据式（8.6）和式（8.7），可得出流体沿直径方向上的平均流速：

$$V = \frac{MD}{\sin 2\theta} - \frac{\Delta T}{T_{\text{up}} - T_{\text{down}}} \qquad (8.8)$$

式中：ΔT 为声束在正逆两个方向上的传播时间差。

时差式超声波流量计适用于无气泡的单一纯净液体的测量。上述公式是在理想情况下得到的，实际上工业管路中液体流动情况是十分复杂的。管内壁结垢，内壁粗糙度等众多因素影响，使一般超声波流量计的测量精度大打折扣。FV3018 型超声波流量计由于采用了世界最先进的直接时间测量方法并详细考虑了温度及管内粗糙等影响，通过标准校正曲线或用户经验校正曲线的方法来克服液体流场分布不均匀的情况，可使测量精度大大提高，特别是使用静态设置零点的方法，可使测量线精度优于 0.5%。

（4）文丘里流量计工作原理。文丘里流量计由收缩段、喉道、扩散段组成。由于喉道断面收缩，断面平均流速加大动能变大，势能减小，则喉道的测压管水头与收缩段进口处的测压管水头便产生了水头差 Δh，该水头差 Δh 与通过的流量存在着一个正比关系，$Q = \mu k (\Delta h)^{1/2}$（$k$、$\mu$ 均为系数）。故只需测出 Δh，就可知流量 Q。据能量方程式和连续性方程式，可得不计阻力作用时的文透利过水能力关系式：

$$Q_{\text{计算}} = (\pi d_1^2/4)\{2g[(Z_1 + p_1/\rho g) - (Z_2 + p_2/\rho g)]\}^{1/2}/[(d_1/d_2)^4 - 1]^{1/2}$$

其中

$$K = (\pi d_1^2/4)(2g)^{1/2}/[(d_1/d_2)^4 - 1]^{1/2}$$

$$\Delta h = (Z_1 + p_1/\rho g) - (Z_2 + p_2/\rho g) = h_1 - h_2 + h_3 - h_4$$

式中：Δh 为两断面测压管水头差。

实际上，由于阻力的存在，通过的实际流量 $Q_{\text{实际}}$ 恒小于 $Q_{\text{计算}}$。所以引入一无因次数 $\mu = Q_{\text{实际}}/Q_{\text{计算}}$（$\mu$ 称为流量系数），对计算所得的流量值进行修正，即 $Q_{\text{实际}} = \mu Q_{\text{计算}} = \mu k (\Delta h)^{1/2}$。

（5）弯管流量计工作原理。对管道弯前和弯后两断面列能量方程得

$$h_{w(11-12)} = [(Z_{11} + p_{11}/\rho g) + \alpha v_{11}^2/2g] - [(Z_{12} + p_{12}/\rho g) + \alpha v_{12}^2/2g]$$

由于

$$v_{11} = v_{12}$$

所以

$$h_{w(11-12)} = (Z_{11} + p_{11}/\rho g) - (Z_{12} + p_{12}/\rho g) = \Delta h$$

又由于

$$h_{w(11-12)} = [\lambda(L/d) + \xi] \times v_{11}^2/2g$$

得

$$v = \{2g\Delta h/[\lambda(L/d) + \xi]\}^{1/2}$$

$$Q = Av = \pi d^2/4 \times v = \pi d^2/4 \times \{2g\Delta h / [\lambda(L/d) + \xi]\}^{1/2}$$
$$= \pi d^2/4\{2g / [\lambda(L/d) + \xi]\}^{1/2} \times \Delta h^{1/2}$$

令
$$\mu = \pi d^2/4\{2g/[\lambda(L/d) + \xi]\}^{1/2}$$

得
$$Q = \mu \Delta h^{1/2}$$

在实验过程中通过称重法率定 μ 值，然后就可以据 Δh 求流量 Q。

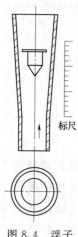

（6）转子流量计工作原理。转子流量计（又称浮子流量计，见图 8.4）是利用管内浮子 2 上升高度与水流冲击力成正比，而管内水流冲击力又与管内过流量成正比的原理工作的。体积流量 Q 的基本方程式为

$$Q = \alpha\varepsilon\Delta F\sqrt{\frac{2gV_f(\rho_f - \rho)}{\rho E_f}} \quad \mathrm{m^3/s} \tag{8.9}$$

当浮子为非实心中空结构（放负重调整量）时，则

$$Q = \alpha\varepsilon\Delta F\sqrt{\frac{2g(G_f - V_f\rho)}{\rho E_f}} \quad \mathrm{m^3/s} \tag{8.10}$$

式中：α 为仪表的流量系数，因浮子形状而异；E_f 为被测流体为气体时气体膨胀系数，通常由于此系数校正量很小而被忽略，且通过校验已将它包括在流量系数内，如为液体则 $\varepsilon = 1$；ΔF 为流通环形面积，$\mathrm{m^2}$；g 为当地重力加速度，$\mathrm{m/s^2}$；V_f 为浮子体积，如有延伸体

标尺

图 8.4 浮子
流量计

亦应包括，$\mathrm{m^3}$；ρ_f 为浮子材料密度，$\mathrm{kg/m^3}$；ρ 为被测流体密度，如为气体是在浮子上游横截面上的密度，$\mathrm{kg/m^3}$；G_f 为浮子质量，kg。

流通环形面积与浮子高度之间的关系如式（8.11）所示，当结构设计已定，则 d、β 为常量。式中有 h 的二次项，一般不能忽略此非线性关系，只有在圆锥角很小时，才可视为近似线性。

$$\Delta F = \pi\left(dh\tan\frac{\beta}{2} + h^2\tan^2\frac{\beta}{2}\right) = ah + bh^2 \tag{8.11}$$

式中：d 为浮子最大直径（即工作直径），m；h 为浮子从锥管内径等于浮子最大直径处上升高度，m；β 为锥管的圆锥角；a、b 为常数。

4. 实验步骤

（1）连接好各流量计的接线，并检查是否正确，在确认无误后，打开出水快开阀，接入电源，开启水泵，检查各流量计工作是否正常。

（2）记录相关常数。

（3）测记各流量计的流量，同时用称重法测流量。

（4）调节出水快开阀，再测记各流量计的流量，同时用称重法测流量。

（5）重复（3）、（4）步骤 3~6 次。

（6）关闭各流量计和水泵电源。

5. 思考题

（1）各流量计同一瞬时测得的流量一样吗？为什么？

（2）你认为各流量计的优缺点是什么？如何选择使用？

（3）对于管道内是半管水流时，上述测流设备和方法还能用吗？为什么？

实验 2　管网水力特性综合测试分析实验

方法 1　管网水力特性综合测试仪 I 型

1. 实验目的

（1）通过实验掌握测定管网特性各类参数的方法，了解仪器的构造和使用，分析管道各类参数的特性和变化规律，加强对管网过流特性的认识。

（2）分别测定管道串、并联时的流量，分析其相互关系；在尾阀开度不变的情况下，测定并比较单管和并联双管的过流量等特性。

（3）测定 4 种不同内壁粗糙度管道的沿程损失和沿程阻力系数，分析其异同。

（4）（选做）测定管道突然扩大、缩小和弯头的局部损失及相应的局部阻力系数。

2. 实验仪器设备

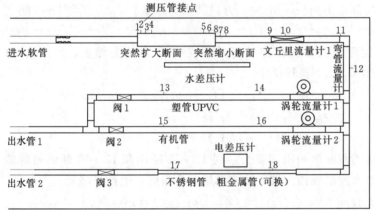

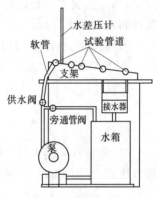

（a）试验管平面布置图　　　　　　（b）立面供水示意图

图 8.5　自循环管路特性综合实验仪 I 型示意图

3. 实验原理

（1）在图 8.5 所示实验设备中，对断面 13—13 和断面 14—14、断面 15—15 和断面 16—16、断面 17—17 和断面 18—18 分别列能量方程得

$$z_1 + \frac{p_1}{\gamma} + \frac{a_1 V_1^2}{2g} = z_2 + \frac{p_2}{\gamma} + \frac{a_2 V_2^2}{2g} + h_f$$

因为管径不变 $V_1 = V_2$

所以

$$h_f = \left(z_1 + \frac{p_1}{\gamma} \right) - \left(z_2 + \frac{p_2}{\gamma} \right) = \Delta h$$

由达西-魏斯巴赫公式：

$$h_f = \lambda \left(\frac{L}{d} \right) \left(\frac{v^2}{2g} \right)$$

$$\lambda = \frac{2dgh_f}{Lv^2} = \frac{K\Delta h}{Q^2}$$

其中

$$K = \frac{\pi^2 g d^5}{8L}$$

式中：h_f 为试验段两断面间管道沿程水头损失；d 为试验管道内直径；L 为试验管道长度。

将不锈钢管换为粗铁管同样可得粗铁管的沿程阻力系数。将 4 种不同管道的沿程阻力系数 λ 与雷诺数的关系曲线绘制在同一张表上，并进行对比分析。

（2）写出沿水流方向的局部阻力前后两断面的能量方程，根据推导条件，扣除沿程水头损失可得：

1）突然扩大，采用沿程阻力两段类推法计算，下式中 $h_{f(1-3)}$ 由 $h_{f(3-5)}$ 按流长比例换算得出。

实测值：$h_{j\not k} = [(Z_1 + p_1/\rho g) + \alpha v_1^2/2g] - [(Z_3 + p_3/\rho g) + \alpha v_3^2/2g] + h_{f(1-3)}$

$$\xi_{\not k} = h_{j\not k}/(\alpha v_1^2/2g)$$

理论值：$\xi'_{\not k} = (1 - A_1/A_3)^2$

式中：$h_{j\not k}$ 为突扩断面阀的局部水头损失，m；$\xi_{\not k}$ 为局部阻力系数；$h_{f(1-3)}$ 为 1～3 测点断面间沿程损失，m。

2）突然缩小，采用沿程阻力四段类推法计算，下式中 B 点为突缩点，$h_{f(6-B)}$ 由 $h_{f(5-6)}$ 换算得出，$h_{f(B-7)}$ 由 $h_{f(7-8)}$ 换算得出。

实测：$h_{j\text{缩}} = [(Z_6 + p_6/\rho g) + \alpha v_6^2/2g - h_{f(6-B)}] - [(Z_7 + p_7/\rho g) + \alpha v_7^2/2g + h_{f(B-7)}]$

$$\xi_{\text{缩}} = h_{j\text{缩}}/(\alpha v_7^2/2g)$$

经验：$\xi'_{\text{缩}} = 0.5(1 - A_7/A_6)$

3）弯管水头损失可忽略其两断面间沿程损失，列 11—11 断面和 12—12 断面间的能量方程式：（用去除其中两断面间沿程损失的方法，结果更为精确，但计算略繁）。

$$h_{j\text{弯}} = [(Z_{11} + p_{11}/\rho g) + \alpha v_{11}^2/2g] - [(Z_{12} + p_{12}/\rho g) + \alpha v_{12}^2/2g]$$
$$= (Z_{11} + p_{11}/\rho g) - (Z_{12} + p_{12}/\rho g) = \Delta h$$
$$\xi_{\text{弯}} = h_{j\text{弯}}/(\alpha v_{11}^2/2g) = \Delta h/(\alpha v_{11}^2/2g)$$

4. 实验步骤

（1）首先将水泵出水管上的旁通管阀全开，插上水泵电源插头，启动水泵。

（2）全开供水阀，再分别单开出水阀 1、阀 2、阀 3，关闭管道其他出水阀，排出管内气体。同时调节水差压计，使其在出水阀全关的情况下水位位于 1/2 管高的位置，有电差压计时，打开电差压计调节调零旋钮，使其显示值为 0。

（3）全开阀 1、2，渐关旁通管阀 3～5 次，分别测记相应测压管读数和对应出水阀流量及水温。

（4）关闭阀 1、2，打开阀 3，通过关闭旁通管阀增减管道过流量。在水差压计不能使用时用电差压计，测定相应测压管读数和过流量 3～5 次。

（5）更换阀 3 相连不锈钢管为镀锌管，在阀 1、2 关闭的情况下，通过阀 3 及旁通管阀增减管道过流量，测定相应测压管读数和过流量，次数与前面不锈钢管测次对应。

（6）关闭阀 3，在关闭阀 1 全开阀 2 或在关闭阀 2 全开阀 1 的情况下，通过旁通管阀增减管道过流量，测定相应测压管读数和过流量，次数与前面不锈钢管测次对应。

（7）关闭阀 3，调节阀 1 和阀 2 开度比，并观察思考"水阻"现象。测定相应测压管读数和过流量。

（8）关闭电源，打开出水阀，进行实验数据处理分析。

5．成果分析

（1）绘制流量和测压管水头差 Δh 的相应关系曲线，分析管道串、并联流量之间的关系。

（2）在双对数坐标纸上绘制四种管的 Re 和 λ 的关系曲线，分析 λ 的变化关系，与摩迪图比较。

6．思考题

（1）阀 1 关，阀 2 开和阀 2 关，阀 1 开时的过流量与阀 1、2 全开时的过流量有何异同点？其相互关系如何？

（2）4 种管道 Re 和 λ 的关系曲线说明了什么？

（3）讨论与阀 1、阀 2 之间过流时的关系及"水阻"现象产生的成因。

方法 2　管网水力特性综合测试仪 II 型

1．实验目的

（1）通过实验掌握测定管网特性各类参数的方法，了解仪器的构造和使用，分析管道各类参数的特性和变化规律，加强对管网过流特性的认识。

（2）分别测定管网不同进出口组合形式下串、并联的流量，分析其相互关系；在尾阀开度不变的情况下，测定并比较单管和并联多管的过流量等特性。

（3）测定 3 种不同糙度管道的沿程损失和沿程阻力系数，分析其异同。

（4）（选做）测定管道突然扩大、缩小和弯头的局部损失及相应的局部阻力系数。

2．实验仪器设备

图 8.6 为管路特性综合实验仪 II 型示意图。

3．实验原理

（1）在图 8.6 所示实验设备中，3 根试验管道的进出口形式各有 3 种，可组成多种形式的进出水管网系统，对各种组合下的管道过流量进行测定后，进行分析比较就可以了解管道的过流特性，同时可以观看分析"水阻"这一独特的管道过流现象。

（2）分别取各管道上的上、下游测压断面为能量计算断面，列能量方程可得

$$z_1 + \frac{p_1}{\gamma} + \frac{a_1 V_1^2}{2g} = z_2 + \frac{p_2}{\gamma} + \frac{a_2 V_2^2}{2g} + h_f$$

因为管径不变 $V_1 = V_2$，所以

$$h_f = \left(z_1 + \frac{p_1}{\gamma}\right) - \left(z_2 + \frac{p_2}{\gamma}\right) = \Delta h$$

由达西-魏斯巴赫公式：

$$h_f = \lambda \times \left(\frac{L}{d}\right) \times \left(\frac{v^2}{2g}\right)$$

$$\lambda = \frac{2dgh_f}{Lv^2} = \frac{K\Delta h}{Q^2}$$

其中

$$K = \frac{\pi^2 g d^5}{8L}$$

式中：h_f 为试验段两断面间管道沿程水头损失；d 为试验管道内直径；L 为试验管道长度。

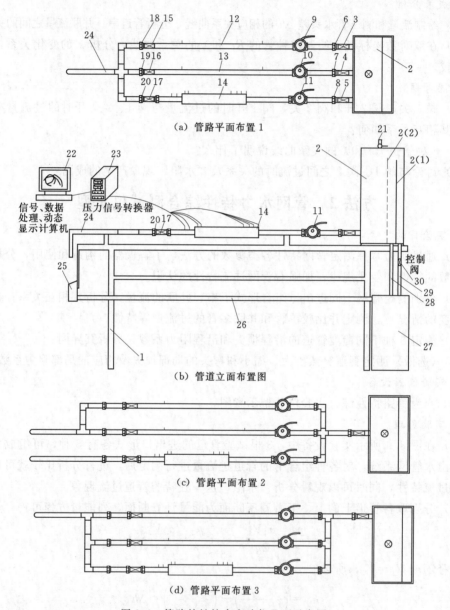

（a）管路平面布置 1

（b）管道立面布置图

（c）管路平面布置 2

（d）管路平面布置 3

图 8.6　管路特性综合实验仪 Ⅱ 型示意图

1—试验台；2—恒压水箱；2（1）—溢水板；2（2）—稳水板；3、4、5—进水阀；6、7、8、18、19、20—快速接口；
9、10、11—涡轮流量计；12、13、14—试验管道；15、16、17—出水阀；21—气阀；22—计算机；23—数据采集器；
24—出水管；25—接水器；26、29—回水管；27—蓄水箱；28—供水管；30—回水阀将不锈钢管、有机管、UPVC 管 3 种不同管道的沿程阻力系数 λ 与雷诺数的关系曲线绘制在同一张表上，并进行对比分析。

（3）（选做）局部阻力系数测定，原理同前。

4. 实验步骤

（1）首先将恒压水箱上的气阀全开，从 3 组进、出水装置中各选 1 组，通过快速接口连接好管路，插上电源插头，启动水泵。

（2）全开回水阀及相应进水阀，再分别单独全开各管道出水阀（关闭管道其他出水阀），排出管内气体后，利用压力信号转换器及差压采集程序记录实验管道两测压断面间压差，同时用涡轮流量计（体积法或称重法）测定对应管道通过的流量，并用温度计测量水温。

（3）全开全部出水阀，利用差压计或电脑差压采集程序记录各实验管道两测压断面间压差，同时用涡轮流量计（体积法或称重法）测定对应管道通过的（总）流量，并用温度计测量水温。

（4）关闭水泵电源，拆除管路，重选一组进、出水装置，再通过快速接口连接好管路，插上电源插头，启动水泵。重复（2）、（3）步骤再做一次。

（5）可重复步骤（4），再做一次。

（6）在图 8.6 中的（a）、（c）或（d）等管道连接形式中，通过开、关不同阀门，调节不同阀的开度比，观察思考"水阻"现象。测定此时相应管道过流量和对应测压管读数。

（7）关闭电源，清理仪器，进行实验数据处理分析。

5. 成果分析

（1）分析各种管道进、出水组合下各管道过流量之间的关系。

（2）在双对数坐标纸上绘制三种管的 Re 和 λ 的关系曲线，分析其差别。

6. 思考题

（1）3 根管道的出水阀单独开时的过流量和与 3 个出水阀同时全开时的过流量和有何异同点？为什么？

（2）3 种管道 Re 和 λ 的关系曲线说明了什么？

（3）讨论"水阻"现象产生的成因。

实验 3 二元机翼表面压力分布及流体动力特性测量

1. 实验目的

（1）学习测量流体绕流时物体表面压力分布的方法。

（2）测量在不同攻角下机翼的表面压力分布。

（3）（选做）分析比较在有自由液面干扰的情况下，机翼表面压力分布的变化情况。

2. 实验原理

将机翼置于均匀定常的气流中，在机翼的表面可以测得其压力的分布。测定实际流体绕机翼的压力分布具有较大的实际意义，因为压力分布反映了机翼的真实绕流特性，由压力分布曲线可以得到此机翼的升力系数和机翼表面的速度分布。

机翼表面的压力分布常用无因次压力系数 C_p 来表示，即

$$C_p = \frac{p - p_\infty}{\rho v_\infty^2 / 2} = \frac{h - h_s}{h_0 - h_s}$$

式中：v_∞ 为无穷远处的来流速度，m/s；h_0 为气体来流总压 p_0 的测量值（表压），mmH_2O；h_s 为气体来流静压 p_s 的测量值（表压），mmH_2O；h 为机翼表面上某点压力的测量值（表压），mmH_2O。

实验条件下的雷诺数为

$$Re = \frac{v_\infty b}{v}$$

式中：b 为机翼的弦长，m；v 为气流的运动黏性系数，m/s。

3. 实验装置

整套实验装置如图 8.7 和图 8.8 所示。

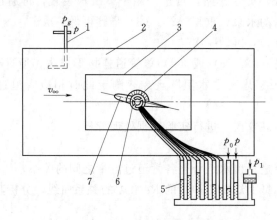

图 8.7　实验段机翼模型安装示意图

1—速度探针；2—风洞；3—观察窗；4—量角器；5—多管测压计；6—手轮；7—机翼模型

实验风洞为吸气式风洞，由一台风机将空气经过收敛段、工作段、过渡段，最后排入大气。在工作段内可以得到平行均匀的气流，调节风机出口可以改变气流速度。

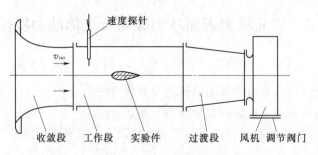

图 8.8　风洞构造简图

机翼模型选 NACA - 4412，其标准值见表 8.1。

表 8.1　　　　　　　　　　　　　　**NACA-4412 翼型的标准值表**

序号	x/mm	$y_上$/mm	$y_下$/mm	序号	x/mm	$y_上$/mm	$y_下$/mm
1	0	0	0	10	60	19.52	−4.52
2	2.5	4.88	−2.86	11	80	19.60	−3.60
3	5	6.78	−3.90	12	100	18.38	−2.40
4	10	9.46	−4.98	13	120	16.28	−2.00
5	15	11.52	−5.48	14	140	13.38	−1.30
6	20	13.18	−5.72	15	160	9.78	−0.78
7	30	15.78	−5.76	16	180	5.42	−0.44
8	40	17.60	−5.48	17	190	2.94	−0.32
9	50	18.82	−5.00	18	200	0	0

注　数据取自弦长 $b=200$mm 的翼型。

　　沿翼型表面开有足够多个测压小孔（本仪器为 24 个）。注意：必须使这些测压孔与翼型表面垂直，孔口与表面齐平。

　　图 8.9 所示为 NACA-4412 翼型模型测压点位置示意图。

　　24 个测点的位置坐标见表 8.2。

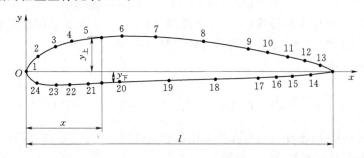

图 8.9　NACA-4412 翼型模型测压点位置示意图

表 8.2　　　　　　　　　　　　　　**NACA-4412 翼型的测点坐标**

测点	1	2	3	4	5	6	7	8	9	10	11	12
x	0	6	14	22	30	45	62	85	108	118	127	136
$\bar{x}$	0	0.04	0.09	0.15	0.20	0.30	0.41	0.57	0.72	0.79	0.84	0.91

测点	13	14	15	16	17	18	19	20	21	22	23	24
x	143	139	130	122	114	93	69	45	30	22	14	6
$\bar{x}$	0.95	0.93	0.87	0.81	0.76	0.62	0.46	0.30	0.20	0.15	0.09	0.04

注　实验所用的机翼为 150mm。

4. 实验步骤

（1）熟悉实验设备各部分的作用与使用方法。

（2）把机翼模型安装在风洞的工作段内。为了消除翼端效应（由于机翼模型上下表面的压力差而使下表面气流绕过翼端向上表面流动），使机翼两端贴住工作端的侧壁，于是绕过机翼剖面的流动便是二元的了。

（3）将 24 个测压孔依次与多管压力计的测压管用导管连接起来，仔细检查测压孔信号与测压计的测压管之间的对应关系。把速度探针的总、静压孔用导管分别接到多管测压计最末的两根测压管上。

（4）仔细检查各测压管路是否畅通、漏气、有气泡，如有则排除。调节多管测压计的基座水平，使各测压管的水位平齐；并取一个恰当的倾斜角 β，使测压管平面倾角为 β，以便提高读数的精度。

（5）记录下各测压管液面的初读数。

（6）将机翼固定至某一攻角（如 0°），然后开启风机并将其调至指定风速。

（7）等候若干分钟，待各测压管水位稳定不变后，记下它们的读数。

（8）暂时停机，改变机翼的攻角若干次（如 −4°、6°、12°、18°、22°等），重复第（6）、（7）两步。

（9）风洞停车，记录下大气条件。

5. 数据处理

设某一攻角 α 下第 i 根测压管的初读数为 l_{i0}，末读数为 l_{ie}，液柱的升高为 $l_{i0}-l_{ie}$。由于液柱升高表明压力的降低，所以：

$$p_{is}-p_s=[(l_{se}-l_{s0})-(l_{ie}-l_{i0})] \rho g \sin\beta$$

式中：p_{is} 为第 i 个测压孔的静压；p_s 为来流静压；l_{se}、l_{s0} 表示速度探针静压孔的末读数和初读数；ρ 为酒精密度；β 为多管压力计的倾斜角。

远前方来流的动压力：

$$\frac{1}{2}\rho v_\infty^2=p_0-p_s=[(l_{se}-l_{s0})-(l_{oe}-l_{o0})]\zeta\rho g \sin\beta$$

式中：l_{oe}、l_{o0} 分别为速度探针总压孔的末读数和初读数；ζ 为速度探针的校正系数。

于是，机翼表面上各点的压力系数为

$$C_{pi}=\frac{p_i-p_s}{\frac{1}{2}\rho v_\infty^2}=\frac{(l_{se}-l_{s0})-(l_{ie}-l_{i0})}{[(l_{se}-l_{s0})-(l_{oe}-l_{o0})]\zeta}$$

根据模型上各测点的相对坐标 $\bar{x}$ 和 $\bar{y}$，用上式就可以画出 $C_p-\bar{x}$ 和 $C_p-\bar{y}$ 的压力分布图了。由于后缘未布置测压点，作图时应根据上下翼面靠近后缘的若干点的 C_p 值外推，从而画出一条封闭曲线。

用数值积分的方法计算各个攻角下机翼模型的法向系数 C_{L1} 和切向系数 C_{D1}，再求得绕机翼封闭曲线 s 上各点的速度值。将各段 ds（两测点间距）近似看成直线，故 $ds=\sqrt{(dx)^2+(dy)^2}$（dx 和 dy 为两测点坐标差），然后作出曲线 $v=f(s)$，最后按升力公式得到 C_L。

6. 思考题

（1）思考随着攻角 α 的不同，压力系数 C_p、法向力系数 C_{L1}、切向力系数 C_{D1}、升力系数 C_L、阻力系数 C_D 以及压力中心 C_p 的变化趋势。

（2）思考同一攻角时，各系数随着每个测点的坐标而变化的情况。

（3）分析 C_{L1} 与 C_L 之间的关系（尤其在小攻角时）及其原因。

（4）观察升力系数曲线的变化趋势，注意在攻角较大时的失速现象（对于不同的翼型，发生失速的大攻角度数不同，本例为 18°），分析其原因。

（5）从多方面进行实验误差分析。

（6）建议在此实验基础上，于风洞内的机翼下方一定距离处设置一水槽，进行自由液面对机翼绕流的干扰实验，比较有界与无界时各系数的不同变化（选做）。

实验 4　管道瞬态特性测试分析实验

1. 实验目的

（1）掌握仪器的使用方法，了解仪器的工作原理。学会使用配套软件采集实验数据。

（2）测定仪器在尾阀突然关闭（调压井阀开、关两种情况）情况下的管道沿程压力分布及压力传递过程。

（3）测定仪器在尾阀突然打开（调压井阀开、关两种情况）情况下的管道沿程压力分布及压力传递过程。

（4）测定仪器在尾阀正常开度情况下的压力分布（流量不宜过小），并与突然开、关时的压力分布进行比较分析。

2. 实验设备

管道瞬态特性仪示意如图 8.10 所示。

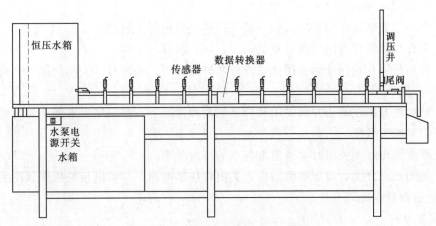

图 8.10　管道瞬态特性仪示意图

3. 实验原理

管路瞬态特性综合实验仪采用 12 只压力传感器，将管路瞬态开、关时的压力分布通过转换器传给计算机，计算机数据专用软件对数据进行处理，并同时显示出管路压力变化曲线和压力变化相关数据。同时通过调压井装置显示阀前压力变化过程。由于是恒压流，可对阀门瞬开、瞬关状态下的管路瞬态特性加以比较分析，另可对调压井工作和不工作状态下管路瞬态特性加以比较分析。

4. 实验步骤

（1）首先连接电脑接线，插上转换器电源插头，打开转换器电源开关，再打开电脑，运行管道瞬态特性程序，按图 8.11 所示界面要求设定相关参数（连续测定次数为 5～10 次）。通信口和通信参数不可随便改动，否则仪器不能工作。显示的数值单位为米水柱。参数设定好后，按"确定"键。

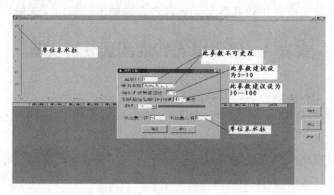

图 8.11　程序参数设置界面

（2）连接水泵电源插头，打开开关，使水箱有溢水，打开出水阀，排除管道气体，再关闭尾出水阀。

（3）迅速关闭打开的尾出水阀（关闭调压井阀），同一瞬时点击计算机数据采集程序上的测试按钮（不可连续点击），仪器将自动连续采集 5～10 组管道内关阀瞬间的压力变化值，并自动记录数据和绘出压力变化图。

（4）将采集数据保存到相应文档（或在报告表格里记下数据）。

（5）再在打开调压井阀情况下重复（3）、（4）步骤。

（6）然后分别在调压井阀关闭和打开的两种情况下，迅速打开关闭的尾出水阀，重复（3）、（4）步骤。

（7）然后再分别在调压井阀关闭和打开的两种情况下，测记尾出水阀全开时的管道压力分布，记录相关数据。

（8）观看尾出水阀关闭时，管道上各点的压力分布。

（9）关闭水泵开关，拔下电源插头，关闭转换器电源，打印出相关数据和图表。

（10）进行数据处理分析。

5. 成果分析

（1）分析管道尾阀突然关闭的情况下，管内压力变化的过程和规律。

（2）分析管道尾阀突然打开的情况下，管内压力变化的过程和规律。

6. 思考题

（1）观察尾阀突然打开情况下的压力分布图，在调压井阀关闭或打开两种情况下有何异同？

（2）观察尾阀突然关闭情况下的压力分布图，在调压井阀关闭或打开两种情况下有何异同?

（3）尾阀常开情况下，调压井阀关闭和打开的两种情况之下，压力分布与理论上是否一致，为什么?

实验5　明渠流量测量综合设计实验

1．实验要求

对明渠的过流量选择三种以上的方式进行测定，并比较分析。要求测流方式适应工程中的渠道，不阻水、工程量不大，有一定的精度，方便使用。

设计实验方案，组织仪器设备，采集实验数据，分析整理实验结果，编写实验报告。

2．可提供实验设备

模拟渠道或循环水槽、流速仪（光电流速仪、ADV 测速仪、毕托管）、文丘里流量计、超声波管道流量计、微型 ADCP、堰、钢尺、测针，明渠水位流量计等。

3．思考题

（1）采集实验数据时，水位测量如何处理的?

（2）自由出流、淹没式出流，测量流量时是如何处理的?

（3）通过所用的几种测流方法，你认为那种方法效果好? 并说明理由。

实验名称：

（一）实验目的

（二）实验原理

（三）实验设备

（四）实验步骤

（五）实验数据记录计算表

（六）成果分析

（七）思考题

（八）认识与思考

实验6　水流与建筑物的相互作用实验

方法1　波压力测试实验

1．实验目的和要求

在实际工程中，不同水工建筑物的结构形式各异，而水流条件因为水深、流向、流速的不同也复杂多变。且水流总是以波浪形式流动的。本实验以直立和斜坡面为基本结构特征，通过实验测试建筑物所受波浪力，研究波压力及孔隙水压力的计算问题。实验要求：掌握反射系数和波压力的测量方法；了解水流特性及波浪产生的条件；了解波浪的破碎和爬高的工程特性。

2. 实验仪器设备

(1) 浪高仪 4 支。

(2) 压力传感器 6~8 只。

(3) 数据采集系统。

(4) 水工建筑物模型（直立式、斜坡式防波堤等）。

(5) 碎石等。

3. 实验步骤

(1) 实验准备。在波浪槽内安装一直立式防波堤模型或用碎石堆砌的斜坡式防波堤模型，其宽度应与水槽宽相适应（要能将模型放入水槽为准）。设计实验方案，安排实验组数，拟定模型高度方向和底部纵向压力测点布置位置，在模型上钻孔或在堆砌模型时安装压力传感器。

(2) 根据下列实验内容，自行安排实验组次和顺序，数据记录表格自行设计。

1) 观测波浪在斜坡上的破碎和爬高现象，并采集波高、压力数据。

2) 测量直立式防波堤所受水平总波浪力和浮托力，斜坡式防波堤所受水平总波浪力、浮托力以及堤内孔隙水压力，观测分析斜坡式防波堤所受波浪力与波高、周期、波陡等的关系。

3) 观测防波堤前波浪反射情况。

4) 观察越顶周期与波浪周期的关系。

4. 实验注意事项

(1) 浪高仪等精密仪器要小心使用。

(2) 波浪压力数据的采集要及时、准确。

5. 实验成果及要求

(1) 计算反射系数。在没有放置直立式防波堤模型的条件下，测量入射波高为 H_i，然后放入直立式防波堤模型，再测量立波波高为 H_r，然后计算反射系数 $K_r\left(K_r = \dfrac{H_r}{H_i}\right)$。

(2) 分析波压力测量值，与计算值比较，绘出压力沿水深分布曲线；将波压力与静水压力分离出来得到波浪动水压力沿水深的分布曲线；绘出波峰时和波谷时波浪动水压力沿水深的分布曲线。

由波浪理论可知，波压力：

$$P_z = -\rho g z + \frac{1}{2}\rho g H \frac{ch[k(z+h)]}{ch(kh)}\cos\theta$$

式中：ρ 为水密度；g 为重力加速度；k 为波数；θ 为相位角；h 为静水水深；z 为水面下深度。

但是波压力呈周期性变化，其最大值为波峰时的压力 P_z^+，最小值为波谷时的压力 P_z^-；另一方面波压力又是水面下深度 z 的函数。

6. 实验分析与讨论

(1) 根据实验观测，绘出其波腹、波节的位置图。

（2）根据实验数据绘制直立堤上的波压力分布图。

（3）应用规范公式计算波浪对防波堤的水平总波浪力，并与实测波浪力进行比较分析。

方法 2　波流对透空式码头冲击作用试验

1．实验目的

随着我国海洋开发规模的扩大，越来越多的透空式建筑物如海洋石油平台、岛式码头和开敞式深水大型船舶专业码头在外海深水地区兴建起来，外海大风浪所产生的极强冲击荷载严重威胁着这些海上建筑物上部结构的安全。波浪冲击过程的机理十分复杂，是海岸工程领域至今没有解决的困难课题之一。本实验的目的是研究波浪冲击过程不同时刻的瞬态流场规律，分析作用于结构物底面冲击压力的分布规律。

2．实验前准备知识点

（1）透空式码头结构的特点和应用范围。

（2）相关的模型设计理论。

（3）波浪、水流运动基本理论。

（4）波浪冲击相关的计算方法和计算理论。

3．实验室可提供的仪器、设备

（1）波浪水槽及造波造流系统。

（2）浪高仪。

（3）流速仪（PIV）。

（4）压力传感器。

（5）数据采集系统。

（6）具有模型加工制作的场地、材料等。

4．实验内容

（1）通过高速粒子成像全流场测试技术（particle image velocimetry，PIV）来获得波浪冲击过程不同时刻的瞬态流场资料，得到关于波浪接触建筑物表面过程中，波浪水质点运动速度和作用于建筑物表面冲击压力之间的内在联系及有关影响因素。

（2）根据试验数据对在不同的入射波要素和净空情况下结构物模型所受的冲击压力进行统计分析，比较分析作用于结构物底面的冲击压力特征值的分布特征，讨论入射波有效波高、相对板宽和相对净空对结构物所受的波浪冲击力的影响。

5．实验报告的要求

（1）阐明本实验的设计思想、设计过程和设计结果。

（2）对实验过程进行详细记录及数据处理。

（3）记下实验中发现的问题及其解决办法。

（4）记录实验结果及其分析与讨论。

（5）总结实验的收获、体会，提出改进意见。

实验 7　流体运动类模型设计实验

1. 实验目的和要求

流体运动模型试验常用于进行基础理论研究，用以补充纯理论难以解决的问题或提供检验理论正确性的基础资料，但更多的是针对生产实际，对某个水利工程的某些方面进行具体研究。流体运动模型试验成果的准确性、真实性以及试验成果实际应用的成败，在很大程度上取决于模型设计的合理性和科学性。所以，流体运动模型应遵循严格的相似条件精心设计，达到模型所要求的精确度和光滑度，试验过程中模型不得发生变形和漏水，边界条件不得随意改变，控制条件需符合实际。

2. 模型设计的主要步骤

流体运动模型设计通常需经过以下主要过程：

（1）了解研究任务，分析研究内容，制定研究方案，确定试验研究的重点。

（2）收集资料。针对研究任务，全面收集地质地形、水文泥沙、设计方案、结构细部构造等模型设计、模型试验需要的基础性资料。

（3）确定主要相似准则，判定动床、定床或正态、变态等模型类型，拟定模型比尺，划定试验范围，选择模型沙等。

（4）模型制作、设备安装与验证调试。

（5）预备性试验成果分析。

3. 模型设计的主要内容和方法

模型设计的关键是确定合理的相似比尺，步骤主要包括选择模型类型、拟定模型范围、确定相似比尺和选配模型沙。

（1）模型类型的选择。选用定床模型还是动床模型、正态模型还是变态模型，如确定动床模型后是选用推移质模型、悬移质模型还是全沙模型，是做整体动床模型还是局部动床模型，这主要根据具体的研究任务、重点研究内容、河道地质条件以及工程本身的要求等确定。

对于泄水建筑物泄流能力、体型优化、压力分布、消能工水力特性等常规试验，河床演变对其影响不大，可作定床模型。对于截流模型，如河床覆盖层较厚，需做动床模型，如覆盖层较薄，截流过程中河床变形对水流条件影响较小，则可做定床模型。河床较为稳定、年内冲淤变化较小的试验河段，或河床有一定变形，但对工程影响较小，或者工程规模不大，对河床变形影响较小等情况下，可做定床模型。可根据河道主要造床质确定是做推移质或悬移质还是全沙模型，研究水库的淤积过程问题，多需做全沙模型。一般情况下，水工建筑物不得采用变态模型。河工变态模型的变率也不宜过大，常在 2～5 范围内，宽深比小的河道取小值，大的河段取大值；对于河床窄深、地形复杂、水流湍急、流态紊乱等以及宽深比 $B/H<6$ 的河段宜作正态模型。

（2）模型范围的拟定。模型研究的范围短则几公里，长则达数百公里，主要根据研究的各方面具体情况而定。模型范围常规确定方法是：模型范围＝进口段＋试验段＋出口段。进口段和出口段可称为非试验段，该段内无试验观测任务，其主要目的是将水流平顺导入或引出试验段，相似性要求可适当低于试验段。

确定试验段河道长度的原则总体上是包含工程建成后可能影响到水流条件的整个范围，如桥墩引起水位壅高、流速变化的范围，排、泄水建筑物引起主流改变、流场流态变化的范围，水库模型则需包含初期及后期回水影响到的范围等。一般在试验前不知道工程的具体影响范围，可根据已建工程或实践经验进行估计，并留有余地。

确定进出口段长度的原则为需保证其水流条件平顺过渡，在调整到试验段时达到相关相似要求。进口段长度通常需要 8～12m，出口段长度需要 6～10m，当进口段为弯道时，模型应延长至弯道以上，如有重要的支流入汇时，则需包括 10～15m 的河道地形。

（3）相似比尺的确定。确定模型相似比尺的主要步骤为：

1）初步确定平面比尺。对照模型研究范围和试验场地大小初步确定平面比尺 λ_l，在场地和经费允许的情况下尽量选择小的比尺，这样其他相似条件容易满足，精度也可提高。

2）初步确定垂向比尺。根据原型河道断面最小平均水深和过流建筑物最小水深，按照表面张力的限制条件（一般要求河道模型最小水深不小于 1.5cm，过流建筑物最小水深不小于 3cm）初步确定垂向比尺 λ_h，再验算模型流态是否进入紊流区或阻力平方区，判断模型变率是否满足相关规范的要求。如 $\lambda_h > \lambda_l$，则可采用几何比尺为 λ_l 的正态模型；如 $\lambda_h < \lambda_l$，可作变态模型，变率常取 2～5 的整数。

3）计算水流运动相似比尺。依据重力、阻力相似条件计算流速、流量、水流时间、糙率等比尺。

4）验算供水能力能否满足。根据试验需要的最大流量、量测仪器的量测范围等，按照拟定的比尺验算供水条件是否能达到，量测仪器测量范围是否满足。如不满足，在保证各项限制条件下可做适当调整，否则需增设供水设备和量测仪器。

5）验算糙率能否达到相似。通常情况下，天然河道糙率不会太小，通过加糙容易达到糙率相似；而水工建筑物材料常为混凝土，且过流面光滑，表面糙率均较小，模型缩小后可能采用最光滑的有机玻璃均难以达到，所以在满足其他条件下宜尽可能选择满足糙率相似的几何比尺。如实在难以全面顾及，则需采用糙率校正措施。

6）模型沙选配及确定泥沙运动相似比尺。收集多种模型沙资料，全面分析模型沙特性，选配适当的模型沙。如有可能，尽量利用已有的模型沙，这样不仅可节约经费，还可省去模型沙起动、沉降等准备性试验，减少堆放场地，节约时间，减小环境污染。模型沙选配后，依据泥沙运动相似条件，计算出推移质或悬移质的粒径比尺、输沙率比尺、河床变形时间比尺等。

由于目前还没有一个能准确计算各种河流的输沙率公式，所以输沙率比尺不能完全准确反映原型与模型输沙率的实际相似比尺，此处确定的输沙率、河床变形时间等比尺还不是最终相似比尺，还需通过河床变形验证试验反复校正。

7）计算其他相关比尺。对于截流、溃坝等典型水工模型，需要计算坝体、截流材料等的粒径比尺、冲刷率比尺；对于水流空化及渗气减蚀模型，需要计算空化数等。

8）验算相似准则的偏离。有些平原河流，河道糙率随流量的变化而变化，即使通过河床、边滩、河岸等分区段加糙都难以满足各级流量的糙率相似，特别是需要施放流量过程的动床模型试验显得尤为突出。这种情况下，应使对工程最起作用、影响最大的那级流量的水面线达到相似，允许其他流量级的阻力相似有所偏离，但偏离值宜小于 30%，并应保证与原型水流同为缓流或急流。

通过以上八个步骤的反复调整，可设计出最恰当的相似比尺。

4. 实验报告的要求

（1）阐明本实验的设计思想、设计过程和设计结果。

（2）记录设计过程中的问题及处理措施。

（3）总结实验的收获、体会，提出改进意见。

附　　录

附录A　误差及不确定度

A.1　误差的基本概念及计算

A.1.1　真值与近似值

对某一物理量进行测量时，其目的是要获得该物理量的真值。但是真值是指在一定条件下某物理量的实际值。这个实际值是一个理想的概念，一般是不知道的。因此任何一个测量值，由于受仪器、环境、人员、方法等各种因素的影响，误差总是存在的，即使使用最准确的仪器并进行非常细心的测量，其结果也永远不会是某物理量的真值，只能是它的近似值。误差是指真值与近似值之差，即

$$误差＝近似值－真值 \tag{A.1}$$

A.1.2　误差的种类

按误差产生的原因，可分为下列三种：

（1）过失误差。又称为粗大误差，这种误差是由于工作人员粗枝大叶的工作作风所引起的，如读错数字，将3读成8，将1读成7；对错标志：写错、标错等。过失误差在测量中是不允许存在的，避免的方法，除在工作中加强责任感，严肃认真、一丝不苟外，还应对同一物理量进行重复测量，发现明显歪曲测量结果的错误，及时改正。

（2）系统误差。这种误差发生的原因，主要是由于仪器工具的不准确，如30m长的卷尺比标准长度长1cm，这样每测量30m长，就比实际长度少1cm，另外自然条件和人员的生活、工作习惯等都能引起系统误差，这种误差的特点，表现为方向的一致性，随着测量次数的增加而累积，或者保持常数。消除这种误差的方法，是将仪器工具进行认真检查和校正，同时在测量中采用合适的测量方法，使存在的误差可以相互抵消。

（3）偶然误差。这种误差无法知道其发生的原因，因此事先无法防止，事后也不能完全消除，每次测量的结果中都可能存在，在反复测量时，出现的大小和方向各不相同，是一种偶然的无意引入的误差，所以称为偶然误差，偶然误差具有下列特性：

1）绝对值小的误差比绝对值大的误差发生的概率多。

2）绝对值相同的正误差和负误差出现的概率相等。

3）在一定的条件下进行测量，偶然误差的绝对值不会超过一定的限度。

4）对同一物理量进行等精度测量时，其偶然误差的算术平均值随着测量次数的无限增加而趋于零。

根据偶然误差的特性可得知，为了减少偶然误差，除改善测量工具和测量方法外，主要是增加测量次数，使不同大小和方向的偶然误差相互抵消，并从中找出一个最佳值，作为被测量物理量的近似值。

A.1.3 误差的主要来源

通常认为，误差有以下 5 个主要来源：

（1）理论误差。对被测量的理论认识不足或所依据的测量原理不完善所引起的误差。

（2）方法误差。测量方法不十分完备，特别是忽略和简化等所引起的误差。

（3）器具误差。测量器具本身的结构、工艺、调整以及磨损、老化或故障等所引起的误差。

（4）环境误差。测量环境的各种条件，如温度、湿度、气压、电场、磁场与振动等所引起的误差。

（5）人员误差。由观测者的主观因素和实际操作，如个性、生理特点或习惯、技术水平以及失误等所引起的误差。

另外，由于被测量的定义不完善，以及测量的样本（抽样）不能代表所定义的被测量等，也可能引起相应的误差。不过，在一般的测量工作中，通常对此不考虑。

A.1.4 平均值

在对某物理量进行测量时，由于仪器工具的误差以及其他未知的原因，对同一物理量的多次测量，却得不到相同的结果，这是经常出现的现象。为了减少这类现象的影响，除改善仪器工具外，另一种常用的方法是增加测量次数，从中求出平均值，作为近似的真值，或称最佳值。常用的平均值有下列几种。

1. 算术平均值

设在等精度的几次测量中，测得一组近似数为 x_1，x_2，$\cdots$，x_n，当然我们不可能从 n 个数中求得真值，但是可以用最小二乘法原理证明，在一组等精度测量中，算术平均值为最佳值，或者是最可信赖的近似值。算术平均值的算式为

$$\bar{x} = \frac{x_1 + x_2 + \cdots + x_n}{n} = \frac{\sum_{i=1}^{n} x_i}{n} \tag{A.2}$$

2. 加权平均值

在测量工作中，有时对某一物理量使用不同的仪器进行测量，或者由不同的人员进行测量，抑或用不同的方法进行测量等，这样的测量称为非等精度测量，其结果就有不同的可靠程度。在计算平均值时，对比较可靠的测量值，应赋予较大的权数（权数是反映测量结果可靠程度的一个数），这样算出的平均值，称为加权平均值。如设一非等精度测量为 x_1，x_2，$\cdots$，x_n，其权数分别为 p_1，p_2，$\cdots$，p_n。则加权平均值为

$$\bar{x}_{权} = \frac{p_1 x_1 + p_2 x_2 + \cdots + p_n x_n}{p_1 + p_2 + \cdots + p_n} \tag{A.3}$$

3. 均方根平均值

均方根平均值是以测得一组近似数 x_1，x_2，$\cdots$，x_n 的平方的平均值再开方表示的平

均值，即

$$\overline{x}_{均方根} = \sqrt{\frac{x_1^2 + x_2^2 + \cdots + x_n^2}{n}} = \sqrt{\frac{\sum\limits_{i=1}^{n} x_i^2}{n}} \qquad (A.4)$$

4. 几何平均值

将一组测量近似值 x_1，x_2，$\cdots$，x_n 连乘，再开 n 次方求得的平均值，即

$$\overline{x}_{几何} = \sqrt[n]{x_1 x_2 \cdots x_n} \qquad (A.5)$$

A.1.5　绝对误差与相对误差

为了说明近似数的准确程度，引入绝对误差和相对误差的概念。

1. 绝对误差

设某一个被测量的物理量的真值为 A，通过测量得它的近似值为 a，则近似值和真值之间的差为 Δ，称为绝对误差，即

$$\Delta = a - A \qquad (A.6)$$

但实际上对某物理量进行测量时，并不知道它的真值，因此绝对误差也是不可能知道的，所以绝对误差是一个完全假想的数。由误差理论知道，对于等精度的测量，在排除系统误差的前提下，当测量次数无限多时，测量结果的算术平均值 $\overline{x} = \dfrac{\sum\limits_{i=1}^{n} x_i}{n}$ 近似于真值，可将它视为被测物理量的真值。但是在测量次数有限和系统误差不可能完全排除的情况下，通常只能将更高一级的标准仪器所测得的真值当作"真值"，为了区别真正的真值，把这个"真值"称为实际值，以 $x_{实}$ 表示，所以式（A.6）中的真值常用实际值代替，即

$$\Delta = a - x_{实} \qquad (A.7)$$

2. 相对误差

绝对误差是一个以被测量的单位表示的绝对量，不能作为不同量的同类仪器和不同仪器之间测量精度的比较。例如测量 1m 长度时产生 1cm 的误差，在测量 5m 长度时，也产生 1cm 误差，虽然两者绝对误差是相同的，但是它们的精确度显然是不同的，前者误差占全长的 1%，后者误差占全长的 0.2%，可见后一种测量的精度是比较高的。因此要决定一个测量的精确度，除了看绝对误差的大小之外，还必须将绝对误差与这个量本身的大小加以比较，这种衡量近似值准确度的量叫作相对误差，以 R 表示，由于一个量的真值是未知的，所以相对误差 R 也只能是绝对误差 Δ 与被测量的实际值 $x_{实}$ 的比值。即

$$R = \frac{\Delta}{x_{实}} \qquad (A.8)$$

有时把相对误差乘以 100% 表示成百分误差。

A.1.6　误差估算

1. 算术平均误差

某物理量的 n 次测量中，各次绝对误差的绝对值的算术平均值，叫做算术平均误差，以 $\overline{\Delta}$ 表示，设 Δ_1，Δ_2，$\cdots$，Δ_n 为 n 次测量值的绝对误差，则

$$\overline{\Delta} = \frac{|\Delta_1| + |\Delta_2| + \cdots + |\Delta_n|}{n} = \frac{\sum\limits_{i=1}^{n}|\Delta_i|}{n} \tag{A.9}$$

$|\Delta_i|$ 是测量值与平均值的绝对误差（又称偏差），即 $\Delta_i = x_i - \overline{x}$ 采用绝对值是避免正误差和负误差相互抵消。算术平均误差虽然计算简单，但是它有一个显著的缺点：不能鲜明地反映出测量数列中存在较大误差的影响，例如有两个测量数列，其算术平均误差相等为

$$\overline{\Delta_1} = \frac{3+2+3+4+0+1+3+4}{8} = 2.5$$

$$\overline{\Delta_2} = \frac{6+2+1+1+7+0+1+2}{8} = 2.5$$

但不能认为这两个测量数列具有相同的精确度，因为在第二个测量数列中含有两个较大的误差（6 和 7），其精度虽然低于第一个测量数列，但通常不用算术平均误差来判别测量数列的精度。当然在要求不高的计算中仍可应用。

2. 均方根误差（标准误差）

为了消除算术平均误差的缺点，在实际测量中广泛应用各个测量值误差平方的算术平均值，然后再开方，称为均方根误差（以 σ 表示），作为判别测量数列精度的标准。即

$$\sigma = \sqrt{\frac{\Delta_1^2 + \Delta_2^2 + \cdots + \Delta_n^2}{n}} = \sqrt{\frac{\sum\limits_{i=1}^{n}\Delta_i^2}{n}} \tag{A.10}$$

在有限次的测量中，均方根误差常用贝塞尔（Bessel）公式计算：

$$\sigma = \sqrt{\frac{\sum\limits_{i=1}^{n}\Delta_i^2}{n-1}} = \sqrt{\frac{\sum\limits_{i=1}^{n}(x_i - \overline{x})^2}{n-1}} \tag{A.11}$$

由此可见，采用均方根误差，不但避免正、负误差的相互抵消作用，而且较大的误差在平方后显得更大，能够明显地反映出误差的程度，所以在实际测量中得到广泛的应用。

3. 相对均方根误差

均方根误差是一个与测量值具有相同单位的绝对数，在实际测量中已满足判定一组测量值精度的要求，但是它不能用于比较两组测量值的精确程度，为了使两组测量值的精度可以比较，需将均方根误差由绝对数化为相对数，即用均方根误差 σ 与真值 A 之比来进行比较，但真值 A 是不知道，所以实际测量中以均方根误差 σ 与测量数列的算术平均值 $\overline{x}$ 之比来代替，称为相对均方根误差，以 R' 表示，即

$$R' = \frac{\sigma}{\overline{x}}\left(\text{或 } R' = \frac{\sigma}{\overline{x}} \times 100\% \right) \tag{A.12}$$

例如下列两组测量数列：

第一组为 15，10，5；第二组为 105，100，95。

第一组算术平均值 $\overline{x_1} = 10$，第二组算术平均值 $\overline{x_2} = 100$，经计算，两组具有相同的均方根误差，$\sigma_1 = \sigma_2 = 5$，其相对均方根误差为

$$R'_1 = \frac{\sigma_1}{x_1} \times 100\% = \frac{5}{10} \times 100\% = 50\%$$

$$R'_2 = \frac{\sigma_2}{x_2} \times 100\% = \frac{5}{100} \times 100\% = 5\%$$

可见第二组的精度高于第一组。

A.1.7 误差回归方程

1. 直线回归方程

（1）用最小二乘法求直线回归方程。假设进行了 n 次试验，得到 n 对观察数据（x_i，y_i），$i=1,2,\cdots,n$，将这些数据点绘在直角坐标纸上，如果这些点子分布在一条直线附近，如附图 1.1 所示就可以认为 x、y 之间大致是直线关系，就可以按照一定的标准，配出一条最佳直线，设此直线方程为

$$y = a + bx \tag{A.13}$$

式中：x 为自变量；y 为因变量；a、b 为待定常数。

由图 A.1 可以看出，试验点与配合直线在垂直方向有离差（残差）Δ_i，则

$$\Delta_i = y_i - y = y_i - (a + bx_i) \tag{A.14}$$

最小二乘法的原则就是使 $\sum\limits_{i=1}^{n} \Delta_i^2$ 为最小值，也就是说，使 $\sum\limits_{i=1}^{n} \Delta_i^2$ 对 a 和 b 的一阶偏导等于 0。即

$$\frac{\partial}{\partial a}\sum\Delta_i^2 = 2\sum(y_i - a - bx_i)(-1) = 0 \tag{A.15}$$

$$\frac{\partial}{\partial b}\sum\Delta_i^2 = 2\sum(y_i - a - bx_i)(-x_i) = 0 \tag{A.16}$$

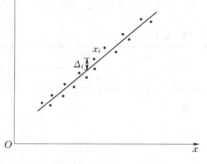

图 A.1 观察数据及直线拟和方程图

联解式（A.15）和式（A.16），即可求出待定系数分别为

$$b = \frac{n\sum x_i y_i - \sum x_i \sum y_i}{n\sum x_i^2 - (\sum x_i)^2} \tag{A.17}$$

$$a = \frac{n\sum x_i^2 \sum y_i - \sum x_i \sum x_i y_i}{n\sum x_i^2 - (\sum x_i)^2} \tag{A.18}$$

式中：$i = 1, 2, \cdots, n$。

将求出的待定系数 a，b 代入式（A.13），即得直线回归方程。

（2）用简便方法求回归直线方程。最小二乘法求回归直线方程，有较强的数学基础，所以精度较高，但是它的计算工作比较复杂，在精度要求不太高，或数据的线性程度较好的情况下，可采用下面两种简便方法求回归直线方程。

1）作图选点法。将 n 对试验数据点绘于普通方格纸上，若点群成一直线带，就可通过点群画一条直线，使多数点位于直线上，或均匀地分布在直线的两边，此直线就可近似地作为回归直线，设此直线方程为 $y = a + bx$，式中待定系数 a、b，直接由图上选几个坐

标点，注意坐标点的个数与待定系数相等，量取坐标值（x_i，y_i），代入回归方程，联立求解，得各待定系数 a、b 值，即可得到最后的回归直线方程。

2）平均法（或分组法）。将试验数据按自变量 x_i 从小到大的次序排列，再分成和待定系数相等的组数，分别将 x_i，y_i 代入方程：

$$y_i = a + bx_i$$

将各组方程相加，除以方程组数，即得几个平均的试验方程，联立求解平均的试验方程，可求得待定系数 a、b 值，代入 $y = a + bx$，即得最后的直线回归方程。

（3）回归方程的精度。求回归方程时，首先要求有一组对应的观察数据，因此回归方程的精度，就取定于观察数据的精度。其中包括试验点的疏密程度、试验点对于最佳曲线的离散程度等，为了反映这些因素对回归方程精度的影响，可以采用回归方程标准差 σ_y 表示其精度。即

$$\sigma_y = \sqrt{\frac{\sum (y_i - \overline{y})^2}{n - m}} = \sqrt{\frac{\sum \Delta_i^2}{n - m}} \qquad (A.19)$$

式中：n 为实验点个数；m 为待定系数个数；$\Delta_i = y_i - \overline{y}$ 为残差。

（4）例题。通过试验得到下列一组观察数据，见表 A.1。

表 A.1　　　　　　　　　　　　观　察　数　据　表

x	1.2	2.5	3.2	4.6	5.3	7.0
y	110.2	116.7	122.5	128.8	135.0	143.8

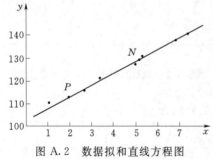

图 A.2　数据拟和直线方程图

试分别用最小二乘法，作图选点法和分组平均法求其回归方程。

解： 首先将数据点绘在直角坐标纸上，如附图 1.2 所示，点群为一直线带，属于直线回归，设其回归方程为

$$y = a + bx$$

1）用最小二乘法求待定系数 a、b。

根据观察数据求得

$$\sum x_i y_i = 3130.57, \quad \sum x_i = 23.8$$
$$\sum y_i = 757, \quad \sum x_i^2 = 116.18$$
$$(\sum x_i)^2 = 566.44$$

由式（A.17）得

$$b = \frac{n\sum x_i y_i - \sum x_i \sum y_i}{n\sum x_i^2 - (\sum x_i)^2} = \frac{6 \times 3130.57 - 23.8 \times 757}{6 \times 116.18 - 566.44} = 5.87$$

由式（A.18）得

$$a = \frac{\sum x_i^2 \sum y_i - \sum x_i \sum x_i y_i}{n\sum x_i^2 - (\sum x_i)^2} = \frac{116.18 \times 757 - 23.8 \times 3130.57}{6 \times 116.18 - 566.44} = 102.9$$

所以直线回归方程为

$$y = 102.9 + 5.87x$$

2）作图选点法求待定系数 a、b。在图 A.2 上作一平均直线，并在直线上选取 $P(2, 114.7)$ 和 $N(5, 132.0)$ 两点，将坐标值分别代入方程，得方程组：

$$\begin{cases} 114.7 = a + 2b \\ 132.0 = a + 5b \end{cases}$$

联解方程组得

$$a = 103.16$$
$$b = 5.77$$

则回归方程为

$$y = 103.16 + 5.77x$$

3）分组平均法，因回归方程中只有 a、b 两个待定系数，所以将试验数据分为两组，并将试验数据分别代入方程。

第一组
$$\begin{cases} 110.2 = a + 1.2b \\ 116.7 = a + 2.5b \\ 122.5 = a + 3.2b \\ 349.4 = 3a + 16.9b \end{cases} \tag{A.20}$$

第二组
$$\begin{cases} 128.8 = a + 4.6b \\ 135.0 = a + 5.3b \\ 143.8 = a + 7b \\ 407.6 = 3a + 16.9b \end{cases} \tag{A.21}$$

总加起来得式（A.20）、式（A.21）两式，因方程两边同除以 3，其值不变，所以亦可以直接联立求解式（A.20）和式（A.21），即解

$$\begin{cases} 349.4 = 3a + 6.9b \\ 407.6 = 3a + 16.9b \end{cases}$$

解得
$$a = 103.1$$
$$b = 5.82$$

则回归方程为

$$y = 103.1 + 5.82x$$

用式（A.19）求回归方程的标准误差 σ_y，比较各种方法的精度（表 A.2）。

表 A.2　　　　　　　　　　　　残 差 计 算 表

数据		最小二乘法			作用选点法			分组平均法		
x_i	y_i	$y = 102.9 + 5.87x$	Δ_i	Δ_i^2	$y = 103.16 + 5.77x$	Δ_i	Δ_i^2	$y = 103.1 + 5.82x$	Δ_i	Δ_i^2
1.2	110.2	109.94	0.256	0.066	110.08	−0.120	0.014	110.08	0.12	0.0144
2.5	116.7	117.58	0.880	0.774	117.56	0.885	0.783	117.65	0.95	0.903
3.2	122.5	121.68	0.820	0.672	121.62	0.880	0.774	121.72	0.78	0.608
4.6	128.8	129.90	1.100	1.210	129.70	0.900	0.810	129.87	1.07	1.145
5.3	135.0	134.00	1.000	1.000	133.74	−1.260	1.588	133.95	1.05	1.103
7.0	143.8	143.99	0.190	0.036	143.55	−0.250	0.0625	143.84	0.04	0.016
				$\Sigma 3.76$			$\Sigma 4.03$			$\Sigma 3.78$

最小二乘法 　　　　　　　　$y=102.9+5.87x$

$$\sigma_y=\sqrt{\frac{\sum\Delta_i^2}{n-m}}=\sqrt{\frac{3.67}{6-2}}=0.969$$

作图选点法 　　　　　　　　$y=103.16+5.77x$

$$\sigma_y=\sqrt{\frac{4.03}{6-2}}=1.004$$

分组平均法 　　　　　　　　$y=103.1+5.82x$

$$\sigma_y=\sqrt{\frac{3.78}{6-2}}=0.972$$

由 σ_y 值可见最小二乘法精度最高，分组平均法次之，作图选点法精度最低，但对工程问题也可满足一般的要求，所以选用什么方法，应由精度要求来决定。

2. 非线性回归方程

在实际工作中，也常常遇到变量之间并不是线性关系，而是曲线关系，这时如何用方程表示呢？通常可分两个步骤进行。

（1）判定曲线的类型。将试验数据点绘在普通方格纸上，描出光滑曲线，再根据经验和解析几何原理，初估计曲线的类型。常见的曲线方程类型有以下几种：

幂指数型 　　　　　$y=ax^b$ 　或 　$y=ax^b+c$

指数函数型 　　　　$y=ae^{bx}$ 　或 　$y=ae^{bx}+c$

双曲线型 　　　　　$y=\dfrac{x}{a+bx}$ 　或 　$y=\dfrac{x}{a+bx}+c$

抛物线型 　　　　　　　　$y=a+bx+cx^2$

（2）验证方程类型。最常用的方法是通过对数转化，将曲线回归转化为直线回归，即对初值方程中的变量（x，y），在加以变换后的新变量（x，y）下成为直线关系，这说明初值方程是合适的，否则重新估计方程类型，再给予验证，直到合适为止。

（3）例题。在实验中测得某油的运动黏滞系数 γ 随温度 t 的变化数据见表 A.3，试用方程表示其变化规律。

表 A.3　　　　运动黏滞系数 γ 随温度 t 的变化数据表

温度 $t/^\circ C$	10	20	30	40	50	60
$x=\ln t$	2.303	2.996	3.401	3.689	3.912	4.094
$\gamma(cm^2/s)\times10^{-2}$	4.24	2.92	2.2	1.81	1.6	1.43
$y=\ln\gamma$	1.445	1.012	0.788	0.593	0.470	0.358

解：

1）判定曲线的类型，将试验数据点绘在普通方格纸上，如图 A.3 所示。

根据图形初估为幂函数 $y=ax^b$ 型。

2）验证方程类型，对 $y=ax^b$ 两边取对数，得

$$\ln y=\ln a+b\ln x$$

设：$y=\ln y$，$A=\ln a$，$B=b$

则 $Y=A+BX$ 为新变量 X、Y 的直线方程。

将试验数据分别取对数（在数据表内），以新变量 X、Y 值点绘在普通方格纸上，如图 A.4 所示，$\ln\gamma$ 与 $\ln t$ 成一直线关系，因此可判定初估为幂函数型曲线是正确的。

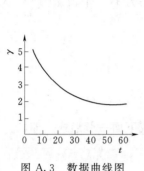

图 A.3 数据曲线图　　　　　　　图 A.4 对数数据图

3) 求方程中待定系数 A、B，为了简便起见，用分组平均法。因为只有两个待定系数，所以分为两组。

第一组
$$1.445 = A + 2.303B$$
$$1.072 = A + 2.996B$$
$$0.788 = A + 3.401B$$
$$3.305 = 3A + 8.70B$$

第二组
$$0.593 = A + 3.689B$$
$$0.470 = A + 3.912B$$
$$0.358 = A + 4.094B$$
$$1.448 = 3A + 11.695B$$

联解方程组
$$\begin{cases} 3.305 = 3A + 8.7B \\ 1.448 = 3A + 11.695B \end{cases}$$

得
$$A = 2.899, \quad B = -0.62$$

所以
$$y = 2.899 - 0.62x$$

即
$$\ln y = 2.899 - 0.62\ln x$$
$$y = e^{2.899} x^{-0.62} = 18.15 x^{-0.62}$$

即
$$\gamma = 18.15 t^{-0.62}$$

A.1.8 最小二乘法数据拟和计算程序（Fortran 和 Matlab）

1. 直角三角形薄壁堰的率定实验的 Fortran 计算程序

在做直角三角形薄壁堰的率定实验时，测得表 1.4 所给出的水头 H 与流量 Q 的数据，试根据此数据表示该堰的实验公式，计算 $H = 0.1\text{m}$ 时的流量 Q。

表 A.4　　　　　　　　　　　　$Q\text{-}H$ 变 化 数 据 表

H /10m	0.71	0.86	0.90	0.97	1.10	1.25	1.37	1.44	1.53	1.64	1.77	1.83
Q /($10^3\text{m}^3/\text{s}$)	1.88	3.13	3.38	3.88	5.14	8.05	9.22	10.50	12.30	14.35	16.85	18.80

解：

（1）主要公式。

从水力学（工程流体力学）中可知：假设堰上水头为 H，泄流量为 Q，从理论上讲，则水头与流量具有下面关系：

三角形薄壁堰

$$Q = M_1 H^{5/2} \tag{A.22}$$

矩形薄壁堰

$$Q = M_2 H^{3/2} \tag{A.23}$$

对于具有任意缺口的薄壁堰，其流量公式可以写成下面一般形式，即

$$Q = CH^m \tag{A.24}$$

式中：C 为堰的流量系数。

将表 A.4 中的数据取对数后画在图 A.5 上，则可得到一条直线。对式（A.24）取对数，得

$$\ln Q = \ln C + m \ln H \tag{A.25}$$

如果令 $\ln Q = y$、$\ln C = B$、$\ln H = x$，则式（A.25）就变为下面的直线方程式：

$$y = B + mx \tag{A.26}$$

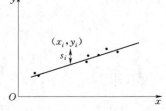

图 A.5　Q-H 变化数据图

如何找出式（A.26）中的常数 B 和系数 m，常采用最小二乘法求 B，m。设 y 是拟合直线上的值，y_i 是实测值，偏差 $s_i = y_i - y$。计算系数 B、m 的最小二乘法方法就是使偏差 $s_i = y_i - y$ 的平方和最小的方法，即

$$R = \sum_{i=1}^{n} s_i^2 = \sum_{i=1}^{n} \left[y_i - (B + mx_i) \right]^2 = R\min \tag{A.27}$$

为了使 R 取得最小值，将式（A.27）分别对 B 和 m 取偏导数，并令它们等于 0，得

$$\begin{cases} \dfrac{\partial R}{\partial B} = 0, & \sum_{i=1}^{n} (y_i - B - mx_i) = 0 \\ \dfrac{\partial R}{\partial m} = 0, & \sum_{i=1}^{n} (x_i y_i - Bx_i - mx_i^2) = 0 \end{cases} \tag{A.28}$$

将式（A.28）展开并整理后得

$$\begin{cases} nB + m \sum_{i=1}^{n} x_i = \sum_{i=1}^{n} y_i \\ B \sum_{i=1}^{n} x_i + m \sum_{i=1}^{n} x_i^2 = \sum_{i=1}^{n} x_i y_i \end{cases} \tag{A.29}$$

由式（A.29）解得

$$m = \frac{\sum x_i y_i / \sum x_i - \sum y_i / n}{\sum x_i^2 / \sum x_i - \sum x_i / n} \qquad (i = 1, 2, \cdots, n) \tag{A.30}$$

$$B = \frac{\sum y_i - m \sum x_i}{n} \qquad (i=1, 2, \cdots, n) \qquad \text{(A. 31)}$$

又 $\qquad\qquad\qquad\qquad C = \exp B \qquad\qquad\qquad\qquad\qquad \text{(A. 32)}$

（2）变量说明表（表 A.5）。

表 A. 5 　　　　　　　　　变 量 说 明 表

程序中	公式中	意 义
M	M	式（A. 26）中的指数
LH，LQ		$\ln H$，$\ln Q$
H（I），Q（I）	H，Q	水头，流量，一维数组
H01		欲求流量的堰上水头
N	N	已知水头和流量的个数
X，Y		$X = \sum x_i$，$Y = \sum y_i$
XX，XY		$XX = \sum x_i^2$，$XY = \sum x_i y_i$
B	B	由式（A. 31）计算
C	C	式（A. 26）中的系数，由式（A. 32）计算
Q01		待求流量

（3）源程序。

1）Fortran 源程序。

```
C
C       LEAST SQUARE CURVE FITTING
C       OF V－NOTCH WEIR DETERMINE
C       THE CONSTANTS IN Q＝C＊H＊＊M
C
        REAL M，LH，LQ
        DIMENSION H(20)，Q(20)
        READ(＊,＊) N
        READ(＊,＊) (H(I),I=1,N)
        READ(＊,＊) (Q(I),I=1,N)
        READ(＊,＊) H01
        WRITE(＊,222)
222     FORMAT(/6X,'INPUT   DATA'/)
        WRITE(＊,1)   N
1       FORMAT(6X,'N=',I2)
        WRITE(＊,2) (H(I),I=1,N)
2       FORMAT(6X,'H(I)=',6F8.3/11X,6F8.3)
        WRITE(＊,3) (Q(I),I=1,N)
3       FORMAT(6X,'Q(I)=',6F8.5/11X,6F8.5)
        WRITE(＊,4) H01
4       FORMAT(6X,'H01=',F5.3)
```

```
      X=0.0
      Y=0.0
      XX=0.0
      XY=0.0
      DO 10 I=1,N
      LH=ALOG(H(I))
      LQ=ALOG(Q(I))
      X=X+LH
      Y=Y+LQ
      XX=XX+LH**2
      XY=XY+LH*LQ
10    CONTINUE
      M=(XY/X-Y/N)/(XX/X-X/N)
      B=(Y-M*X)/N
      C=EXP(B)
      Q01=C*H01**M
      WRITE(*,444)
444   FORMAT(/6X,'RESULTS OF COMPUTATION'/)
      WRITE(*,5) C,M
5     FORMAT(6X,'C=',F5.3,10X,'M=',F5.3)
      WRITE(*,6) H01,Q01
6     FORMAT(6X,'H01=',F5.3,'(M)',5X,'Q01=',F7.5,'(M3/S)')
      STOP
      END
```

2）计算结果及输出。

```
INPUT DATA
N=12
H(I)=   .017   .086   .090   .097   .110   .125
        .137   .144   .153   .164   .177   .183
Q(I)=   .00188  .00313  .00338  .00388  .00514  .00805
        .00922  .01050  .01230  .01435  .01685  .01880
H01=    .100
RESULTS OF COMPUTATION
C=1.141        M=2.420
H01=   .100(M)     Q01=   .00434(M3/S)
```

2. 直角三角形薄壁堰的率定实验的 MATLAB 计算程序

设 H 与 Q 符合公式关系 $Q=a(I)H^{a(2)}$，则 MATLAB 求解过程如下：

（1）源程序。

```
function y=laopan(a,x)
y=a(1).*x.^a(2);
```

主程序：

x=[0.071,0.086,0.090,0.097,0.110,0.125,0.137,0.144,0.153,0.164,0.177,0.183];

y=[0.00188,0.00313,0.00338,0.00388,0.00514,0.00805,0.00922,0.01050,0.01230,0.01435,0.01685,0.01880];

[a,Jm]=lsqcurvefit(@laopan,[1,1],x,y)

（2）结果输出。

a =

　　1.0843　2.3930

Jm =

　6.9625e−007

3. Fortran 与 Matlab 求解结果比较

画图程序：

x1=[0.071,0.086,0.090,0.097,0.110,0.125,0.137,0.144,0.153,0.164,0.177,0.183];

y1=[0.00188,0.00313,0.00338,0.00388,0.00514,0.00805,0.00922,0.01050,0.01230,0.01435,0.01685,0.01880];

x2=0.070:0.001:0.190;　　　　　　　　%堰上水头

y2=1.141*x2.^2.420;　　　　　　　%FORTRAN 程序求得拟和公式

y3=1.0843*x2.^2.3930;　　　　　　%MATLAB 程序求得拟和公式

plot(x1,y1,x2,y2,x2,y3)

Fortran 与 Matlab 求解结果比较如图 A.6 所示。

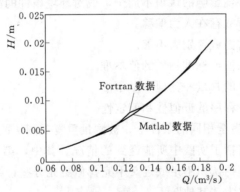

图 A.6　Fortran 与 Matlab 求解结果比较图

A.2　测量不确定度及其评定

A.2.1　测量不确定度的概念

我国计量技术规范《测量不确定度评定与表示》（JJF 1059.1—2012）给出的测量不确定度的定义是：采用与测量结果相关联的一个参数，用以表征合理地赋予被测量之值的分散性。其中，测量结果实际上指的是被测量的最佳估计值。被测量之值，则是指被测量的真值，是为回避真值而采取的。测量不确定度评定的并非被测量真值的分散性，也不是其约定真值的分散性，而是被测量最佳估计值的分散性。定义中的参数，可以是标准差或其倍数，也可以是给定置信概率的置信区间的半宽度。

用标准差表示的测量不确定度称为测量标准不确定度。在实际应用中，如不加说明，一般皆称测量标准不确定度为测量不确定度，简称不确定度。

为了和传统的测量误差相区别，测量不确定度用 u（不确定度英文 uncertainty 的首字头）表示，而不用 S。

应当指出，用来表示测量不确定度的标准差，除随机效应的影响外，还包括已识别的系统效应不完善的影响，如标准值不准、修正量不完善等。

显然，量测结果中的不确定度并未包括未识别的系统效应的影响。尽管未识别的系统效应往往不甚明显，但只要存在，就不可能不在测量结果中有所反映。也就是说，未识别的系统效应会使测得值产生某种系统偏差。

概括地说，量测不确定度是由于随机效应和已识别的系统效应不完善的影响，而对测得值不能确定（或可疑）的程度。（注：这里的测得值，是指对已识别的系统效应修正后的最佳估计值。）

A.2.2　不确定度的来源

测量不确定度的来源归纳为 10 个方面：

（1）对被测量的定义不完善。

（2）实现被测量的定义的方法不理想。

（3）抽样的代表性不够，即被测量的样本不能代表所定义的被测量。

（4）对测量过程受环境影响的认识不周全，或对环境条件的测量与控制不完善。

（5）对模拟仪器的读数存在人为偏移。

（6）测量仪器的分辨力或鉴别力不够。

（7）赋予计量标准的值或标准物质的值不准。

（8）引用于数据计算的常量和其他参量不准。

（9）测量方法和测量程序的近似性和假定性。

（10）在表面上看来完全相同的条件下，被测量重复观测值的变化。

上述的来源基本上概括了实践中所能遇到的情况。其中，第（1）项如再加上理论认识不足，即对被测量的理论认识不足或定义不完善似更充分些；第（10）项实际上是未预料因素的影响，或简称之为"其他"。

可见，测量不确定度一般来源于随机性和模糊性。

A.2.3　测量不确定度的分类

尽管测量不确定度有许多来源，但按评定方法可将其分为以下两类。

1. 不确定度的 A 类评定

用对测量数据列进行统计分析的方法来评定的标准不确定度，称为不确定度的 A 类评定，也称 A 类不确定度评定，有时可用 u_A 表示。

2. 不确定度的 B 类评定

用不同于对测量数据列进行统计分析的方法来评定的标准不确定度，称为不确定度的 B 类评定，也称 B 类不确定度评定，有时可用 u_B 表示。

实践中，可以简单地说，测量不确定度按其评定方法可分为两类：

A 类——用统计方法评定的分量。

B 类——用非统计方法评定的分量。

用统计方法评定的 A 类不确定度，相应于传统的随机误差；而用非统计方法评定的 B 类不确定度，则并不相应于传统的系统误差。故不宜采用"随机不确定度"和"系统不确定度"的提法。

A. 2. 4 测量不确定度的评定流程

测量不确定度的评定流程如图 A.7 所示。

1. 建立数学模型

建立数学模型就是根据被测量的定义和测量方案，确立被测量与有关量之间的函数关系。通常，一个被测量可能要依赖若干个有关量，只有确定了所依赖的各有关量的值，才能得出被测量的值；只有评定了所依赖各量的不确定度，才能得出被测量值的不确定度。所以，数学模型实际上给出了被测量值不确定度的主要来源量。

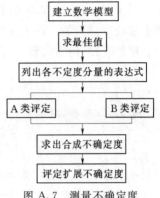

图 A.7　测量不确定度
的评定流程

但被测量值的不确定度分量的数量，却可能多于其依赖量的数量，即有的依赖量所引入的不确定度分量可能不止一个。例如，用热电偶数字温度计测量某容器内的温度，其数学模型为 $T = f(D, C) = D + C$，即容器内的温度 T 依赖于数字温度计给出的温度 D 和热电偶的修正量 C。其中，温度 D 所引入的不确定度分量就有 2 个：由温度测量的重复性引入的不确定度分量和由温度计的示值不准所引入的不确定度分量。

设被测量 Y 是各依赖量 X_1，X_2，…，X_N 的函数，即

$$Y = f(X_1, X_2, \cdots, X_N)$$

式中：Y 为输出量；X_1，X_2，…，X_N 为输入量。

应当指出，输入量中，有的本身也可能是其他输入量的一个输出量，于是便可能导致与输出量之间的关系比较复杂，甚至难以明确表达。当然，有时输出量与输入量的函数关系可能很简单，例如 $Y = X_1 + X_2$（用 2 个砝码之和来测量质量），甚至 $Y = X$（用体温计的示值测量体温，或用线纹尺测量长度）。输入量 X_1，X_2，…，X_N，可以是直接测定的量，也可以是由外部引入的量，如经过校准的测量标准的量、有证标准物质的量以及手册中给出的标准数据等。

数学模型往往不是唯一的，通常取决于测量方法、器具和环境条件等。

另外，数学模型在建立之初往往不够完善，通过长期测量实践的考核（如利用测量过程的统计控制技术），可对数学模型进行必要的修正，使其不断完善。

2. 求被测量的最佳值

根据前面已建立的数学模型，被测量 Y 的最佳值可表示为

$$y = f(x_1, x_2, \cdots, x_N) \tag{A. 33}$$

在实际工作中，可根据测量数据和其他可用信息，利用上式得出被测量的最佳值（通常即指算术平均值）。最佳值的求法，一般有两种：

（1）先求出被测量 Y 的各分量的估计值 y_k，然后取平均值，即

$$y = \frac{1}{N} \sum_{k=1}^{n} y_k = \frac{1}{N} \Sigma f(x_{1k}, x_{2k}, \cdots, x_{Nk}) \tag{A.34}$$

（2）先求出输入量 X_i 的最佳值 $\overline{x}_i$；然后再求出 Y 的最佳值，即

$$y = f(\overline{x}_1, \overline{x}_2, \cdots, \overline{x}_N) \tag{A.35}$$

当 y 是 x_i 的线性函数时，两种求法的结果相同；当 y 是 x_i 的非线性函数时，第（1）种求法较好。例如，测量某矩形的面积 $S=AB$，对 A、B 分别测 2 次得 a_1、a_2、b_1、b_2。用第（1）种方法得

$$S_1 = \frac{1}{2}(a_1 b_1 + a_2 b_2) \tag{A.36}$$

用第（2）种方法得

$$S_2 = \left(\frac{a_1 + a_2}{2}\right)\left(\frac{b_1 + b_2}{2}\right) = \frac{1}{4}(a_1 b_1 + a_2 b_2 + a_1 b_2 + a_2 b_1) \tag{A.37}$$

一般 $a_1 \neq a_2$，$b_1 \neq b_2$，故 $S_1 \neq S_2$。

对于测量值来说，最佳值应是修正了已识别的系统效应和剔除了异常值的平均值。

求被测量的最佳值，主要是为了报告测量结果（＝最佳值±不确定度）和相对不确定度（相对不确定度等于不确定度除以最佳值的绝对值，当然，最佳值不能为 0）。

A.2.5　各不确定度分量的表达式

根据数学模型可列出各不确定度分量的表达式：

$$u_i(y) = \left| \frac{\partial f}{\partial x_i} \right| u(x_i) \tag{A.38}$$

式中：$\dfrac{\partial f}{\partial x_i}$ 为不确定度传播系数或灵敏系数。其含意是：当 x_i 变化 1 个单位值时所引起的变化值，即起了不确定度的传播作用。例如，某长度 y 由标准尺 x 的 4 倍测得：$y=4x$。若 x 变化 $1\mu m$，则 y 变化 $4\mu m$，即 $\dfrac{\partial f}{\partial x}=4$。也就是说，不确定度的各分量 $u_i(y)$ 等于各输入量所引起的不确定度 $u(x_i)$ 乘以相应的传播系数的模 $\left| \dfrac{\partial f}{\partial x_i} \right|$。这里，之所以取不确定度传播系数的模，主要是为避免在不确定度的合成过程中，由于传播系数的负值可能造成的各分量之间的相互抵消。

有时，为了简便，以 c_i 表示 $\dfrac{\partial f}{\partial x_i}$：

$$u_i(y) = |c_i| u(x_i) \tag{A.39}$$

列出各分量的表达式时，应注意既不要漏项，也不应重复。

1. 不确定度的 A 类评定的表达式

若对随机变量 X_i 在相同条件下进行 n 次独立测量，所得值为 $x_{ik}(k=1, 2, \cdots, n)$，则 X_i 的最佳估计值为

$$x_i = \frac{1}{n} \sum_{k=1}^{n} x_{ik} \tag{A.40}$$

其标准不确定度（最佳值的标准差）为

$$u(x_i) = \frac{u(x_{ik})}{\sqrt{n}} \tag{A.41}$$

式中：$u(x_{ik})$ 为实验标准差或样本标准差，即

$$u(x_{ik}) = \sqrt{\frac{1}{n-1}\sum(x_{ik}-x_i)^2} \tag{A.42}$$

于是

$$u(x_i) = \sqrt{\frac{1}{n(n-1)}\sum(x_{ik}-x_i)^2} \tag{A.43}$$

其中，$n-1=\nu$，称为自由度。

所谓自由度，在数理统计中，系指独立的随机变量的数目（注意：不是测量值的数目）。在测量中，则指测量值的数目减去待求量（或对测量值限制量）的数目。一般地，由 n 个独立观测值估计的统计量（如标准差或不确定度）的自由度为 $n-1$。若用最小二乘法对 n 个独立观测值进行处理，所求 t 个统计量的自由度为 $n-t$。例如，用最小二乘法对 n 个独立测量值进行直线拟合，需要求出决定直线的截距和斜率两个系数，故自由度为 $n-2$。自由度所反映的是信息量，就独立观测值的数目来说，根据不同的需要可自由选取，故称自由度。

由于自由度所反映的是信息量，故可用来衡量不确定度的可靠程度。

得出 $u(x_i)$ 之后，再求出其传播系数，便可得出 y 的不确定度的分量：

$$u_i(y) = \left|\frac{\partial f}{\partial x_i}\right| u(x_i) \tag{A.44}$$

2. 不确定度的 B 类评定的表达式

若随机变量 X_j 的估计值 x_j 不是由重复观测得出，则相应的标准不确定度 $u(x_j)$ 便应根据可能引起 x_j 变化的所有信息来判断、估算。

可用的信息一般包括：

（1）以前的测量数据。

（2）有关资料与仪器特性的知识和经验。

（3）制造厂的技术说明书。

（4）校准或其他证书与技术文件提供的数据。

（5）引自手册的标准数据及其不确定度。

至于重复性限 γ 和复现性限 R 可包含于（1）或（4）中，没有必要单独列出。

根据所有可用的信息（上述的一种或多种），通常可得出随机变量 X_j 的估计值 x_j 的置信区间（变化范围）的半宽度 a（相当于传统的测量误差限）或者扩展不确定度 $U(x_j)$。

由于标准差、置信区间的半宽度与置信因子（或标准差、扩展不确定度与包含因子）之间有着明确的函数关系：

$$u(x_j) = a/k \ \text{或} \ u(x_j) = U/k$$

故不确定度的 B 类评定便进一步转为对置信因子（或包含因子）k 的评定；而 k 值的

评定则是根据先验或主观概率分布来确定。例如，正态分布：$k=2\sim3$ 相应的置信概率 P 为 $0.95\sim0.99$；均匀分布：$k=\sqrt{3}$、三角分布：$k=\sqrt{6}$、反正弦分布：$k=\sqrt{2}$ 相应的置信概率 $P\approx1$；t 分布：$k=t_p$ (ν) (t 分布的临界值)。

当缺乏足够的信息时，往往只能取均匀分布。例如只给出某表的准确度为 $\pm0.01\%$，则可认为置信区间的半宽度为 0.01%，故 $u=0.0001/\sqrt{3}$。

B 类评定的自由度可表示为

$$\nu_j = \frac{1}{2}\left\{\frac{\sigma[u(x_j)]}{u(x_j)}\right\}^{-2} \tag{A.45}$$

当根据有关信息，对所观测的随机变量 X_j 做出某种先验概率分布时，则在一定的置信概率下所评定的标准不确定度 $u(x_j)$ 便具有与置信概率相应的可信度，即可估计出相对标准不确定度的不确定度 $\sigma[u(x_j)]/u(x_j)$，从而利用上式求出不确定度 B 类评定的自由度 ν_j。

如果根据判定或假定的先验概率分布所估计的标准不确定度 $u(x_j)$ 可认为是完全可靠的，即 $\sigma[u(x_j)]=0$，则自由度 $\nu_j=\infty$。通常，若给出 X_j 变化的下限和上限，别无其他补充信息，则意味着超出给定范围的可能性极小，故自由度可取为无穷大。

B 类标准不确定度的评定，主要取决于信息量是否充分以及对它们的使用是否合理。当然，这与评定者的知识基础、业务水平和实践经验密切相关。所以，不确定度的 B 类评定含有主观成分。

应当指出，B 类评定的标准不确定度的可靠程度，并不见得比 A 类评定的标准不确定度的可靠性差，甚至有的可能更好。特别是当统计分布的独立观测值的数目 n 较小时，A 类评定的相对标准不确定度的不确定度（即不可靠程度）是相当明显的。如当 $n=10$ 时，$\sigma[u(x_i)]/u(x_i)$ 为 24%；当 $n=3$ 时，则可达 52%。

得出 $u(x_j)$ 之后，再求出传播系数便可求出 y 的测量不确定度分量：

$$u_j(y) = \left|\frac{\partial f}{\partial x_j}\right|u(x_j) \tag{A.46}$$

3. 测量不确定度的合成

当测量不确定度有若干个分量时，则总不确定度应由所有各分量（A 类与 B 类）来合成，并称其为合成不确定度。合成不确定度，即合成标准差，是合成方差的正平方根。

(1) 相关输入量的合成不确定度。若被测量（输出量）$Y=f(X_1，X_2，\cdots，X_N)$ 的估计值 $y=f(x_1，x_2，\cdots，x_N)$ 的合成不确定度 $u_c(y)$ 由相关输入量估计值 $x_1，x_2，\cdots，x_N$ 的各不确定度所决定，则合成方差的近似表达式为

$$u_c^2(y) = \sum_{i=1}^{N}\left(\frac{\partial f}{\partial x_i}\right)^2 u^2(x_i) + 2\sum_{i=1}^{N-1}\sum_{j=i+1}^{N}\frac{\partial f}{\partial x_i}\frac{\partial f}{\partial x_j}u(x_i,x_j) \tag{A.47}$$

该式充分考虑了不确定度的传播系数，故常将其称为不确定度传播率。式中，$u(x_i，x_j)=u(x_j，x_i)$ 是相关的 x_i 与 x_j 的估计协方差，常表示为 $\mathrm{Cov}(x_i，x_j)$。

协方差可通过相关系数和标准差来表示：

$$u(x_i，x_j) = \gamma(x_i，x_j)u(x_i)u(x_j)$$

式中：$\gamma(x_i，x_j)=\gamma(x_j，x_i)$ 是相关系数的估计值，其范围是 $-1\leqslant\gamma(x_i，x_j)\leqslant+1$，

可表征 x_i 与 x_j 的相关程度，并可由下式估算：

$$\gamma(x_i, \ x_j) = \frac{\sum (x_{ik} - x_i) \ (x_{jk} - x_j)}{\sqrt{\sum (x_{ik} - x_i)^2 \sum (x_{jk} - x_j)^2}} \tag{A.48}$$

若 $\gamma(x_i, \ x_j) = +1$，即 x_i 与 x_j 完全正相关，则

$$u_c^2(y) = \left[\sum \left| \frac{\partial f}{\partial x_i} \right| u(x_i) \right]^2 \tag{A.49}$$

即

$$u_c(y) = \sum \left| \frac{\partial f}{\partial x_i} \right| u(x_i) = \sum u_i(y) \tag{A.50}$$

（2）非相关输入量的合成不确定度。对于非相关，即 $\gamma = 0$ 的输入量 X_i 的估计值 x_i，输出量 Y 的估计值 y 的合成方差为

$$u_c^2(y) = \sum_{i=1}^{N} \left(\frac{\partial f}{\partial x_i} \right)^2 u^2(x_i) \tag{A.51}$$

合成不确定度为

$$u_c(y) = \sqrt{\sum_{i=1}^{N} \left(\frac{\partial f}{\partial x_i} \right)^2 u^2(x_i)} = \sqrt{\sum_{i=1}^{N} u_i^2(y)} \tag{A.52}$$

当 $y = f(x_1, \ x_2, \ \cdots, \ x_N)$ 的非线性显著时，上列的合成方差的表达式中应增加重要的高阶项：

$$\sum_{i=1}^{N} \sum_{j=1}^{N} \left[\frac{1}{2} \left(\frac{\partial^2 f}{\partial x_i \partial x_j} \right)^2 + \frac{\partial f}{\partial x_i} \frac{\partial^3 f}{\partial x_i \partial x_j^2} \right] u^2(x_i) u^2(x_j) \tag{A.53}$$

如果输出量与输入量之间的函数关系具有下列形式：

$$Y = C X_1^{P_1} X_2^{P_2} \cdots X_N^{P_N} \tag{A.54}$$

式中：C 为系数（并非传播系数）；P_1，P_2，$\cdots$，P_N 为指数（并非概率），其值可正可负或分数，且其不确定度可忽略。

利用相对不确定度的形式可较方便地求出合成方差，相关输入量的相对合成方差为

$$\left[\frac{u_c(y)}{y} \right]^2 = \sum \left[P_i \frac{u(x_i)}{x_i} \right]^2 + 2 \sum_{i=1}^{N-1} \sum_{j=i+1}^{N} \left[P_i \frac{u(x_i)}{x_i} \right] \left[P_j \frac{u(x_j)}{x_j} \right] \gamma(x_i, x_j) \tag{A.55}$$

非相关输入量的相对合成方差为

$$\left[\frac{u_c(y)}{y} \right]^2 = \sum \left[P_i \frac{u(x_i)}{x_i} \right]^2 \tag{A.56}$$

（3）合成不确定度的自由度。合成不确定度的自由度亦称有效自由度，可用韦尔奇-萨特思韦特（Welch – Satterth waite）公式求出：

$$\nu_c \ (\text{或} \ \nu_{eff}) = \frac{u_c^4(y)}{\displaystyle\sum_{i=1}^{N} \frac{u_i^4(y)}{\nu_i}} \tag{A.57}$$

显然

$$\nu_{eff} \leqslant \sum_{i=1}^{N} \nu_i \tag{A.58}$$

式中：ν_i 为 $u(x_i)$ 的自由度。

如果根据上式求出的有效自由度不是整数，则通常将其取为较小的整数。

可见，在不确定度合成的过程中，对所有分量（包括各 A 类分量和各 B 类分量）一视同仁，并没有考虑它们是如何评定的。换句话说，在不确定度合成时，同样对待所有的分量，与分量的类别无关。

A. 2. 6　测量不确定度的报告

1. 测量不确定度的信息量

测量不确定度的报告应提供尽可能多的信息，诸如：

（1）给出被测量的定义及尽可能充分的描述，包括与有关量的关系。

（2）阐明由实验观测值和输入数据估算的被测量的测得值及其获得方法。

（3）列出所有不确定度分量（含灵敏系数）并说明它们的评定方法，必要时还应给出相应的自由度。

（4）给出相关输入量（如有）的协方差或相关系数及其获得方法。

（5）给出合成不确定度与扩展不确定度的评定方法，必要时给出相应的自由度。

（6）给出评定过程中所使用的全部修正量、常数的来源及其不确定度。

（7）给出数据分析处理的具体方法，以使其每个重要步骤易于效仿，必要时能单独重复计算所报告的结果。

2. 不确定度报告的形式

（1）合成不确定度。其主要用于：

1）计量学基础研究。

2）基本物理常数的测量。

3）复现国际单位制单位的国际比对。

当不确定度的报告以合成不确定度表述时，测量结果可选用下列 4 种形式之一（为便于表述，设被测量 Y 为标称值 100g 的标准砝码 m_s，其测得值 y 为 100.02147g，合成不确定度 $u_c = 0.35$mg）：①$m_s = 100.02147$g，$u_c = 0.35$mg；②$m_s = 100.02147$（35）g（括号中的数字便是合成不确定度的数值，与测得值的最后位数的数量级相应。该形式一般用于公布常数、常量）；③$m_s = 100.02147(0.00035)$g；④$m_s = 100.02147 \pm 0.00035$g。

对于一般测量，按惯例多选用最后一种形式，即 $Y = y \pm u_c$。

注意：不确定度本身没有负值（系方差的正平方根），此处的±号是表示测得值 y 的分散范围。

（2）扩展不确定度。除上述的使用合成不确定度的 3 种情况外，一般均使用扩展不确定度；当不确定度的报告以扩展不确定度 $U(y) = ku_c(y)$ 表述时，必须注明 k 值，必要时还应给出 k 值的获得方法及其有关参数，如置信概率，合成不确定度的自由度等。

至于用扩展不确定度报告测量结果的形式，原则上与用合成不确定度报告时相同，只不过将 u_c 换成 U 并应注明 k 值及其来历。例如，上例中的 $u_c = 0.35$mg，若取置信概率 $p = 0.95$、合成不确定度的自由度 $\nu_c = 9$ 的 t 分布临界值 $t_{0.95}(9) = 2.26 = k$，则

$$U(y) = 2.26 \times 0.35\text{mg} = 0.79$$

于是，测量结果可表示为

$$m_s = (100.02147 \pm 0.00079)\text{g}, \ k = 2.26$$

注意：k 值取自置信概率 $P = 0.95$、合成不确定度的自由度 $\nu_c = 9$ 的 t 分布临界值。

必要时，可给出相对扩展不确定度：

$$U_{\text{rel}}(y) = \frac{U(y)}{|y|}, \ y \neq 0$$

3. 不确定度的数值

不确定度的数值要取得适当，其最后的有效数字最多只能取二位；相对不确定度的有效数字最多也只能取二位。当然，对于中间运算环节，为减小舍入误差的影响，不确定度有效数字的位数可适当多取，一般多取一位即可。

4. 不确定度的单位

在实际工作中，不确定度是有单位的（与被测量的测得值的单位相同，或者可用其分数单位）。当然，若用相对不确定度的形式，则是比值，单位相消。

5. 不确定度的末位数

报告测量结果时，不确定度的末位数应与测得值的末位数的数量级相同。

上述的测量不确定度的评定流程，系通用流程，适用于各个领域。在实践中，不同的领域可根据自身的特点提出相应的要求和做法。

A.2.7 测量不确定度评定举例

1. 建立数学模型

某变量的计算公式为

$$\eta = \frac{\rho g Q H}{P} \times 100\%$$

在相同的条件下测得 10 组数据，见表 A.6。

表 A.6　　　　　　　　　某变量关系量实测数据表

序号	$Q/(\text{m}^3/\text{s})$	H/m	P/kW
1	341.7	6.181	24.56
2	341.7	6.183	24.55
3	341.6	6.189	24.63
4	341.5	6.188	24.59
5	340.7	6.184	24.57
6	340.9	6.174	24.56
7	341.8	6.184	24.58
8	341.3	6.164	24.49
9	341.7	6.187	24.58
10	342.2	6.180	24.52

2. 标准不确定度评定

(1) Q 的不确定度 $u(\overline{Q})$。Q 的最佳估计值为

$$\bar{Q} = \frac{1}{n}\sum_{i=1}^{n} Q_i$$

式中：$\bar{Q}$ 为多次测量所得平均 Q 值；Q_i 为第 i 次测量所得 Q 值；n 为测量次数，$n = 10$。

$$\bar{Q} = \frac{1}{10}\sum_{i=1}^{10} Q_i = 341.51(\mathrm{m^3/s})$$

其标准不确定度为

$$u(\bar{Q}) = \sqrt{\frac{\sum\limits_{i=1}^{10}(Q_i - \bar{Q})^2}{n(n-1)}}$$

$$= \sqrt{\frac{\sum\limits_{i=1}^{10}(Q_i - \bar{Q})^2}{10(10-1)}} = 0.139(\mathrm{m^3/s})$$

自由度：

$$v_2 = n - 1 = 9$$

（2）H 不确定度 $u(\bar{H})$。H 的最佳估计值为

$$\bar{H} = \frac{1}{n}\sum_{i=1}^{n} H_i$$

式中：$\bar{H}$ 为多次测量所得平均 H 值；H_i 为第 i 次测量所得 H 值；n 为测量次数，$n = 10$。

$$\bar{H} = \frac{1}{10}\sum_{i=1}^{10} H_i = 6.1814(\mathrm{m})$$

其标准不确定度为

$$u(\bar{H}) = \sqrt{\frac{\sum\limits_{i=1}^{10}(H_i - \bar{H})^2}{10(10-1)}} = 0.002(\mathrm{m})$$

自由度：

$$v_2 = n - 1 = 9$$

（3）P 的不确定度 $u(\bar{P})$。P 的最佳估计值为

$$\bar{P} = \frac{1}{n}\sum_{i=1}^{n} P_i$$

式中：$\bar{P}$ 为多次测量所得平均 P 值；P_i 为第 i 次测量所得 P 值；n 为测量次数，$n = 10$。

$$\bar{P} = \frac{1}{10}\sum_{i=1}^{10} P_i = 24.563(\mathrm{kW})$$

其标准不确定度为

$$u(\bar{P}) = \sqrt{\frac{\sum\limits_{i=1}^{10}(P_i - \bar{P})^2}{10(10-1)}} = 0.0121(\mathrm{kW})$$

自由度：

$$v_2 = n - 1 = 9$$

3. 合成不确定度

由 η 计算公式：

$$\eta = \frac{\rho g Q H}{1000 P}$$

则

$$\overline{\eta} = \frac{0.9971 \times 9.7974 \times 341.51 \times 6.1814}{1000 \times 24.563} \times 100\% = 83.96\%$$

$$\frac{\partial \overline{\eta}}{\partial \overline{Q}} = \frac{\rho g \overline{H}}{1000 \overline{P}} = \frac{0.9971 \times 9.7974 \times 6.1814}{1000 \times 24.563} = 0.0025$$

$$\frac{\partial \overline{\eta}}{\partial \overline{H}} = \frac{\rho g \overline{Q}}{1000 \overline{P}} = \frac{0.9971 \times 9.7974 \times 341.54}{1000 \times 24.563} = 0.139$$

$$\frac{\partial \overline{\eta}}{\partial \overline{P}} = \frac{\rho g \overline{Q} \overline{H}}{1000 \overline{P}^2} = \frac{0.9971 \times 9.7974 \times 341.54 \times 6.1814}{1000 \times 24.563^2} = 0.035$$

则间接测量量 η 的合成不确定度：

$$u_c(\eta) = \sqrt{\left[\frac{\partial \overline{\eta}}{\partial \overline{Q}} u(\overline{Q})\right]^2 + \left[\frac{\partial \overline{\eta}}{\partial \overline{H}} u(\overline{H})\right]^2 + \left[\frac{\partial \overline{\eta}}{\partial \overline{P}} u(\overline{P})\right]^2}$$

$$= \sqrt{(0.0025 \times 0.139)^2 + (0.139 \times 0.002)^2 + (-0.035 \times 0.0121)^2}$$

$$= 0.0006129$$

4. 扩展不确定度

等效自由度：

$$v_{\text{eff}} = \frac{u_c^4(\overline{\eta})}{\dfrac{\left[\dfrac{\partial \overline{\eta}}{\partial \overline{Q}} u(\overline{Q})\right]^4}{v_1} + \dfrac{\left[\dfrac{\partial \overline{\eta}}{\partial \overline{H}} u(\overline{H})\right]^4}{v_2} + \dfrac{\left[\dfrac{\partial \overline{\eta}}{\partial \overline{P}} u(\overline{P})\right]^4}{v_3}}$$

$$= 24.26$$

按"只舍不入"原则 $v_{\text{eff}} = 24$。

取置信概率 $P = 0.95$，有效自由度 $v_{\text{eff}} = 24$，查 t 分布 $t_p(v)$ 值覆盖因子：$K_{0.95} = 2.066$。

扩展不确定度：$v_{0.95} = K_{0.95} \times u_c(\overline{\eta}) = 2.066 \times 0.06129 = 0.127$

最后结果：$\eta = (83.96 \pm 0.13)\%$

附录 B 水力学（工程流体力学）常用数据表

表 B.1 水力学（工程流体力学）中常用物理量的量纲及单位

物理量名称及符号		方程式	量纲		SI 单位制
			［L－M－T］系统	［L－F－T］系统	
1. 几何学的量	长度（L）		L	L	m（米）
	面积（A）		L^2	L^2	m^2（米^2）
	体积（V）		L^3	L^3	m^3（米^3）
	坡度（J）				
2. 运动学的量	时间（t）		T	T	s（秒）
	速度（v）	$v=dL/dt$	LT^{-1}	LT^{-1}	m/s（米/秒）
	加速度（a）	$a=dv/dt$	LT^{-2}	LT^{-2}	m/s^2（米/秒^2）
	角速度（ω）	$\omega=d\theta/dt$	T^{-1}	T^{-1}	L/s（L/秒）
	角加速度（$\dot\omega$）	$\dot\omega=d\omega/dt$	T^{-2}	T^{-2}	L/s^2（L/秒^2）
	流量（Q）	$Q=Av$	L^3T^{-1}	L^3T^{-1}	m^3/s（米^3/秒）
3. 动力学的量	质量（M）		M	FT^2L^{-1}	kg（千克）
	力（F）	$F=Ma$	MLT^{-2}	F	N（牛）
	压强（p）	$p=F/A$	$ML^{-1}T^{-2}$	FL^{-2}	Pa（帕）（1Pa＝1N/m^2）
	切应力（τ）	$\tau=F/A$	$ML^{-1}T^{-2}$	FL^{-2}	Pa（帕）（1Pa＝1N/m^2）
	动量、冲量（K，I）	$K=Mv$，$I=Ft$	MLT	FT	kg·m/s（千克·米/秒）
	功、能（W，E）	$W=FL$，$E=1/2Mv^2$	ML^2T^{-2}	FL	J（焦耳）（1J＝1N·m）
	功率（N）	$N=W/t$	ML^2T^{-3}	FLT^{-1}	W（瓦）（1W＝1J/s）
4. 流体的特征量	密度（ρ）	$\rho=M/V$	ML^{-3}	$FL^{-4}T^2$	kg/m^3（千克/米^3）
	重度（γ）	$\gamma=W/V$	$ML^{-2}T^{-2}$	FL^{-3}	N/m^3（牛/米^3）
	动力黏度（μ）	$\mu=\tau/(du/dy)$	$ML^{-1}T^{-1}$	$FL^{-2}T$	Pa·s（帕·秒）
	运动黏度（ν）	$\nu=\mu/\rho$	L^2T^{-1}	L^2T^{-1}	m^2/s（米^2/秒）
	表面张力系数（σ）	$\sigma=F/L$	MT^{-2}	FL^{-1}	N/m（牛/米）
	弹性系数（K）	$K=-dp/(dV/V)$	$ML^{-1}T^{-2}$	FL^{-2}	Pa（帕）

表 B.2 不同温度下水的物理性质

温度 /℃	重度 γ /(kN/m^3)	密度 ρ /(kg/m^3)	动力黏度 μ/(10^{-3}N·s/m^2)	运动黏度 ν/(10^{-6}m^2/s)	体积弹性系数 K/(10^9N/m^2)	表面张力系数 σ/(N/m)
0	9.805	999.9	1.781	1.785	2.02	0.0756
5	9.807	1000.9	1.518	1.519	2.06	0.0749
10	9.804	999.7	1.307	1.306	2.10	0.0742

续表

温度 /℃	重度 γ /(kN/m³)	密度 ρ /(kg/m³)	动力黏度 μ /(10⁻³ N·s/m²)	运动黏度 ν /(10⁻⁶ m²/s)	体积弹性系数 K /(10⁹ N/m²)	表面张力系数 σ /(N/m)
15	9.798	999.1	1.139	1.139	2.15	0.0735
20	9.789	998.2	1.002	1.003	2.18	0.0728
25	9.777	997.0	0.890	0.893	2.22	0.0720
30	9.764	995.7	0.798	0.800	2.25	0.0712
40	9.730	992.2	0.653	0.658	2.28	0.0696
50	9.689	988.0	0.547	0.553	2.29	0.0679
60	9.642	983.2	0.466	0.474	2.28	0.0662
70	9.589	977.8	0.404	0.413	2.25	0.0644
80	9.530	971.8	0.354	0.364	2.20	0.0626
90	9.466	965.3	0.315	0.326	2.14	0.0608
100	9.399	958.4	0.282	0.294	2.07	0.0589

表 B.3 不同温度下水的饱和蒸汽压强水头值（绝对压强 mH_2O）

$t/℃$	p_v/γ	$t/℃$	p_v/γ	$t/℃$	p_v/γ	$t/℃$	p_v/γ	$t/℃$	p_v/γ
0	0.062	9	0.117	18	0.210	27	0.363	36	0.606
1	0.067	10	0.125	19	0.224	28	0.385	37	0.640
2	0.072	11	0.134	20	0.238	29	0.408	38	0.675
3	0.077	12	0.143	21	0.254	30	0.433	39	0.713
4	0.083	13	0.153	22	0.270	31	0.458	40	0.752
5	0.089	14	0.163	23	0.286	32	0.485		
6	0.095	15	0.174	24	0.304	33	0.513		
7	0.102	16	0.185	25	0.323	34	0.542		
8	0.109	17	0.198	26	0.343	35	0.573		

表 B.4 普通液体的物理性质（一个标准大气压下）

液体	温度 /℃	密度 /(kg/m³)	重度 /(N/m³)	表面张力系数/(N/m) (20℃，与空气交界)
蒸馏水	4.0	1000	9806	0.0728
海水	15.0	1020~1030	10000~10100	
汽油	15.0	700~750	6860~7350	
石油	15.0	880~890	8630~8730	
润滑油	15.0	890~920	8730~9030	0.0350~0.0379
乙醇（酒精）	15.0	790~800	7750~7840	0.0223
苯	15.5	880	8630	0.0289
氯代醋酸乙酯	15.0	1154	11317	
原油	15.5	850~927	8336~9091	0.0233~0.0379
煤油	15.5	777~819	7619~8031	0.0233~0.0321
四氯乙炔	15.0	2970	29126	0.0267
橄榄油	15.0	918	9003	
松节油	16.0	873	8561	
汞（水银）	0.0	13595	133321	0.5137

表 B. 5　　　　　　　　　　　　水银的密度和重度

温度/℃	密度/(kg/m³)	重度/(N/m³)	温度/℃	密度/(kg/m³)	重度/(N/m³)
0	13595	133.321	40	13497	132.360
5	13583	133.204	45	13485	132.243
10	13571	133.086	50	13473	132.125
15	13558	132.958	60	13448	131.880
20	13546	132.841	70	13420	131.605
25	13534	132.723	80	13400	131.409
30	13522	132.606	90	13376	131.174
35	13509	132.478	100	13352	130.938

表 B. 6　　　　　　　　　空气的物理性质（一个标准大气压下）

温度 /℃	密度 /(g/cm³)	动力黏度 μ /(10⁻³N·s/m²)	运动黏度 ν /(cm²/s)
−10	0.00134	0.169×10^{-7}	0.123
0	0.00129	0.174	0.132
10	0.00125	0.180	0.141
20	0.00120	0.185	0.150
30	0.00116	0.189	0.160
40	0.00113	0.194	0.169
50	0.00110	0.199	0.177
60	0.00107	0.204	0.187
70	0.00104	0.208	0.197
80	0.00100	0.213	0.209
90	0.00097	0.218	0.219
100	0.00095	0.224	0.232
	C.G.S 单位	工程单位系统	工程单位系统

表 B. 7　　　　　　　气体的物理性质（一个标准大气压下，20℃）

气体	密度 /(kg/cm²)	气体常数 R /[m²/(s²·K)]	$\dfrac{定容比热}{定压比热}=n$	运动黏滞系数 ν /(cm²/s)
空气	1.205	287	1.40	0.150
氩气	0.718	481	1.32	0.153
碳酸气	1.836	188	1.30	0.085
甲烷	0.666	518	1.32	0.179
氮气	1.163	296	1.40	0.159
氧气	1.330	260	1.40	0.159
亚硫酸气	2.715	127	1.26	0.052

表 B. 8　　　　　　　　　常见气体的黏性系数（经验公式）

气体名称	$\mu_0 \times 10^6 / (\text{kg/ms})$	C
空气	17.09	111
氧	19.20	125
氮	16.60	104
氢	8.40	71
一氧化碳	16.80	100
二氧化碳	13.80	254
二氧化硫	11.60	306
水蒸气	8.93	961

注　$\mu = \mu_0 \dfrac{273+C}{T+C} \left(\dfrac{T}{273} \right)^{3/2}$，$\mu_0$ 为 0℃时气体的黏性系数；C 为随气体而定的常数。

表 B. 9　　　　　　　　　不同形状的面积特性

形　状	图形	面积公式	形心位置	面积惯性矩 I 或 I_c
矩形 Rectangle		bh	$y_c = \dfrac{h}{2}$	$I_c = \dfrac{bh^3}{12}$
三角形 Triangle		$\dfrac{bh}{2}$	$y_c = \dfrac{h}{3}$	$I_c = \dfrac{bh^3}{36}$
圆形 Circle		$\dfrac{\pi D^2}{4}$	$y_c = \dfrac{D}{2}$	$I_c = \dfrac{\pi D^4}{64}$
半圆形 Semicircle		$\dfrac{\pi D^2}{8}$	$y_c = \dfrac{4r}{3\pi}$	$I = \dfrac{\pi D^4}{128}$
椭圆形 Ellipse		$\dfrac{\pi bh}{4}$	$y_c = \dfrac{h}{2}$	$I_c = \dfrac{\pi bh^3}{64}$
半椭圆形 Semiellipse		$\dfrac{\pi bh}{4}$	$y_c = \dfrac{4h}{3\pi}$	$I = \dfrac{\pi bh^3}{16}$
抛物线形 Parabolic		$\dfrac{2bh}{3}$	$x_c = \dfrac{3b}{8}$ $y_c = \dfrac{3b}{5}$	$I = \dfrac{2bh^3}{7}$

表 B.10　　　　　　　　　　　　　　　　不同形状的体积特性

形　状	图　形	体积公式	质心位置
圆柱体 Cylinder		$\dfrac{\pi D^2 h}{4}$	$y_c = \dfrac{h}{2}$
圆锥 Cone		$\dfrac{1}{3}\left(\dfrac{\pi D^2 h}{4}\right)$	$y_c = \dfrac{h}{4}$
圆球形 Spherical		$\dfrac{\pi D^3}{6}$	$y_c = \dfrac{D}{2}$
半球形 Hemispherical		$\dfrac{\pi D^3}{12}$	$y_c = \dfrac{3r}{8}$
抛物线体 Paraboloid		$\dfrac{1}{2}\left(\dfrac{\pi D^2 h}{4}\right)$	$y_c = \dfrac{h}{3}$

表 B.11　　　　　　　　　　　　　　　管壁的当量粗糙度 k_s 值

序号	边壁种类	当量粗糙度 k_s/mm	序号	边壁种类	当量粗糙度 k_s/mm
1	铜或玻璃的无缝管	0.0015~0.01	8	磨光的水泥管	0.33
2	涂有沥青的钢管	0.12~0.24	9	未刨光的木槽	0.35~0.7
3	白铁皮管	0.15	10	旧的生锈金属管	0.60
4	一般状况的钢管	0.19	11	污秽的金属管	0.75~0.97
5	清洁的镀锌铁管	0.25	12	混凝土衬砌渠道	0.8~9.0
6	新的生铁管	0.25~0.4	13	土渠	4~11
7	木管或清洁的水泥面	0.25~1.25	14	卵石河床（$d=70\sim80$mm）	30~60

表 B.12　　　　　　　　　　　　　　管道的局部水头损失系数 ζ 值

名称	简　图		ζ
进口		完全修圆 $\dfrac{r}{D} \geqslant 0.15$	$\zeta = 0.10$
		稍加修圆	0.20~0.25
		不加修圆 的直角进口	0.50
		圆形喇叭口	0.05

名称	简 图		ζ
进口		方形喇叭口	0.16
		斜角进口	$\zeta=0.5+0.3\cos\alpha+0.2\cos^2\alpha$
闸门槽		平板门槽（闸门全开）	$\zeta=0.20\sim0.40$
		弧形闸门门槽	$\zeta=0.20$
断面突然扩大			$\zeta_1=\left(1-\dfrac{A_1}{A_2}\right)^2$，用 v_1 $\zeta_1=\left(\dfrac{A_2}{A_1}-1\right)^2$，用 v_2
断面突然缩小			$\zeta=0.5\left(1-\dfrac{A_2}{A_1}\right)$，用 v_2

断面逐渐扩大 $\zeta=k\left(\dfrac{A_2}{A_1}-1\right)^2$，用 v_2

$\theta°$	8	10	12	15	20	25
k	0.14	0.16	0.22	0.30	0.42	0.62

断面逐渐缩小 $\zeta=k_1\left(\dfrac{1}{k_2}-1\right)^2$，用 v_2

$\theta°$	10	20	40	60	80	100	140
k_1	0.40	0.25	0.20	0.20	0.30	0.40	0.60

A_2/A_1	0.1	0.3	0.5	0.7	0.9
k_2	0.40	0.36	0.30	0.20	0.10

折管

圆形	a	10	20	30	40	50	60	70	80	90
	ζ_{be}	0.04	0.1	0.2	0.3	0.4	0.55	0.7	0.9	1.1

矩形	$a°$	15	30	45	60	90
	ζ	0.025	0.11	0.26	0.49	1.20

弯管 $90°$

d/R	0.2	0.4	0.6	0.8	1.0
ζ_{b1}	0.132	0.133	0.158	0.206	0.294
d/R	1.2	1.4	1.6	1.8	2.0
ζ_{b1}	0.440	0.660	0.976	1.406	1.975

名称	简图	ζ										
弯管		任意角度	$\alpha/(°)$	20	40	60	80	90	120	140	160	180
			ζ_{b2}	0.47	0.66	0.82	0.94	1.00	1.16	1.25	1.33	1.41
		$\zeta_b = \zeta_{b1}\zeta_{b2}$										
板式阀门		e/d	0	0.125	0.2	0.3	0.4	0.5	0.6	0.7	0.8	0.9	1.0
		ζ	∞	97.3	35.0	10.0	4.60	2.06	0.98	0.44	0.17	0.06	0
蝶阀		$\alpha/(°)$	5	10	15	20	25	30	35	40
		ζ	0.24	0.52	0.90	1.54	2.51	3.91	6.22	10.8
		$\alpha/(°)$	45	50	55	60	65	70	90	全开
		ζ	18.7	32.6	58.8	118	256	751	∞	0.1~0.3
截止阀		d/cm	15	20	25	30	35	40	50	≥60
		ζ	6.5	5.5	4.5	3.5	3.0	2.5	1.8	1.7

名称	简图		ζ					
滤水网莲蓬头		无底阀	$\zeta = 2~3$					
		有底阀	d/cm	4.0	5.0	7.5	10	15	20
			ζ	12	10	8.5	7.0	6.0	5.2
			d/cm	25	30	35	40	50	75
			ζ	4.4	3.7	3.4	3.1	2.5	1.6
水泵入口		$\zeta = 1.0$						
渐变段		方变圆	$\zeta = 0.05$					
		圆变方	$\zeta = 0.1$					
出口		流入渠道	$\zeta = \left(1 - \dfrac{A_1}{A_2}\right)^2$					
		流入水库（池）	$\zeta = 0.1$					

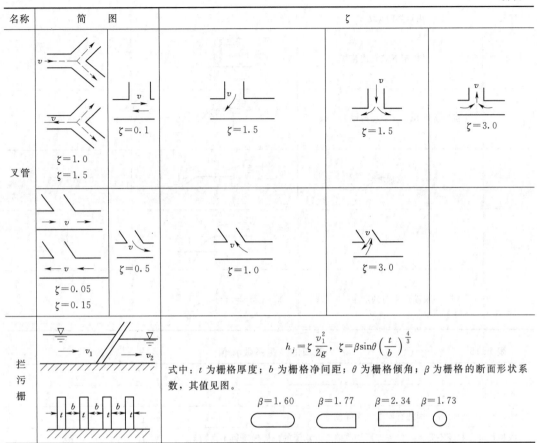

名称	简 图	ζ

注 应用公式 $h_f = \zeta \dfrac{v^2}{2g}$ 在本表各图中注册。如不用此公式图中另有注明。

表 B.13　　　　　　　　　　　宽顶堰的淹没系数 σ_s 值

$\dfrac{h_s}{H_0}$	0.80	0.81	0.82	0.83	0.84	0.85	0.86	0.87	0.88	0.89
σ_s	1.00	0.995	0.99	0.98	0.97	0.96	0.95	0.93	0.90	0.87
$\dfrac{h_s}{H_0}$	0.90	0.91	0.92	0.93	0.94	0.95	0.96	0.97	0.98	
σ_s	0.84	0.82	0.78	0.74	0.70	0.65	0.59	0.50	0.40	

表 B.14　　　　　　　　　　　泄水建筑物的流速系数 φ 值

序号	建筑物泄流方式	图 形	φ
1	堰顶有闸门的曲线实用堰		0.85～0.95
2	无闸门的曲线实用堰 { 1. 溢流面长度较短 2. 溢流面长度中等 3. 溢流面长度较长		1.00 0.95 0.90

附　　录

续表

序号	建筑物泄流方式	图　形	φ
3	平板闸下底孔出流		0.97～1.00
4	折线实用断面（多边形断面）堰		0.80～0.90
5	宽顶堰		0.85～0.95
6	跌水		1.00
7	末端设闸门的跌水		0.97～1.00

表 B.15　　　　　　　　　孔口的流量系数 μ 值

孔　口　种　类	μ
小型孔口　完全收缩	0.60
中型孔口　射流各方面均有收缩，无导流壁	0.65
大型孔口　收缩不完善，但各方面均收缩趋近水流的条件确定得不太精确	0.70
底部孔口　（底部完全没有收缩），侧收缩影响很大	0.65～0.70
底部孔口　侧收缩影响适度	0.70～0.75
底部孔口　各侧来水匀缓者	0.80～0.85
各侧向趋近极匀缓的底部孔口	0.90

表 B.16　　　　　　　　平板闸门的垂直收缩系数 ε_1 值

$\dfrac{e}{H}$	0.10	0.15	0.20	0.25	0.30	0.35	0.40
ε_1	0.615	0.618	0.620	0.622	0.625	0.628	0.630
$\dfrac{e}{H}$	0.45	0.50	0.55	0.60	0.65	0.70	0.75
ε_1	0.638	0.645	0.650	0.660	0.675	0.690	0.705

表 B.17　　　　　　　　弧形闸门的垂直收缩系数 ε_1 值

$\alpha/(°)$	35	40	45	50	55	60	65	70	75	80	85	90
ε_1	0.789	0.766	0.742	0.720	0.698	0.678	0.662	0.646	0.635	0.627	0.622	0.620

注　α 为弧形闸门底缘的切线和水平线的夹角。

220

表 B. 18　　　　　　　上游面铅直的 WES 剖面堰的流量系数 m 值

P_1/H_d	H_0/H_d									
	0.4	0.5	0.6	0.7	0.8	0.9	1.0	1.1	1.2	1.3
	m									
0.2	0.428	0.440	0.451	0.458	0.467	0.474	0.481	0.483	0.485	0.485
0.33	0.430	0.444	0.455	0.465	0.476	0.481	0.486	0.489	0.491	0.492
0.67	0.434	0.447	0.460	0.470	0.480	0.487	0.492	0.496	0.499	0.501
1.00	0.435	0.449	0.461	0.472	0.482	0.491	0.496	0.502	0.506	0.507
≥1.33	0.437	0.451	0.465	0.478	0.487	0.496	0.502	0.507	0.509	0.514

表 B. 19　　　　　　　　　土壤的渗透系数 k 值

土　名	渗透系数 k	
	m/d	cm/s
黏土	<0.005	$<6×10^{-5}$
亚黏土	0.005~0.1	$6×10^{-5}~1×10^{-4}$
轻亚黏土	0.1~0.5	$1×10^{-4}~6×10^{-4}$
黄土	0.25~0.5	$3×10^{-4}~6×10^{-4}$
粉砂	0.5~1.0	$6×10^{-4}~1×10^{-3}$
细砂	1.0~5.0	$1×10^{-3}~6×10^{-3}$
中砂	5.0~20.0	$6×10^{-3}~2×10^{-2}$
均质中砂	35~50	$4×10^{-2}~6×10^{-2}$
粗砂	20~50	$2×10^{-2}~6×10^{-2}$
均质粗砂	60~75	$7×10^{-2}~8×10^{-2}$
圆砾	50~100	$6×10^{-2}~1×10^{-1}$
卵石	100~500	$1×10^{-1}~6×10^{-1}$
无填充物卵石	500~1000	$6×10^{-1}~1×10$
稍有裂痕岩石	20~60	$2×10^{-2}~7×10^{-2}$
裂痕多的岩石	>60	$>7×10^{-2}$

表 B. 20　　　　　　　常用管壁材料的弹性系数 E 值

管壁材料	$E/(N/m^2)$	$\dfrac{K}{E}$	备注
钢管	$19.6×10^{10}$	0.01	
铸铁管	$9.8×10^{10}$	0.02	水的体积弹性系数
混凝土管	$19.6×10^{9}$	0.1	$K=19.6×10^{8}$（N/m^2）
木管	$9.8×10^{9}$	0.2	

表 B. 21　　　　　　　　　　重力相似准则与黏滞力相似准则比例尺

物理量	重力相似准则	黏滞力相似准则	
		$\lambda_v = 1$	$\lambda_v \neq 1$
流速比尺 λ_v	$\lambda_L^{0.5}$	λ_1^{-1}	$\lambda_v \lambda_1^{-1}$
加速度比尺 λ_a	λ_1^0	λ_1^{-3}	$\lambda_v^2 \lambda_1^{-3}$
流量比尺 λ_a	$\lambda_L^{2.5}$	λ_1	$\lambda_v \lambda_1$
时间比尺 λ_t	$\lambda_L^{0.5}$	λ_1^2	$\lambda_v^{-1} \lambda_1^2$
力的比尺 λ_F	λ_L^3	λ_1^0	λ_v^2
压强水头比尺 λ_p/γ	λ_1	λ_1^{-2}	$\lambda_v^2 \lambda_1^{-2}$
功的比尺 λ_w	λ_1^4	λ_1	$\lambda_v^2 \lambda_1$
功率比尺 λ_N	$\lambda_1^{3.5}$	λ_1^{-1}	$\lambda_v^3 \lambda_1^{-1}$

参 考 文 献

[1]　吴持恭. 水力学 [M]. 北京：高等教育出版社，2007.
[2]　闻德苏. 工程流体力学（水力学）[M]. 北京：高等教育出版社，2004.
[3]　冬俊瑞. 水力学实验 [M]. 北京：清华大学出版社，1991.
[4]　陈克城. 流体力学实验技术 [M]. 北京：机械工业出版社，1983.
[5]　戴莲瑾. 力学计量技术 [M]. 北京：中国计量出版社，1992.
[6]　戴昌辉. 流体流动测量 [M]. 北京：航空工业出版社，1991.
[7]　动力工程师手册编辑委员会. 动力工程师手册 [M]. 北京：机械工业出版社，1999.
[8]　丁镇生. 传感器及传感技术应用 [M]. 北京：电子工业出版社，1998.
[9]　范洁川. 流动显示与测量 [M]. 北京：机械工业出版社，1997.
[10]　范洁川. 近代流动显示技术 [M]. 北京：国防工业出版社，2002.
[11]　蒋思敬，姚士春. 压力计量 [M]. 北京：中国计量出版社，1991.
[12]　M. A. 普林特，L. 伯斯威特. 流体力学实验教程 [M]. 康振黄，等译. 北京：中国计量出版社，1986.
[13]　王铁城. 空气动力学实验技术 [M]. 北京：国防工业出版社，1986.
[14]　叶江祺. 热工测量和控制仪表的安装 [M]. 北京：中国电力出版社，1998.
[15]　恽起麟. 风洞实验 [M]. 北京：国防工业出版社，2000.
[16]　徐有恒，穆晟. 基础流体实验 [M]. 上海：复旦大学出版社，1990.
[17]　许维德. 流体力学 [M]. 北京：国防工业出版社，1989.
[18]　赵负图. 国内外传感器手册 [M]. 沈阳：辽宁科学技术出版社. 1997.
[19]　朱仁庆，杨松林，杨大明. 实验流体力学 [M]. 北京：国防工业出版社，2005.
[20]　周光垌. 流体力学 [M]. 2 版. 北京：高等教育出版社，2000.
[21]　丁祖荣. 流体力学 [M]. 北京：高等教育出版社，2003.
[22]　贺五洲. 水力学实验 [M]. 北京：清华大学出版社，2004.
[23]　杨敏官. 流体机械内部流动测试技术 [M]. 北京：机械工业出版社，2006.
[24]　王末然. MATLAB 与科学计算 [M]. 2 版. 北京：电子工业出版社，2003.
[25]　钱绍圣. 测量不确定度实验数据的处理与表示 [M]. 北京：清华大学出版社，2002.
[26]　李金海. 误差理论与测量不确定度评定 [M]. 北京：中国计量出版社，2003.
[27]　奚斌. 水力学实验 [M]. 扬州：扬州大学出版社，1995.
[28]　奚斌. 水力学（工程流体力学）实验 [M]. 北京：中国水利水电出版社，2007.
[29]　蔡守允，刘兆衡，张晓红，等. 水利工程模型试验量测技术 [M]. 北京：海洋出版社，2008.